현대

식품산업의 이해

고 정 삼 저

도서출판 유한문화사

머 리 말

식품은 우리에게 늘 가까이 있는 소재이며, 건강한 삶을 유지하기 위한 필수적인 요소이다. 농수축산물의 단순한 생산단계에서부터 부가가치를 향상시키고, 소비자의 욕구를 충족해야 하는 식품가공 산업의 위상은 더욱 높아지고 있다.

산업사회에서 정보화 사회로 옮겨지면서 우리들이 살고 있는 사회는 빠른 속도로 변화하고 있다. 21세기의 사회환경은 인간이 추구하였던 기존의 가치관에서부터 '건강하고 오래, 그리고 재미있고 보람 있는 삶'을 희망하고 있다. 이에 따라 노화현상(老化現象)을 해명하고 이를 억제하려는 노력이나, 또는 질병을 예방하고 성인병, 암, AIDS와 같은 난치병 치료제를 개발하고, 기능성 식품을 통하여 건강을 유지하기 위한 생명공학(Biotechnology) 기술에 기대하고 있다.

우리는 매일 식품을 섭취해야 하며, 보다 나은 식생활과 더불어 질병 예방을 식품을 통하여 해결하려는 노력이 이루어지고 있다. 우리의 식생활도 식품의 선택 단계에서 식도락을 즐기는 단계에 와 있다. 이에 따라 국내 식품산업의 미래도 점차 다양하게 변화될 것이다. 소득증대와 사회발전은 가정에서의 조리식품에서 다양한 가공식품을 섭취하기에 이르렀다. 이와 같은 식생활의 변화에 따라 새로운 시각에서 식품산업을 조명할 필요가 있다.

이 책에서는 식품의 발달과정에서부터 현재를 알고, 미래의 식품산업을 예측하여 이에 따르는 다양한 기술 분야와 가공식품, 미생물과 발효식품, 생명공학과 생물산업에 대한 기본적인 내용에서부터 전문적인 분야에 이르기까지 알기 쉽게 정리하였다. 생물학에 관련된 자연계의 모든 분야, 특히 식품공학 및 생명공학 관련학과 학생들이 대학의 교양과정뿐만 아니라 대학원생에 이르기까지 식품산업 및 생물산업에 대한 기본적인 이해에 도움이 되도록 하였다. 미진한 부분에 대해서는 앞으로 계속하여 보완함으로써 이 분야의 지침서가 되도록 노력하고자 한다.

저 자

차 례

제 1 장 식품산업의 발달 / 13

1. 식품의 발달과 농업 ········· 13
 1.1 식품의 발달 ········· 13
 1.2 농업의 발전 ········· 16

2. 국내의 식품산업 ········· 18
 2.1 식품산업의 발전과정 ········· 19
 2.2 오늘의 식품산업 ········· 23

제 2 장 미래의 식품산업 / 29

1. 식품과학기술 ········· 30
2. 식품산업의 배경 ········· 30
3. 식품분야의 기술발전 ········· 32
 3.1 농수축산물의 수확 후 관리기술 ········· 33
 3.2 식품 유통기술 ········· 36
 3.3 식품 가공기술 ········· 39
 3.4 식품생물공학 ········· 47
 3.5 기능성 식품 ········· 51
 3.6 식품의 안전성 ········· 54

4. 영양분야의 기술발전 ········· 57
 4.1 한국인의 건강과 영양 ········· 57
 4.2 식생활과 만성질병 ········· 58

4.3 집단급식과 외식업소의 급식관리 ··· 59
4.4 영양소별 알맞은 섭취량 ··· 62
4.5 영양소의 기능 ··· 65
4.6 한국 전통음식의 영양학적 가치 ··· 67

제 3 장 식품의 성분과 특성 / 71

1. 식품의 요소와 품질 ··· 71
1.1 식품의 요소 ··· 72
1.2 식품의 품질 ··· 72

2. 식품원료의 가공특성 ··· 73
2.1 식품학적 특성 ··· 73
2.2 산업적인 특성 ··· 75

3. 식품원료의 성분 ··· 76
3.1 수 분 ··· 76
3.2 탄수화물 ··· 77
3.3 지 질 ··· 84
3.4 단백질 ··· 85
3.5 무기질 ··· 91
3.6 비타민 ··· 92

4. 식량자원 ··· 93
4.1 탄수화물 자원 ··· 93
4.2 유지자원 ··· 98

5. 원예식품 ··· 101
5.1 원예식품의 특성 ··· 101
5.2 원예식품의 생리적 특성 ··· 102
5.3 원예식품의 가공특성 ··· 106

6. **축산식품** ······ 108
6.1 우 유 ······ 108
6.2 육 류 ······ 110

제 4 장 가공식품 / 113

1. **가공식품의 분류** ······ 113
2. **곡류 가공식품** ······ 115
2.1 곡류의 1차 가공 ······ 115
2.2 쌀 가공식품 ······ 118
2.3 밀가루 가공식품 ······ 120
3. **단백질 가공식품** ······ 126
3.1 두부제품 ······ 127
3.2 두 유 ······ 129
4. **유지 가공식품** ······ 130
5. **원예 가공식품** ······ 134
5.1 주 스 ······ 134
5.2 통조림 ······ 139
5.3 잼, 마멀레이드 ······ 140
5.4 토마토 가공품 ······ 142
5.5 건조식품 ······ 143
6. **기호식품** ······ 145
6.1 커 피 ······ 145
6.2 차 ······ 147
6.3 국산차 ······ 150
6.4 코코아 제품 ······ 151
6.5 탄산음료 ······ 152

6.6 이온음료 ······ 153
6.7 먹는 샘물 ······ 154

7. 인스턴트 식품 ······ 155
7.1 스낵식품 ······ 155
7.2 시리얼 식품 ······ 158

8. 기능성 가공식품 ······ 158

9. 축산 가공식품 ······ 163
9.1 유가공식품 ······ 164
9.2 육가공식품 ······ 168

10. 수산 가공식품 ······ 174

제 5 장 미생물과 발효식품 / 179

1. 발효미생물 ······ 179
1.1 미생물의 분류 ······ 179
1.2 미생물의 종류 ······ 181
1.3 미생물의 성분 ······ 184
1.4 미생물과 환경 ······ 186
1.5 발효미생물의 특성 ······ 191

2. 세계의 발효산업 ······ 193
2.1 저장을 위한 발효식품 ······ 193
2.2 고기 맛을 내기 위한 발효식품 ······ 194
2.3 발효음료 ······ 194

3. 한국의 전통 발효식품 ······ 195
3.1 발효대두식품 ······ 195
3.2 채소발효식품 ······ 200

3.3 발효수산식품 …… 201

4. 주류식품 …… 202
4.1 술의 종류 …… 202
4.2 알코올 대사 …… 206
4.3 술을 잘 마시는 방법 …… 208
4.4 숙취와 숙취해소 …… 211
4.5 술의 제조 …… 213
4.6 우리의 음주문화 …… 216
4.7 음주수칙 …… 217

5. 유기산공업 …… 218
5.1 구연산 …… 219
5.2 초 산 …… 221
5.3 기 타 …… 221
5.4 유기산의 용도 …… 222

6. 아미노산 발효 …… 224
6.1 아미노산의 제조방법 …… 224
6.2 각종 아미노산의 생산 …… 226

7. 핵산발효 …… 232
7.1 핵산의 제조방법 …… 233
7.2 핵산의 제조 …… 233

8. 생물학적 치료제 …… 235
8.1 항생물질의 개발 …… 235
8.2 항생물질의 종류 …… 237
8.3 국내의 항생물질 생산공업 …… 239
8.4 생물학적 치료제 …… 240

제 6 장 생명공학과 관련식품 / 243

1. 생명공학 ········ 243
   1.1 생명공학의 정의 ········ 243
   1.2 생명공학의 역사 ········ 245
   1.3 생명공학의 방향 ········ 248

2. 효소산업 ········ 250
   2.1 효소의 특성 ········ 250
   2.2 효소산업의 발전 ········ 251
   2.3 효소 생산과 이용 ········ 254
   2.4 효소의 산업적 이용 ········ 256

3. 유전자변형 농산물 ········ 264
   3.1 용 어 ········ 266
   3.2 유전자 재조합 식품의 안전성 ········ 267

제 7 장 식품의 저장 / 271

1. 식품의 변패와 방지법 ········ 271
2. 농산물 저장에 미치는 환경요인 ········ 273
   2.1 온도의 영향 ········ 273
   2.2 수분과 습도의 영향 ········ 274

3. 농산물의 저장 ········ 275
   3.1 곡류의 저장 ········ 275
   3.2 과일과 채소의 저장 ········ 277

4. 상온저장 ········ 279
5. 저온저장 ········ 281

5.1 저온저장의 효과 ······ 281
5.2 저온장해 ······ 282
5.3 저온저장 ······ 283

6. CA저장 ······ 287

7. 동결저장 ······ 289
7.1 동결전 처리 ······ 290
7.2 동결방법 ······ 290
7.3 냉 장 ······ 293
7.4 해 동 ······ 295

제 8 장 식품의 포장 / 297

1. 식품포장 ······ 297

2. 포장의 분류 ······ 299

3. 포장재의 조건 ······ 301

4. 포장재료에 따른 특성 ······ 302
4.1 유 리 ······ 302
4.2 금 속 ······ 305
4.3 종 이 ······ 306
4.4 플라스틱 ······ 308
4.5 나 무 ······ 315

5. 식품의 안정성에 미치는 환경요인 ······ 315

제 9 장 새로운 식품 / 317

1. 조립식품 ······ 317
1.1 조립식품의 정의 ······ 317

1.2 조립식품의 제조기술 ······ 320

2. 식품산업의 연구개발 ······ 322

참고문헌 ······ 325

찾아보기 ······ 327

제 1 장

식품산업의 발달

인간이 삶을 영위하기 위한 3대 기본요소는 의식주(衣食住)이다. 이 중에서도 먹는 일(食)은 고대 인류에게는 생존을 위하여, 그리고 현대인에게는 건강한 삶을 유지하기 위한 필수적인 요소이다. 인류는 수세기 동안 식품의 품질을 향상시키기 위하여 끊임없는 노력을 하여 왔다.

초창기 인간들은 식량을 구하기 위하여 떠돌아다니다가, 정착을 하여 농사를 짓기 시작하였다. 이후 식량의 질과 양을 향상시키는 방법을 끊임없이 추구하여 오늘에 이르고 있다. 인류의 역사와 함께 식품이 어떻게 발달하여 왔으며, 국내 식품산업은 어떤 과정을 거쳐 발전하여 왔는지를 먼저 알아보자.

1. 식품의 발달과 농업

1.1 식품의 발달

인간이 불을 발견한 후, BC 500,000년경에 불로 음식을 구울 수 있는 노상(爐床, fire place)을 개발함으로써 처음으로 요리가 시작되었다. BC 2,000년에는 이집트인과 수메리언(Sumerians)들은 발효기술을 개발함으로써 빵, 술, 치즈 등의 제조기술을 습득하여 자연발효식품을 섭취하였다. BC 500년에는 소금의 유용성이 널리 알려져, 국제무역에 중요한 상품으로 등장하게 되었다.

오늘날과 같은 식품산업의 발달은 17세기에 미생물의 발견(1676년)으로부터 시작되었다. 18세기에는 리비히(Libig)에 의한 식품분석법이, 그리고 미생물학 및 식품화학의 개념이 생기게 되었다. 괴혈병 치료에 비타민 C가 많이

표 1-1. 주요 식품의 발달사

연 도	식품의 발달
B.C 500,000	· 음식을 익힐 수 있는 노상(爐床, fire place)을 개발 · 인류 초기의 요리는 뜨거운 불로 음식을 익히는 것을 의미하며, 요리를 하기 위하여 석쇠를 발명하고, 나무로 만든 꼬챙이에 음식을 굽거나, 나뭇잎으로 싸서 잿불에 묻어 익히는 방법을 이용함.
B.C 18,000	· 중동인들은 최초로 동물을 사육(사슴·영양·면양 등)
B.C 8,000	· 고대 이집트인들은 돌 분쇄기를 이용하여 곡물을 빻고 가루로 만드는 방법을 개발
B.C 7.000	· 중동 농부들은 막대기로 땅을 갈아 농작물을 재배
B.C 6,000	· 유럽과 다른 지역에서는 돌낫으로 곡식을 수확하고, 훈연과 건조기술의 발전
B.C 5,000	· 중국, 그리스, 로마에서는 돼지를 사육
B.C 4,000	· 이집트인들은 포도 재배와 포도주 제조기술을 터득 · 중동에서는 낙농업이 중요한 상업으로 발전 · 수메리언(Sumerians)들은 우유로 버터 만드는 법을 개발
B.C 3,000	· 이집트인들은 나일강으로부터 그들의 농지로 물을 끌어들이는 관개농업을 개발 · 페루인들은 저울을 이용하여 보다 큰 감자를 선택하여 재배
B.C 2,500	· 이집트인들은 육질이 좋은 거위를 사육하여 크게 키움
B.C 2,000	· 이집트인과 수메리언들은 발효, 빵, 치즈 제조기술을 습득 · 신석기 이래로 자연발효음식을 섭취하였으나, 그 원리를 알지 못함. · 염소, 소, 말, 거위, 닭, 오리 등을 사육하여 사냥이 불필요하게 됨.
B.C 500	· 지중해 연안 사람들은 절임기술(marinating)을 개발 · 생선의 내장을 소금물에 담그고 발효될 때까지 햇볕에 두어 향이 강한 액체를 제조 · 소금의 유용성이 알려져 국제무역에 있어 가장 중요한 상품으로 등장 · 지중해 사람들이 유럽에 건너가 염장보존 기술을 전수
B.C 300	· 그리스인들은 접목기술을 발전시켜 과수원을 시작
1276년	· 최초의 위스키 증류공장이 영국 아일랜드에 설립
1400년	· 유럽에서는 요리에서 과실과 장과류를 녹인 설탕에 담가 캔디를 최초 생산
1500년	· 발효식품에 향신료와 소스를 첨가하여 사우어크라프트와 요구르트 같은 음식이 발전
1776년	· 영국에서는 증기 제분기가 발명되어 현대적인 제분공업의 시초가 됨.

(계속)

연 도	식품의 발달
1785년	· 최초의 탄산음료 공장이 설립되어 대량 생산
1843년	· Pasteur는 식품의 부패원인이 미생물임을 구명
1810년	· Durand가 통조림 제조기계를 개발
1830년	· 현대적인 증류주 제조공장이 설립되어 브랜디와 위스키 품질이 향상
1850년	· 런던에서는 온도조절이 가능한 제빵기계를 발명
1861년	· 저온살균법을 개발
1865년	· 멘델이 유전학의 법칙을 발표
1892년	· 한국 최초로 현대식 식품공장 설립(전남 완도에 통조림공장)
1913년	· 가정용 냉장고가 미국에서 발명
1920년	· 미국의 Charles Birdsey가 냉동식품의 공정을 개발
1937년	· 스위스에서 인스턴트커피가 개발
1940년	· 전자레인지 기술을 개발 · 미국인 Oswald Avery는 순수 DNA를 분리
1962년	· 한국, 식품위생법 제정
1967년	· 한국, 최초로 식품을 수출(월남에 통조림식품)
1985년	· 미국, FDA는 아스파탐의 사용을 승인
1986~1992년	· 미국, FDA와 USDA는 일부 식품에 방사선조사를 승인
1990년	· 생물공학 조작으로 만든 최초의 식품(제빵에 사용되는 효모)이 영국에서 승인
1993년	· 미국 FDA는 우유생산을 증가시키기 위하여 소에 성장호르몬의 사용을 승인
1994년	· 미국 FDA는 유전자 조작으로 생산된 토마토 판매를 승인
1996년	· 미국 FDA는 일반식품에 아스파탐의 확대 사용을 승인

들어 있는 레몬의 유효성이 발견(1720년)되어 영양학이 발달하는 계기가 되었다. 1785년에는 탄산음료가 대량 생산되기 시작하였다. 19세기에는 통조림의 개발(1810년), 진공 팬(fan)에 의한 과즙 농축법(1813년) 등 각종 식품가공기술이 개발되었다.

이를 바탕으로 19세기말부터 시작된 인구의 폭발적인 증가와 맞물려 식품의 대량 생산체제가 이루어져, 오늘날 식품산업의 특징인 대량생산, 대량판매, 대량소비가 실현되었다.

이러한 결과 현재 시판되고 있는 가공식품의 종류는 일본에서 8,000여 종, 미국에서 10,000여 종이 판매되고 있다. 인류의 주요한 식품 개발의 발달역사를 시대별로 살펴보면 표 1-1에서 보는 바와 같다.

1.2 농업의 발전

1) 농업의 역할

수렵생활에서부터 정착한 인류는 오늘날까지 농업을 통하여 발전을 계속하여 왔다. '인간은 부(負)의 엔트로피(entropy)를 먹고 살고 있다'는 말이 있다. 이는 인간이 생존을 위하여 끊임없이 에너지를 소비하고 있다는 뜻이다.

계속적인 인구증가와 산업화에 따른 생활수준의 향상으로 지금까지 지구에 축적되었던 천연가스・석유・석탄 등의 지하자원이나 식물체에 의하여 새로이 합성되는 유기물인 **생물자원**(biological resources)을 지나치게 많이 소비하고 있다. 결국은 계속적이고 급속한 엔트로피 증가를 일으키고 있다. 이로 인하여 지금까지 유지되어 왔던 자연생태계의 균형을 점차 심각하게 위협하고 있다.

엔트로피를 감소시키는 중요한 역할을 하고 있는 것은 식물계이다. 이 중에서도 녹색식물은 태양에너지를 화학에너지로 전환함으로써 공기 중의 탄산가스, 토양 중의 질소, 무기물 등에서 우리들에게 필요한 탄수화물・단백질・유지 등의 유기화합물을 합성하고 있다. 따라서 인류의 생존에 필요한 자원과 에너지를 효율적으로 공급해 주는 역할을 담당하는 분야가 **농업**(agriculture)이라고 할 수 있다.

60억 인이 훨씬 넘는 인류의 생존에 필요한 식량자원 생산을 위하여 모든 국가는 끊임없이 노력하여 왔다. 연간 45억 톤 정도(곡물 생산량은 20억 톤 정도)의 식량자원 생산 중에서 98%를 육지에서 얻고 있으며, 단지 1~1.5%만이 해양에서 얻고 있다. 이 중에서 전체의 91%가 넘는 42억 톤 정도를 식물자원에서 얻고 있으며, 동물자원에서 얻어지는 것은 7% 정도이다. 축산업을 포함하여, 특히 농업의 역할은 매우 중요하여 국가의 기간산업으로서 여겨져 왔다.

장래 인류 생존에 필수적인 문제는 자원, 에너지, 생활환경 등으로 요약할 수 있다. 농업은 지하자원의 고갈에 대비하여 자원문제를 해결할 수 있는 유일한 재생산과정(reproduction process)이며, 쾌적한 생활환경을 조성할 수 있는 분야라고 할 수 있다.

2) 21세기 농업기술

농업기술이란 '과학적인 지식을 이용하여 농업의 생산요소인 토지, 노동, 자본의 생산성을 증진시키는 수단 또는 과정'이다. 농업기술이 발전된 나라는 토지 또는 노동 생산성이 높다.

우리나라의 토지 생산성은 네덜란드와 대만의 70%에 불과하다. 그리고 노동 생산성은 미국, 덴마크, 네덜란드 등의 10%에도 못 미치고 있다. 즉, 소규모 경작과 더불어 기계화 영농으로의 전환이 뒤떨어져 국제경쟁력에서 밀리고 있다. 작물별로는 원예 · 축산 등에서의 품종 개량, 기계화와 자동화 분야가 기술 수준이 낮다. 기술 분야별로 보면 선별 · 가공 · 저장 등 수확 후 관리기술과 생명공학 분야가 뒤떨어져 있다.

선진국들이 개발하고 있는 농업기술은 생명공학, 전기 · 전자, 기계, 신소재, 정보기술 등 첨단기술을 활용하는 것이 대부분이다. 생명공학기술은 유전자조작에 의한 신품종의 개발, 생물반응기(bioreactor)를 이용한 항균제 및 생리활성물질의 개발, 세포배양, 난자(卵子) 조작 등에 의한 대량번식 기술 등이 개발되고 있다.

이 밖에도 환경친화적 농업을 위한 친환경 농업자재와 생물농약 개발도 추진되고 있다. 따라서 우리나라의 농업분야에서는 다음과 같은 분야에 **기술개발**이 우선 요구되는 것으로 보고 있다.

특히 생명공학기술 분야는 활용분야가 넓고 세계적인 시장 전망이 좋으며, 높은 수준의 지식집약형 기술이기 때문에 우리나라에 알맞은 기술형태이다. 이러한 기술개발을 위하여 유용한 유전자의 탐색 및 보전, 게놈(genome) 연구, 분자 육종기술, 환경스트레스 및 내성 메카니즘(耐性 mechanism)의 해명 등 기초연구가 먼저 이루어져야 한다.

이러한 기술을 개발하기 위하여 정부의 치밀한 계획, 연구개발(R&D) 투자의 확대와 적극적인 추진이 요구된다. 특히 농업연구는 막대한 비용과 시간이 소요되며, 투자액을 거두어들이는 기간이 길고 성공률이 낮다. 또한 공공재(公共財)의 성격이 강하기 때문에 민간부문의 투자를 기대하기 어렵다. 따라서 연구개발에 대한 종합 조정체계의 확립과 더불어 기초 및 실용화 연구에 균형적인 연구개발 투자는 물론 전략적인 핵심기술에 중점적인 지원이 요구되고 있다.

① 병충해 및 재해에 대한 저항성이 크고 다수확성이며, 맛이 좋은 새로운 품종의 개발
② 우리나라의 실정에 알맞은 경제적이고 효율적인 농기계 개발을 포함하는 기계화와 자동화 기술
③ 육종, 기능성 물질의 생산, 동물복제, 환경보전 등에 필요한 생명공학 기술
④ 환경보전기술로서 모니터링(monitoring) 기술, 환경친화적 농업생산 기술, 환경친화적 농업자재의 개발과 농업폐기물의 처리기술, 오염된 환경의 정화기술
⑤ 정보화 기술로서 사이버 시장(cyber market), 원거리 즉석거래 등을 위한 종합 정보시스템 및 프로그램 개발과 이에 필요한 농산물의 등급화, 표준화, 규격화 기술
⑥ 가공 및 유통기술로서 선별・세척・포장의 체계화와 자동화, 최소가공(minimal processing), 극한기술을 이용한 첨단 가공기술과 농산물 유통 시스템의 개발

2. 국내의 식품산업

농업생산에서 얻어지는 농산물은 부가가치가 높은 의약용으로의 이용이 매우 제한적이기 때문에 대부분 식품으로 활용되고 있다. 그 동안의 국내 경제발전은 식품산업에도 많은 영향을 주었다. 1960년대까지 전형적인 농경사회로서 인간의 생존을 위한 식생활에서부터 이제 식도락(食道樂)을 즐길 수 있는 단계로 들어섰다. 이에 따른 국내 식품산업의 발전과정을 살펴보자.

2.1 식품산업의 발전과정

1) 인류의 발전

인류의 발전단계를 3가지로 크게 나누면, 다음과 같은 사회의 변혁을 들 수 있다.

① 수렵생활에서 농경사회로의 전환
② 산업사회로의 변천
③ 정보화 사회로의 이행

수렵생활에서부터 정착한 농경사회는 사회발전의 속도가 매우 느렸기에 오랜 기간 동안 계급사회를 중심으로 한 권력구조가 가능하였다. 그러나 산업혁명으로부터 시작된 산업사회는 대량 생산체제에서 노동력을 창출하기 위하여 유럽 국가들의 식민지 확대가 경쟁적으로 이루어졌다. 미국에서는 노예제도의 폐지를 둘러싼 남북전쟁이 일어났으며, 점차 세계는 양극화(兩極化)하기 시작하였다.

이념에 따른 양극화 현상은 미국과 소련(USSR)을 축으로 하는 냉전시대를 겪었다. 경제난에 의해 냉전시대를 마감하는 소련의 붕괴가 일어났고, 이어서 정보통신망의 발달로 '정보화 사회로의 이행(移行)'이 이루어졌다. 그리고 양극화되었던 힘의 균형이 깨어지면서 미국을 중심으로 한 자본주의 체제로의 전환은 국제경쟁력을 우선하게 되었다.

경직된 정치체제에서 경제발전을 주도하였던 동남아시아의 외환위기는 빠른 속도로 주변 국가에 영향을 끼치게 되었으며, 우리나라도 1997년에 IMF 체제를 겪었다. 컴퓨터와 정보 통신망의 발전으로 가속화된 정보화 사회는 예전에 비하여 급속한 사회변화를 가져왔고, 미래에 대한 예측을 더욱 어렵게 하고 있다. 모든 제품의 생산은 산업사회에서의 대량 생산체제에서부터 소비자의 다양한 욕구를 충족시킬 수 있는 여러 품목에 대한 소량 생산체제로 전환되었다.

농경사회에서는 계급적인 사회구조를 형성하였기 때문에 인간이 추구하였던 삶의 목표가 권력(權力)에 초점이 맞추어졌다. 이 시대에는 계급을 뛰어 넘을 수 있는 길이라면 무엇이든 마다하지 않았다. 그러나 산업사회로의 이행(移行)은 재력(財力)을 또 다른 중요한 삶의 목표로 바뀌기 시작하였으며, 권력과 공존할 수 있는 정경유착(政經癒着)을 낳기도 하였다. 전통사회에서부터의 명예는 또 하나의 삶의 목표이기도 하였다.

우리나라는 불행히도 1970년대에서 2000년대까지 30여 년 사이에 농경사회에서부터 산업사회를 거쳐 정보화 사회까지로 급속히 이행하는 과정을 겪게 되었다. 이에 따라 삶에 대한 가치관의 혼란과 더불어 환경변화에 적응을 어렵게 하였다.

2) 21세기의 환경

급속히 변화하는 사회적 환경은 미래 예측을 어렵게 하고 있다. 현재가 과거의 일들의 집합에서 이루어졌다면, 미래는 현재에 진행되고 있는 일들을 종합하여 예측할 수밖에 없을 것이다. 21세기에 우리들에게 놓여질 환경은 어떻게 변할 것인가에 대한 해답을 얻는 일은 매우 중요하다.

세계나 국가를 구성하고 있는 각 사회, 그리고 그 사회를 구성하는 개개인이 추구하는 욕구가 반드시 일치한다고 볼 수는 없다. 그러나 공통적인 요소를 집약한다면 그림 1-1에서 보는 바와 같다.

다양화된 정보화 사회에서는 앞에서의 농경사회와 산업사회에서 일부 계층만이 누렸던 특권에서부터 수많은 시민들은 새로운 '삶의 목표'를 추구하게 되었다. 권력을 지향하는 사람도 있고, 재력을 우선하는 사람도 있을 것이며, 명예를 위하여 사는 사람도 있으나 누구나 전부를 얻었으면 하고 기대한다. 그러

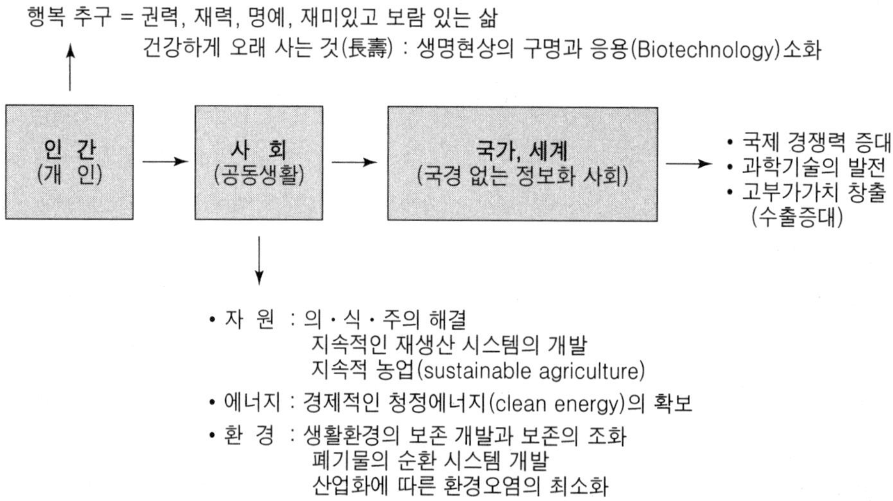

그림 1-1. 21세기 환경변화에 따른 욕구

나 인간은 누구나 그 목표를 이루는데 스스로의 한계를 느끼게 된다.

인간은 누구나 행복을 추구하게 되며, 그 행복을 구체화한다면 대부분의 사람들에게는 '재미있고 보람 있는 삶'을 꾸려 가는 일이다. 이러한 욕구는 건강하게 오래 살 수 있어야만 가능하다. 인간의 기본적인 요구를 충족시키기 위하여, 21세기에는 생명공학(Biotechnology, BT)의 발전을 기대하고 있다.

늙지 않고 오래 살기 위하여 인간유전자(genome)의 해석을 통하여 유전적인 질병을 예방하거나 치료하기 위하여 개개인의 유전자지도를 작성하려고 하고 있다. 그리고 노화현상(老化現象)을 해명하고, 이를 억제하려는 인간의 노력이나 성인병, 암이나 AIDS(후천성면역결핍증, acquired immune deficiency syndrome)와 같은 난치병 치료제를 개발하려는 노력도 인간의 기본적인 욕구에서부터 오는 것이다.

인간은 살아가기 위하여 사회를 구성하고, 또 국가를 형성한다. 여기에는 불가피하게 요구되는 자원과 에너지의 확보, 생활환경의 보존이 요구된다. 더 많은 인류가 더불어 살아가기에는 점차 자원의 한계를 가지게 됨으로써 서로의 경쟁이 불가피해진다. 따라서 자원이 빈약한 우리의 경우는 과학기술의 발전과 더불어 국제 경쟁력을 높이고 수출증대를 통하여 외국으로부터의 자원을 확보하는 길 이외는 다른 방법이 없을 것이다.

현재 우리들의 놓여 있는 위치는 단순한 생산기술만을 추구하였던 산업사회에서부터 보다 새로운 것을 추구하게 되었다. 이는 예전에 정해진 어떤 품목을 효율적으로 생산할 수 있는 기술인 'know-how'에서부터 과연 어떤 품목을 어떻게 형상화할 것인가라는 'know-what'으로의 변화를 의미한다. 즉, **'새로운 발상**(new idea)'의 창출이 요구되고 있으며, 이는 창의성을 계발(啓發)해야 하는 시대에 와 있다고 할 수 있다.

따라서 새로운 발상(發想)의 전환을 통하여 미래를 예측하고, 이에 대비해야 할 것이다. 즉, 현상을 정확히 바라볼 수 있는 분석적 능력, 새롭고 독창적인 창의성, 그리고 이를 완성할 수 있는 실행 프로그램(program)을 가지고 있어야 할 것이다. '예리한 통찰력과 끊임없는 노력(keen observation and lasting efforts)'이 요구되는 시대이다.

3) 국내 식품산업의 발전

국내의 식품산업은 해방 후 식량 부족시대에서 1970년대 이후 경제개발이 성공적으로 진행됨에 따라 식량 충족시대를 거쳐 제품의 차별화 시대로 접어

표 1-2. 국내 식품산업의 변천과정

구 분	1950년대	1960년대	1970년대	1980년대	1990년대	2000년대
경제사회적 측면	식량 부족시대 소재식품, 수입대체 산업의 발달 경제개발 5개년 계획 착수		식품 충족시대 식생활 수준의 향상 가공식품 기술의 향상		제품 차별화 시대 소비자 선택권 강화 여성 취업인구 증가 소비자 편의 지향, 고품질, 건강지향	
생산구조와 소비구조	제조업자 주권시대 공급 부족시대		대량 생산 소품종 대량 생산	선택 소비시대 품질 지향	고객 주권시대 고급화, 다양화	
식품산업의 변천	식품산업의 태동 제분, 제당, 제과, 유지가공품, 화학조미료(MSG), 청량음료, 커피		1차 성장기 카레, 마요네즈, 아이스크림, 육가공품, 과일음료		제2 성장기 건강보조식품, 기능성 식품, 레토르트, 인스턴트식품, 편의성 식품, 전통식품	

들었다. 선진국들이 오랜 기간에 걸쳐 이루어졌던 농경사회에서 산업사회를 거쳐 정보화 사회로의 변천이 짧은 기간에 빠르게 진행되었다. 이에 따라 제조업자가 중심이 되었던 생산체제에서 산업사회의 유형인 대량 생산체제와 선택 소비시대를 거쳐 고객 주권시대로 전환됨에 따라 제품 품질의 고급화와 다양화를 요구하게 되었다(표 1-2).

이를 시대별로 구분하면 다음과 같다. 즉, 1945년 해방 이전에는 장류(醬類)·통조림·양조(釀造)·기름(油脂) 공장 등이 있었으나, 그 규모와 시설이 매우 빈약하였다. 이후 미군이 주둔하면서 군수물자가 유통되었다. 이를 모방한 가공식품, 기호식품, 주류(酒類), 청량음료, 제과 등을 생산하는 식품공장이 설립되면서, 국내 식품산업이 시작되는 시기라고 할 수 있다.

1950년대에 들어서면서 시작된 한국전쟁으로 가공시설이 대부분 파괴되었다. 전쟁 후 장류, 제당(製糖), 제유(製油), 조미료, 청량음료, 통조림 등의 공장이 설립되었다. 그러나 생산기술의 부족, 미국 군수물자의 유출, 식중독의 발생, 부정식품의 범람, 식품행정기관의 다원화로 인한 식품업계의 과잉단속 등으로 진통을 겪었다. 1950년대에 식품의 기본 소재인 설탕과 밀가루의 수입대체를 시작으로 국내 식품산업은 시작되었다. 경제개발계획이 시작되던 1960년대 중반 이후 가공식품이 서서히 발달하기 시작하였다.

월남파병으로 통조림산업이 호황을 누렸다. 그리고 점차 커피, 라면, 제분(製粉), 아이스크림, 우유, 청량음료 등 서구화된 식품공장이 설립되면서 발전하였다. 1980년대 초반부터는 급속한 경제성장과 더불어 소비자의 요구에 따른 다양한 가공식품이 발달한 시기였다.

국내의 경우 1980년대 이후 국민소득의 향상과 생활양식의 변화에 따라 식품소비 양식도 많은 변화를 가져왔다. 즉, 경제발전은 교육수준의 향상과 생활양식의 변화를 가져다 주었다. 핵가족화와 주방기구의 보급과 더불어 주부들에게 시간적인 여유를 주어, 가정주부의 취업률이 증가하였다.

식생활 구조의 변화로 육류 소비가 늘어났고, 건강에 대한 관심이 증가하였다. 이에 따라 식물성 단백질식품과 자연식품의 연구개발을 촉진시켰다. 레저(leisure)화에 따른 외식산업의 발달과 더불어 식품의 간편화, 고급화, 다양화, 대형화 등의 형태로 변하게 되었다.

또한 각 가정에서의 냉장고 보급률이 100%에 이르면서 **저온유통체제**(cold chain system)의 형성으로 냉동조리식품이 발달하였고, 기호식품이 증가하고 고급화되고 있다. 따라서 앞으로의 식품의 소비성향은 영양가와 안전성을 중요하게 여기는 실질적 효용, 맛과 향기 등을 중요하게 여기는 감각적 효용, 그리고 의미적(image) 효용의 측면에서 이루어질 것이다.

2.2 오늘의 식품산업

농산물의 경우 기상조건에 따라 생산량 변동이 심하여 이에 따른 수급 불균형과 가격변동이 심하다. 식품가공 원료의 수출국은 점차 가공기술의 개발로 원자재 수출보다는 반제품 또는 완제품으로서 가공품의 수출을 유도하고 있다. 석유가격의 상승은 수송비와 에너지비용의 상승을 가져와 농산물의 해외 의존도가 높은 우리나라로서는 이에 직접적인 영향을 받는다.

또한 우리나라를 비롯한 대만, 멕시코, 브라질 등 중진국들은 지속적인 기술개발 등을 통하여 국제 경쟁력이 향상되고 있다. 국가에 따라서는 수입제한 등으로 식품산업의 수출입에 영향을 주고 있다. 그러나 농산물을 포함한 가공식품의 무역자유화에 따라 농산물 수입국가에 있어서는 경쟁력의 약화를 가져왔다. 이에 따라 농업생산 기반뿐만 아니라 식품산업에도 많은 영향을 주고 있다.

표 1-3. 사회환경의 변화에 따른 식품산업의 발달

내부적 요인	경제 및 산업적 요인	사회・문화적 요인
・인구증가율의 감소 ・노령인구의 증가 ・주부의 가사노동 시간의 감소 ・자녀 중시경향 ・여성의 고학력화	・소득 증가 ・무역의 자유화 ・환경공해의 증가 ・식품가공기술의 향상 ・의료비 증가 ・유통체제의 변화 ・생명공학기술의 발달	・건강에 대한 관심고조 ・외식산업의 발달 ・여가시간의 증대 ・정보화의 확대 ・교통수단의 발달 ・새로운 질병의 발생 ・차별화・개성화

↓

・경제・사회・문화・환경의 안정화
・식문화의 변화
・식품소비 양식의 변화
・식품산업의 변화

↓ (파급효과)

・인구의 안정 ・핵가족화/개인화 ・가치관의 다양화 ・실버산업의 발달 ・편의・간편성 지향 ・외식기회의 증대	・시장경쟁의 심화와 고급화 지향 ・다국적 기업의 확산 ・생활양식의 서구화 ・식품의 신선도, 무공해식품의 중시 ・예방의학의 발달 ・건강관련 산업의 발달 ・식품서비스 유통업체의 확산 ・GMO 농산물의 보급 확대	・패스트푸드의 확산과 고급화 ・전문음식점의 증가 ・휴대식, 간편식의 증가 ・자연식품의 선호 ・위생 및 식품안전성 중시 ・전통식품의 기능화 ・지역과 계층간 격차 감소 ・식품소비 형태의 변화

↓ (대응식품)

전문음식점의 소포장 제품, 노인식품, 특수식품, 건강증진식품, 냉장 및 냉동식품, 즉석식품, 기능성 식품, 조리식품(ready to heat food), 전통향토식품, 무균포장식품, 지역 특산품, 치료식품, 자연식품, 미용식품, 자동판매식품, 배달식품, 조립식품

국내 요인으로는 경제발전에 따른 생활수준의 향상과 고학력 인구 비중이 커지면서 가공식품의 소비성향이 달라지고 있다. 소가족 제도의 정착, 인구 증가율의 감소, 고령화 사회로의 이행(移行) 등으로 인구구조와 생활양식에 변화를 가져왔다. 이에 따라 외식산업(外食産業)의 발달을 가져오게 되었다. 가공식품의 경우 영양문제 뿐만 아니라 제품의 고급화가 요구되고 있다.

식품산업에서는 점차 원료가격과 인건비의 상승, 제조공정에서의 점진적인 기계화 도입, 제조공정의 자동화 등 많은 변동요인을 가지고 있다. 식품가공 분야에도 보다 체계적이고 종합적인 학문의 영역을 설정할 필요가 있다.

식품산업은 식품소비 양식의 변화에 비교적 민감한 편이다. 이에 따른 가공기술의 개발과 더불어 품질이 좋은 가공제품을 생산할 필요가 있다. 생활수준의 향상과 더불어 사회가 다양화함에 따라 편의 지향(便宜志向), 맛 지향, 건강 지향이라는 특징적인 상품개념이 이루어지고 있음을 알 수 있다(표 1-3).

1) 편의 지향

1970년대 이후 경제활동의 활성화와 더불어 미국과 유럽형의 간단한 식생활 형태(style)가 부합되면서 라면, 수프(soup), 빵 등이 등장과 프라이드치킨, 햄버거, 샌드위치(sandwich), 피자(pizza)의 확산이 이루어졌다. 또한 용기면(컵라면), 카레(curry), 자장면 등의 즉석 편의식품으로 발전하였다.

1990년대에 들어서면서 전통의 맛을 잊지 못하는 기성세대에게는 북어국, 호박죽, 식혜 등 전통식품의 인스턴트화가 이루어졌다. 그리고 젊은 세대를 겨냥한 패스트푸드(fast food) 취급점의 발전이 이루어졌다.

2) 맛 지향

MSG(monosodium glutamate)의 버섯 맛과 핵산계(inosine 5'-monophosphate, IMP ; guanosine 5'-monophosphate, GMP) 조미료의 쇠고기 맛을 조합한 복합조미료가 맛을 내는 해결사로 자리 잡으면서 본격적인 맛 시대를 열었다. 1990년대에 들어서면서 천연소재의 자연의 맛을 선호하는 경향이 나타나면서 전통식품의 발전을 촉진하는 계기가 되었다. 그리고 가공기술의 발달은 물론 상온유통에서부터 냉장 및 냉동 유통으로 바뀌면서 신선식품을 선호하는 경향을 보이고 있다.

3) 건강 지향

풍부한 구매력과 운동량의 부족, 지나친 칼로리 섭취로 발생하는 각종 성인병이 사회문제로 나타나면서 1980년대 중반 이후 건강 지향에 대한 식품이 빛을 보게 되었다. 자양강장식품으로 인삼 등 한약재나 특수 동식물 소재를 이용하던 소비자가 외국산 각종 건강보조식품의 무분별한 사용이 사회문제가 되기도 하였다.

건강을 지향하는 식품으로서 섬유음료, 미네랄음료, 비타민음료의 소비증가는 물론 숙취해소를 위한 항알코올 기능성음료의 소비신장이 두드러졌다. 또한 성인병 예방을 위하여 저염화(低鹽化), 비만을 방지하기 위하여 저지방화와 저칼로리화 등 소비자의 욕구를 만족시키려는 차별화 전략이 이루어지고 있다. 그리고 여러 가지 기능성 물질을 가공식품에 첨가하려는 시도가 빠른 속도로 진행되고 있다.

4) 식생활의 발전단계

사회적 환경변화와 생활수준의 향상에 따라 식생활의 발전단계를 크게 피라미드 형태의 5가지로 나눌 수 있다(그림 1-2). 즉, 인류는 초기에 생존하기 위

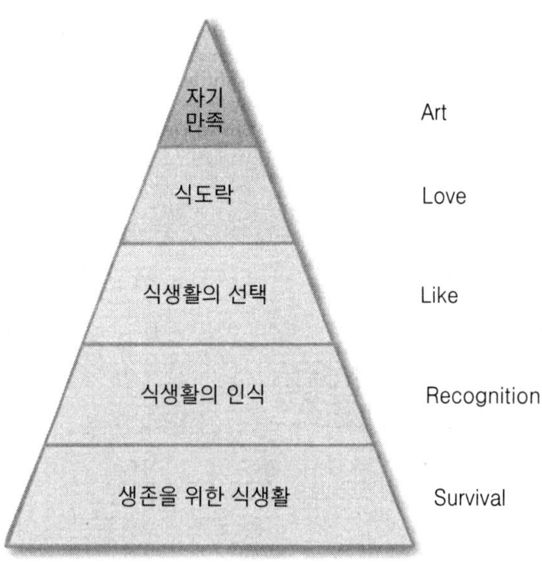

그림 1-2. 식생활의 발전단계

한 식생활(survival)에서부터 시작하여, 점차 생활환경이 좋아지면서 식생활의 인식(recognition), 식생활의 선택(selection 또는 like), 식도락(love), 그리고 자기만족(art)의 시대로 발전된다.

우리는 이제 식생활의 선택에서 일부 식도락을 즐기는 단계에 와 있어서, 이에 따라 국내 식품산업의 미래도 점차 다양하게 변화될 것이다. 미래의 소비자가 노령화, 개성화, 직업의 소프트(soft) 화 등이 급속히 진행됨에 따라 이에 알맞은 편의식품(convenient food 또는 instant food), 건강식품(health food), 저칼로리 식품(diet food)의 요구가 커지고 있다.

특히 건강에 대한 관심이 많아짐에 따라 신선한 천연 무공해식품인 자연식품이나 최소 가공식품(minimally processed food)의 수요가 늘어나고 있다. 이에 따라 소비자의 식품에 대한 선호 경향을 만족시켜야 함을 물론 수준 높은 농수축산물의 저장 및 가공기술의 접근이 필요하다.

제 2 장

미래의 식품산업

인구가 증가하고 산업화가 진행될수록 식량의 생산 장소와 시기, 소비하는 장소와 시기도 차이가 난다. 이에 따라 수확시기에 얻어지는 식량만으로는 연중 먹거리를 확보할 수 없다. 따라서 저장과 가공을 기본 축으로 하여 연중, 그리고 연도를 넘어서 먹거리를 제공할 수 있는 식품산업의 역할이 더욱 중요하게 여겨지고 있다.

여러 가지 매체(mass media)의 발달로 세계는 점점 좁아지고 있으며, 지역별 블록(Block)화가 추진되고 있다. 세계무역기구(WTO)의 출범과 더불어 무역장벽이 무너지기 시작하면서, 국가간 FTA(Free Trade Agreement) 체결로 수출입이 더욱 자유화되는 경향을 보이고 있다. 식품산업도 앞으로 어느 한 나라 또는 한 민족의 문화에 구애됨이 없이 지구인 전체를 자국의 소비자인 듯 생각하게 될 것이다.

앞으로의 식품기업은 새로운 역할을 담당해야 할 것으로 보인다. 즉, 종합식품업체에서 경쟁력이 있는 전문화 기업으로 전환되어, 이에 따른 기업의 영역을 새롭게 설정할 필요가 커지고 있다. 또한 M&A(merger and acquisition)를 축으로 한 경쟁구조의 변화가 예상되며, 상품 브랜드(Brand)의 가치가 커지고 있다. 대형 유통업체의 등장으로 제품가격이 낮아짐에 따라 부가가치가 높은 신제품 개발을 위한 시스템 구축이 요구되고 있다.

식품산업의 미래를 예측하는 일은 그리 간단하지 않다. 지금 소비되고 있는 식품의 80%는 10년 후에도 소비된다는 특성을 가지고 있다. 가까운 장래인 30년 후의 국내 식품산업의 기술개발 분야를 예측하고, 이에 대응할 수 있는 기술개발을 위하여 각 분야별 내용을 살펴보자.

1. 식품과학기술

식품과학(food science)은 식품과 관련된 여러 분야 과학의 응용학문으로서 '식품소재의 조성과 특성, 식품의 가공 등 다양한 조건에서의 식품에 대한 전반적인 지식을 포함하는 학문'이다.

따라서 식품과학은 식품 및 식품소재의 조성에 대한 지식, 이들의 물리적·생물학적·생화학적 양상, 인간의 영양 요구량과 영양소, 식품효소의 특성, 식품미생물, 식품성분의 상호작용, 각종 식품의 가공 및 저장 중의 영향 등을 포함하는 학제 간의 응용학문이다.

식품과학기술은 인간이 건강을 유지하거나 증진하는 데 필요한 영양적이면서 안전한 식품을 공급한다는 점에서 중요하다. 기능성 식품과 같이 생명공학기술이 식품과학기술의 중요한 일부분으로 자리매김하고 있다. 기능성 식품은 의약 및 약학 기술과 더불어 인간의 질병 예방과 치료에 중요한 역할을 하고 있다. 또한 식품과학기술은 식품원료를 생산하는 농축수산업과 직접 관련되며, 이를 원료로 가공하는 식품산업에 중요한 역할을 한다.

식품과학기술은 기술의 발전에 따라 변할 수 있으나, 미국에서는 학문영역에 따라 다음과 같이 분류하기도 한다.

- 식품화학 및 독성학(Food Chemistry/Toxicology)
- 식품공학(Food Engineering)
- 식품미생물학 및 안전성(Food Microbiology/Safety)
- 기능성 식품 및 신소재(Functional Foods/New Biomaterials)
- 영양과학(Nutritional Science)
- 임상영양학(Clinical Nutrition)
- 식품생물공학(Food Biotechnology)

그러나 한국에서는 대학에 따라 다소 차이가 있으나, 일본에서와 같이 식품화학, 영양화학, 응용미생물학, 식품가공학, 식품공학, 식품저장학 등으로 구분하여 강의를 하고 있어, 주로 식품가공기술을 중심으로 이루어지고 있다.

2. 식품산업의 배경

농산물 개방화가 본격적으로 이행되면서 수입식품이 내수시장을 잠식하고 있다. 국내의 식량 자급률이 계속하여 감소하고 있으며, 완제품의 수입마저 증

가하여 전체적으로 소비되는 식품의 해외 의존도가 높아지고 있다.

사료용을 뺀 양곡 자급도는 2002년 58.3%에서 2003년에는 50.9%로 크게 떨어졌으며, 이는 종전 최저치인 1996년의 52.4%에도 못 미쳤다. 주요 식품별 자급률은 해조류와 달걀류만이 100%를 넘었고, 콩 등 두류는 6.9%, 쌀(97.5%) 보리쌀(45.5%) 밀(0.1%) 옥수수(0.8%) 등 곡물류 평균은 30%에 수준이었다. 2002년도에 쇠고기는 36.6%, 닭고기는 76.0%에 각각 머물렀고, 어패류도 63.1%로 나타났다. 또한 한국인이 섭취하는 음식물 종류도 서구화 경향이 뚜렷하여 1인당 하루 칼로리 섭취량 중 쌀의 비중은 31.0%로 낮아졌으며, 육류는 7.1%로 높아졌다.

식품산업의 발전을 위하여 국내에서 생산하는 농수축산물은 국내 시장에서의 일정한 지분을 유지하고, 점유율을 점차 증대시켜야 하며, 수출시장을 확보해야 한다. 이를 위하여 소극적이고 일시적 처리가 아니라 공격적 전략이 필요하다. 그러나 1997년 말에 있었던 외환위기(IMF) 기간 동안에 밀가루, 설탕, 수입식육 등 모든 수입식료품의 값이 올라도 정부는 이에 대처할 방안이 없는 실정이었다. 따라서 정부는 농수축산물의 생산기반 육성에 힘을 기울려야 하고, 생산 후 가공을 담당하는 식품산업의 육성이 이루어져야 한다.

영양(nutrition)은 '우리 신체가 필요로 하는 영양소들을 공급하여, 우리가 건강하게 살아갈 수 있도록 하는 기능'이다. 한국인의 건강과 영양상태는 과거의 전체적인 영양부족 상태로부터 벗어나기는 하였다. 그러나 과잉영양과 영양결핍이 공존하는 형태를 나타내고 있다. 부유층의 과잉영양과 빈곤계층의 절대적 영양부족은 영양문제의 해결을 위하여 새로운 측면에서의 접근을 요구하고 있다.

식생활이 서구화되면서 암, 당뇨, 고혈압, 퇴행성 질환까지 국민의 질병 발생도 서구화되는 경향이 커지고 있다. 질병이 발생한 후에는 의료비 부담, 본인의 고통, 가족의 부담, 국가적인 노동력 상실 등의 손해가 매우 크다. 올바른 영양공급으로 건강을 유지하고, 특히 질병의 예방차원에서도 영양관리의 중요성이 높아져야 한다.

국제적인 변화 추세로 볼 때, 앞으로 30년 안에 남북통일이 이루어질 것으로 예측하고 있다. 통일 후 식품산업은 앞으로 8,000만에 이를 것으로 보이는 민족의 생존이 걸린 문제이다. 식량의 자립도를 높이는 일이 중요하게 여겨지고 있다. 남한인의 부영양(富榮養) 관리, 남한의 빈곤계층과 북한 주민의 영양결핍에 대한 대책도 필요하다.

따라서 국제 경쟁력이 있는 식품의 저장・가공・유통, 식품생물공학 기술의 개발, 국민의 건강증진을 위한 영양과 식품안전성의 향상, 건강기능성 식품 등 식품과 영양의 중점 분야에 대하여 알아보자.

3. 식품분야의 기술발전

우리나라는 20세기에 너무 많은 변화를 겪으며 살아왔다. 지금까지 외적인 성장에 치중한 측면이 많았다. 그러나 미래 예측을 통한 계획성 있는 준비는 상대적으로 소홀히 해온 면이 있다.

식품은 인간의 생존을 위하여 근본적이고 귀중한 가치를 지닌다. 삶의 질을 높게 유지하는 한 방안은 품질이 좋은 식품을 섭취하는 일이다. 외환위기가 왔을 때 우리는 식품 부족으로 존립의 위기감까지 느끼는 상태를 경험하였다. 이제는 모든 사태에 대처할 수 있는 역량을 키우고, 식품산업의 체계적인 발전을 준비해야 한다.

예를 들어 부유층의 영양과다, 소외계층의 영양결핍, 질병발생 유형의 서구화 등과 같이 지금까지 영양상태와 관련하여 발생한 문제들에 대하여 과거와 같은 과정을 밟지 않기 위하여, 미래 예측을 통하여 체계적으로 대처해야 한다. 식품 분야의 연구는 국가적으로 식품수급에 대처할 수 있고, 식품산업의 경쟁력을 높이는 데 기여한다. 그리고 국민에게는 위생적이고 균형이 잡힌 영양공급으로 건강 유지에 유용한 기초적인 자료를 제공할 수 있어야 한다.

수확 후 관리기술(post-harvest technology)은 농산물의 이용률을 높여 간접적인 증산효과가 얻을 수 있고, 영양가치의 감소를 방지할 수 있다. 식품가공기술은 식품원료에 부가가치를 부여하여 새로운 수요를 창출하고, 농산물 가격 지지에 기여함으로써 농민에게 혜택이 주어질 수 있다.

식품의 안전성은 건강유지의 핵심 요소이다. 식품 섭취는 구체적으로 영양소의 공급을 의미한다. 영양소별 필요량을 알아내는 일은 계층별, 연령별, 건강상태별로 알맞은 공급량을 알 수 있게 해준다. 영양소의 생화학적 이해뿐만 아니라 분자생물학적 구명은 영양소들의 상호작용을 파악할 수 있어서 권장섭취량의 제시가 가능하다.

식생활과 질병발생의 상관관계에 대한 과학적 근거가 보다 명확해지고 있기 때문에 한국 전통음식의 영양학적 가치를 과학적 입장에서 재인식해야 한다.

이를 통하여 우리의 음식문화를 유지하고, 새로운 세대에게 전파할 수 있다.

이와 같은 식품산업의 배경에서 다음과 같은 분야별 기술내용이 앞으로 30년 이내에 이루어질 수 있을 것으로 기대된다.

3.1 농수축산물의 수확 후 관리기술

21세기 수확 후 관리기술 및 식품유통기술 분야의 변화 중 큰 특징으로는 첨단과학기술의 급속한 발전과 개발된 기술이 실용화됨에 따라 식품산업에서도 첨단기술이 응용될 것이다. 특히 생명공학과 전자공학, 그리고 새로운 물류(物流) 기술과 접목되어 실용화가 진전된다. 이에 따라 농업생산뿐만 아니라 농산물의 수확 후 관리기술 및 유통분야에서 많은 변화가 예상된다.

농축산물의 수확 후 관리기술의 기본인 수집, 선별, 세척, 가공, 포장, 수송, 하역, 저장 등 기존의 처리체제의 흐름에 있어서는 획기적인 변화가 기대되지 않는다. 그러나 처리단계나 단계별 처리기술 등에 있어서는 농업 외 주변기술의 급속한 발전에 힘입어, 이 분야에 있어서도 첨단기계화, 자동화, 시설화가 이루어질 것이다. 이를 분야별로 살펴보자.

1) 선별 분야

선별 분야에 있어서는 농수축산물의 형상, 색상, 맛, 향기, 조직감 등 소비자의 기호특성과 생산지, 생산량, 품종 등이 복합된 품질 규격이 개발되어 현장에 적용된다. 품질판정에 있어서 신속하면서도 정밀도가 높고, 처리속도가 빠른 연속식 비파괴(非破壞) 평가방법 등에 의한 복합적인 평가방법의 실용화가 이루어진다.

2) 세척기술

아직까지 대부분의 농산물이 수확 직후 있는 그대로의 상태로 출하 또는 저장된다. 이에 따라 수확하기 전에 재배지역에서 오염된 미생물, 토양, 해충 등에 의해 수확 후 질적·양적 손실이 크게 발생하고 있다. 이러한 오염물질을 제거함으로써 품질 보존을 위하여 대부분 습식방법에 의한 세척기술이 신선농산물에 적용하여 실용화될 것이다.

세척방법과 세척 후 표면에 부착되어 있는 수분의 효과적인 처리기술, 처리 후 폐수의 재활용기술 등이 개발될 것이다. 또한 수확된 농산물 중에는 세척처리 등이 곤란한 경우, 표면에 부착되어 있는 해충과 미생물 등에 의해 일어나는 저장 및 유통 중에 품질변화를 최소화하기 위한 훈증 등의 처리방법이 적용되고 있다. 그리고 기존의 훈증처리에서 훈증제의 잔류가 문제되고 있다. 이 경우에 안전성 등을 고려하여 인체에 해롭지 않고 잔류되지 않는 효과적인 훈증처리 기술도 개발될 것이다.

3) 수확 후 선도 유지

농수축산물의 수확 후 소비단계에 이르기까지 선도(鮮度)를 유지하는 일은 식품의 품질을 보존하기 위하여 필수적인 요인이다. 이 분야에 있어서 다음과 같은 기술이 응용될 것으로 보인다.

(1) 예비냉각과 예비건조

수확 후에 선도를 유지하기 위하여 초기에 품질관리가 중요함에 따라 차압, 감압, 냉수냉각 등 각종 예비냉각(豫冷, precooling) 기술의 적용이 일반화될 것이다.

양파와 마늘 등은 수확 초기에 큐어링(curing)과 예비건조(豫乾)를 신속히 처리하기 위하여 강제 송풍식 예건방법이 도입됨으로써 질적·양적 손실을 크게 줄이는 데 기여할 것이다. 이와 같은 처리기술은 산지 포장센터, 산지 종합가공처리시설 등의 형식으로 각 품목별로 알맞은 처리공정이 체계적으로 자동화·무인화가 이루어질 것이다.

(2) 선도유지 제어기술

농산물의 신선도와 품질을 최대한 유지하기 위하여 1차적으로 균일하고 알맞은 온도와 습도의 관리가 매우 중요하다. 앞으로 제어기술의 발전과 더불어 온도와 습도의 조절이 정밀하게 이루어질 수 있다.

이에 따라 빙결점 부근에서 높은 습도를 유지할 수 있는 저장기술, 저장고 내에 부유하는 부패미생물을 제거하여 주는 clean room technology의 현장적용이 실현될 것이다. 농산물의 신선도 연장에 필수적인 저온유지를 위하여 필요로 하는 에너지의 절감을 위하여 지하 암반저장, 빙축열 냉각 등의 기술이 실용화될 것이다.

(3) 방사선 조사식품

방사선 조사식품의 안전성과 그의 평가기술이 확립되며, 조사식품에 대한 소비자의 인식이 긍정적으로 변화된다. 이에 따라 일부 농산물의 발아억제, 부패, 해충방제를 위한 방사선 조사기술의 실용화가 이루어질 것이다.

(4) MA저장과 CA저장

수급조절을 위한 농산물의 저장 중에 신선도를 연장하기 위하여, 후숙작용을 촉진시키는 에틸렌가스의 제거와 더불어 항균성을 갖는 기능성 포장재를 이용한 MA(modified controlled atmosphere) 저장기술, 포장 내에 MA 환경을 빨리 평형에 도달할 수 있도록 하는 active packaging 기술이 보편화될 것이다. 또한 환경오염 등을 고려하여 MA 저장에서 기존의 합성고분자 포장재에서 환경친화적인 포장소재로 대체될 것이다.

저장 중에 저장고 내의 환경기체 조성을 조절함으로써 신선도를 유지할 수 있는 CA(controlled atmosphere) 저장기술의 적용이 일반화된다. 적용품목도 대량으로 생산되는 사과, 배 등은 물론 다른 품목에까지 확대될 것이다.

농수축산물의 수확 후 관리에 필요로 하는 기계설비 등 hardware의 대부분은 국산화되어 있다. 그러나 CA 저장시설 및 비파괴 품질평가 장치 등 일부 수입에 의존하고 있는 장치, 설비, 기계도 수요가 증가함에 따라 이에 대한 개발이 가속화되어 완전 국산화될 것이다.

(5) 수확 후 생리현상의 해명과 그 응용

농산물의 저장 중에 발생하는 생리장해에 의한 저장 중의 양적·질적 손실이 크게 발생하고 있으며, 이에 대한 발생원인이 해명될 것이다. 특히 사과의 주품종인 후지(富士)의 경우 밀병 현상, 배의 경우 내부 갈변현상, 마늘의 경우 녹변현상 등으로 저장 중에 품질 저하로 생산농가 및 저장업체의 경제적 손실이 크게 발생하고 있다. 그러나 발생원인의 해명으로 생리장해 발생이 예상되는 농산물을 건전한 농산물로부터 선별하여 분리함으로써 저장 중에 손실을 줄일 수 있는 기술이 개발될 것이다.

(6) 선도 유지기술

안전성 등을 고려한 선도 유지기술로 물리적 처리방법 등을 위주로 한 hurdle technology[1])의 실용화가 예상된다. 그리고 수확 후 지나친 증산작용으로 시들어진 과실 및 채소의 신선도를 부여할 수 있는 소생기술(蘇生技術)을 개발하여 적용될 것이다.

3.2 식품 유통기술

식품의 소비형태가 고품질화, 편의화, 외식화, 안전화, 건강식품화로 변화되고 있다. 식품의 소재도 주곡인 쌀의 소비가 계속 줄어들며, 신선채소 및 과일의 소비가 증가한다. 그리고 단백질원으로서 육류・계란・우유 등 축산물과 수산물의 소비가 증가하고 있다.

1) 신선 농산물

신선 농산물의 유통에 있어서 다음과 같은 기술이 응용될 것이다.

① 품목별로 관련된 유통체제 및 시스템이 재조정된다. 유통체제 자체에 있어서는 기존의 고비용, 저효율 구조에서 저비용, 고효율 구조로 변화된다. 이를 위하여 물류(物流)의 기계화・자동화・대형화・전산화 등이 빠르게 진행된다.

이에 따라 유통비용이 줄어들고, 생산 및 수확 후 소비자에게 전달되는 시간이 단축된다. 선도(鮮度)가 좋은 제품의 공급은 물론 오랜 시간 동안 복잡한 유통체제에 의해 발생하는 식품의 변질 또는 품질 저하에 의한 폐기물 발생을 줄일 수 있어서 환경오염 등의 예방에도 크게 기여할 것이다.

② 농산물의 경우 수확에서부터 소비자에게 전달되는 전체 과정에 걸쳐 고품질의 유지가 보다 확대된다. 그리고 안전성, 생리적 기능성의 확보 등이 더욱 중요한 비중을 차지하는 단계에 이르게 될 것이다.

③ 생명공학 분야의 기술발전으로 소비자의 선호에 맞고, 수확 후에 품질변화가 억제되는 각종 농수축산물이 생산된다. 이러한 생산물을 섭취할 경우, 인체에 대한 안전성 검정기술의 개발이 이루어질 것이다.

④ 환경오염에 의한 농산물의 안전성 확보를 위하여 수확 후 처리기술, 평가기술, 관리기술 분야에 많은 발전이 이루어진다. 그리고 농수축산물의

1) Hurdle technology는 유해 미생물로부터 안전한 식품을 제조하기 위하여 미생물의 생육조건을 저해하는 여러 가지 장애물을 제공하는 기술이다. 1978년 Leistner가 hurdle 효과를 최초로 소개한 후 개념을 보완하여 발전하였다.

국제교역이 활발해짐에 따라 수입하거나 수출하는 농수축산물과 가공식품에 대한 안전성 확보와 환경오염을 방지하기 위한 국제간의 정보수집, 가공, 전파시스템이 강화된다. 그리고 이들 위해요소(危害要素, hazard analysis critical control point, HACCP)를 신속히 평가하고, 효율적으로 관리할 수 있는 시스템이 구축될 것이다.

⑤ 과일 및 채소의 경우, 유통 중에 품질 저하로 소비지에서의 폐기물 발생으로 인한 환경오염을 줄이고, 식생활의 간편성과 편의성을 추구하는 소비자의 욕구를 충족시킬 필요가 있다. 이를 위하여 생산지 또는 소비지 근교의 특정 장소에서 껍질 벗기기(剝皮, peeling), 절단, 포장 등을 처리하여 바로 조리하거나 먹을 수 있도록 한 'ready to cook' 또는 'ready to eat' 형태로 가공하여 유통시키는 신선 농수축산물의 '최소 가공기술(minimal processing technology)'이 정착될 것이다.

2) 가공식품

가공식품의 유통에 있어서 다음과 같은 기술이 응용될 것이다.

① 가공식품의 경우도 신선 농산물과 마찬가지로 선도, 안전성, 기능성에 대한 소비자의 욕구가 증가함에 따라 이를 충족시키기 위한 기술개발이 이루어질 것이다. 기존의 식품가공에 있어서는 가공처리 후 유통기간을 연장하기 위하여 알맞은 살균조건보다 지나친 열처리를 하거나 보존제로 처리하였다. 이러한 처리는 영양성분의 손실은 물론 첨가물 등에 대한 소비자의 안전성에 대한 우려가 많았다.

앞으로 유통기간은 단축되더라도 소비자가 안심할 수 있는 제품을 유통시키기 위하여 제품별 특성을 고려한 전처리, 제균(除菌), 포장, 수송 등에 필요한 최소 가공기술이 개발된다. 이러한 제품의 유통을 위한 품목의 차별화와 '저온유통체제(cold chain system)'가 이루어질 것이다.

② 가공식품의 유통 중에 품질 유지와 식품 자체의 기능성을 확보하기 위하여 식품의 품질상태를 소비자가 인식할 수 있도록 하는 각종 '품질 인식 표지'가 실용화된다. 또한 불량식품으로 생기는 위해(危害)의 재발생을 방지하기 위하여 생산 이후 소비단계까지의 물류의 이동추적 및 보관상태의 확인이 가능한 lot 관리 시스템의 구축이 이루어질 것이다.

3) 포 장

농수축산물 및 가공식품의 유통에 필요한 포장재 및 포장기술에도 변화가 예상된다. 특히 포장재에 의한 환경오염과 관련하여 생분해가 가능한 환경친화적인 포장재의 실용화가 이루어진다. 포장방법에 있어서도 포장재의 알맞은 사용을 위한 기술개발이 이루어진다. 또한 식품의 안전성 측면에서 식품 자체 이외에 포장재에 의해 발생할 수 있는 위해성에 대한 연구가 진행될 것이다.

4) 유통정보 시스템

식품의 유통정보 시스템 분야에서는 다음과 같은 기술이 응용될 것이다.

① 생산에서 유통 중에 농수축산물의 품질, 안전성, 기능성 등에 대한 각종 정보는 전자공학 분야와 정보시스템기술 분야의 발전에 의하여 소비자에게 전달되는 시스템이 새롭게 구축될 것이다.

② 유통시장에서도 각종 농수축산물 및 가공식품의 표준 규격화가 이루어진다. 각종 정보가 초고속 종합 정보통신망에 의하여 산지 및 공장에 신속하고 정확하게 전달되어 생산, 출하, 재고관리, 가격조절은 물론 물류(物流)의 효율성 등이 고려된 전자상거래가 생활화된다. 이와 같은 변화로 생산 및 수확 후 관리기술 자체도 지금까지의 생산자 위주에서 소비자 중심으로 완전히 바뀌게 될 것이다.

③ 신선 농수축산물의 경우 기존의 유통체제에서 벗어나 생산지와 소비지의 유통단계가 단축된다. 이에 따라 물류비용의 절감, 고품질의 유지, 생산자 및 소비자의 경제적 부담이 줄어들 것이다. 이를 위하여 생산단계에서는 정확한 수요시장의 예측을 통하여 알맞은 생산량을 유지하기 위한 예측기술이 정비되어 생산자가 활용할 수 있는 단계에 이를 것이다.

④ 출하방식에 있어서도 기존의 다양한 방식이 정비되어 대부분의 농산물이 생산자 조합을 통하여 출하된다. 이에 따라 품질 및 포장이 규격화된 농산물의 유통이 정착될 것이다. 또한 도매시장 등 소비지로의 유입물량의 출하를 관장하고 있는 조합 등에서 전산망과 관련조합 상호간의 정보교환을 통하여 물류의 흐름을 정확히 판단할 수 있는 시스템이 구축된다. 출하량 및 시기를 고려할 수 있는 단계에 이를 것이다.

5) 유통체제

생산지 부근에서 산지포장 및 가공처리 시설의 활성화가 이루어지고, 소비지 근교에는 대형 물류센터, 종합물류단지가 건설된다. 각각의 제품은 입고, 출고, 배송(配送)에 이르기까지 자동제어 시스템에 의하여 전체 품목이 관리될 것이다.

소비자의 필요에 의하여 산지에서 단순가공을 하거나 소포장으로 하여 직영점, 가맹점 등에 물건을 직접 배송(配送)하는 '직송택배 시스템'이 강화된다. 또한 농수축산물의 선도유지를 위하여 각 품목별 수확 후 소비자 단계까지 저온으로 유통되는 '저온유통체제'가 정착될 것이다.

3.3 식품 가공기술

식품은 화학적 · 물리적인 측면에서 볼 때 구성성분의 조성, 농도, 조직, 구조 등이 매우 복잡한 물질계로 되어 있다. 온도, 습도, 빛, 공기(산소), 충격, 진동, 압축 등의 물리적인 외부의 힘이나 효소와 미생물 등 생물학적인 영향을 받기 쉬운 매우 불안정한 물질이다. 따라서 식품가공의 기본적인 개념은 다음과 같이 생각할 수 있다.

① 식품의 지리적 · 계절적 · 시간적으로 편중되어 있거나 제한되어 있는 면에서 벗어난다.

② 식품의 저장성 · 수송성 · 위생성(안전성) · 상품성을 부여한다.

③ 새로운 식품소재, 또는 새로운 식품을 개발하거나 창조한다.

④ 자원의 유효이용을 목적으로 한다.

1) 식품의 양적 문제

2030년대 세계인구는 85억 명 정도가 될 것으로 전망된다. 지구의 온난화, 오존층의 파괴, 기상이변, 사막의 확산, 토지와 물의 오염 확산 등의 요인으로 식량 부족은 심각해질 것이다. '식량을 수입에 의존하느냐, 아니면 자급을 향상시켜야 하느냐'에 대해 국민들 사이에서 크게 의견이 엇갈리고 있다.

식량 수입의 자유화는 대부분의 소비자와 '공업제품의 수출량만큼 농산물을 수입하여 균형을 취해야 한다'는 국제 분업론을 내세우는 재계에 의해 지지를 받는다. 식량의 자급화는 자신의 생활과 권익을 수호하려는 농가와 '나라의 안전을 위하여 식량의 자급체제가 불가피하다'는 식량안보를 중요하게 여기는 쪽으로, 일반 국민들로부터 지지를 받고 있다. 따라서 다음과 같은 기술 분야가 보편화될 것이다.

① 대규모 농업국에서는 우리나라보다 훨씬 많은 양의 농약을 투여하고 있어서 농업국에의 식량 의존은 생명의 안전성까지 의존하게 된다. 이를 해결하기 위하여 식량의 해외생산을 위한 체계가 확립되어야 하며, 수송·저장·유통체제가 마련되어야 한다. 운송과 창고업계가 부각되며, 식량비축은 곡물뿐만 아니라 채소 등 보존성이 떨어지는 물품에도 확대될 것이다.

② 지금은 가격안정을 위하여 저장성이 있는 감자·양파 등을 보관하지만, 앞으로는 배추·무·시금치 등 신선채소를 보관할 필요성도 높아지고 있다. 이를 위하여 CA저장뿐만 아니라 냉동채소의 보관도 보편화되며, 저장성이 향상된 품종개발도 생명공학기술의 도움으로 가능해질 것이다.

③ 양액재배, 해양목장, 컴퓨터를 활용한 온도, 습도, 광선, 탄산가스를 조절하는 채소공장이 보편화된다. 이와 더불어 광화이버를 이용한 채소공장도 출현할 것이다. 또한 채소의 클론화 및 클론(clone) 재배가 보편화되어 공장재배에 알맞은 신품종이 개발될 것이다.

④ 농업이 일부 기업화되면서 가공에서 유통까지를 포함한 기업이 출현한다. 즉, agribusiness가 보편화되어 생산, 저장, 가공, 각종 레스토랑까지를 포함하는 '종합식품서비스회사'가 유망한 기업으로 등장할 것이다. 또한 채소공장에는 공정제어장치 등의 노하우(know-how)를 개발하는 전자 분야의 기업이나 유통업계도 관여하게 된다. 그 밑의 슈퍼체인이나 연쇄점 등에서 판매하는 신선한 채소를 자기 회사에서 재배하여 공급함으로써 원가절감을 도모할 것이다.

⑤ 식품 유통에서도 고객 개개인의 기호에 바탕을 둔 마케팅과 메이커에 의한 직접 판매가 양적·질적으로 확대된다. 이러한 유통체제의 변화는 인터넷을 통한 통신판매와 냉방 및 전자레인지 설비차를 이용한 택배서비스에 의해 더욱 가속화될 것이다.

2) 식생활의 변화

식품의 양적인 문제가 해결된다는 전제에서 본다면, 2030년대에는 식품가공

기술, 환경기술, 의료기술의 발달로 국민의 수명이 늘어나며, 인구의 고령화가 두드러질 것이다.

이에 따라 식품의 3차 기능을 포함하여 질병 예방을 위한 식품이 보편화된다. 예를 들어 고지방, 고칼로리 식품에서부터 저칼로리, 고단백식품으로 소비패턴이 변화한다. 자연식품, 영양보조식품, 비타민, 비영양성 건강식품, 다이어트식품, 기능성 식품 등에 대한 요구가 커질 것이다. 따라서 다음과 같은 기술 분야가 보편화될 것이다.

① 경제의 서비스화, 여성의 사회진출 확대, 독신자의 증대, 식생활의 레저(leisure)화 등의 이유로 외식산업은 빠른 속도로 성장한다. 식비 지출에서 외식비용이 차지하는 비율이 더욱 높아질 것이다. 따라서 외식산업 분야에의 대기업 진출이 활발해지며, 패션(fashion)화가 진행된다. 메뉴에 대한 만족감도 짧아지므로 경쟁이 치열해져 소비자 수요의 다양화를 반영하지 못 하면 도태된다. 외식산업에서도 엘렉트로닉스(electronics)화가 진행되어 요리로봇뿐만 아니라 급사로봇, 회계로봇도 등장할 것이다.

② 각 가정에 보급되어 있는 컴퓨터 단말기를 통하여 예약이 가능해지며, 메뉴 선택에 있어서도 도움을 받게 된다. 단말기에는 각 점포의 예약상황, 혼잡 정도를 보여주며, 예약을 해주며, 예산이나 장소 등에 대한 데이터를 근거로 하여 필요로 하는 점포도 소개하고, 안내지도도 제공할 것이다.

③ 자연식품, 건강식품은 외식산업으로도 진출할 것이다. 웰빙(Well-Being)이 확대되면서 자연식으로 된 식사를 배달하는 도시락 체인점이나 도시락배달 점포도 출현하게 된다. 특히 자연식 도시락의 배달업은 유망한 산업이 될 것이다. 독신자용 식품이 많이 등장하며, 1인용 생선회 세트, 반찬팩(pack) 등 미니사이즈(mini-size) 식품이 보편화될 것이다. 이러한 제품의 조리방법은 바코드(bar-cord)화되어 상품의 포장라벨에 인쇄되며, 전자레인지는 알맞은 조리방법을 바코드로부터 인식하여 예약된 시간에 알맞은 형태로 조리해 줄 것이다.

④ 식품공급의 주체가 농업과 수산업 등 1차 산업에서 2차 산업인 식품가공업으로 대체된다. 나아가 단순한 식품 도매점이나 소매점 형태가 아닌 외식산업이라는 3차 산업인 레스토랑이 주류를 이룰 것이다.

식품공급이 이처럼 변화하면 당연히 1차 생산품과 2차 생산품 사이의 틈새가 생기게 된다. 즉, 2차 가공업으로서 원재료를 굳이 국산을 사용하지 않아도 되며, 이 경우에 국내에서 생산되는 1차 생산품의 국제 경쟁력이 취약하여 1차 산업이 위기에 봉착할 수도 있다. 따라서 식품생산을 담당하는 1차 산업은 근본적으로 비용을 절감하여 국제 경쟁력을 갖추어야만 살아남을 수 있을 것이다.

⑤ 미래의 식품산업은 품질뿐만 아니라 소프트(soft)한 정보를 필수적으로 내포하여야 한다. 편의 지향성, 맛 지향성, 건강 지향성을 지녀야 하고, 상품은 개별 대응성과 자기 창의성의 개념이 부가되어야 한다. 미래의 소비자에게는 노령화, 개성화, 직업의 소프트화 등이 급속히 진행될 것이다.

또한 전체적인 선호 경향도 만족시켜야 하며, 소비자 개개인의 개성을 존중하여야 한다. 이러한 상품을 소비자에게 제공하려면 기존의 전통적인 식품가공 기술만으로는 불가능하다. 꾸준한 기술개발과 함께 다른 산업에서 개발되고 있는 첨단기술이 식품기술에 융합되어야만 미래의 소비자를 만족시킬 것이다.

3) 식품 가공기술

2030년대에는 세계적인 식량 부족시대가 찾아올 것으로 예상된다. 그러나 생명공학기술을 이용한 유전자변형 농산물(GMO)을 포함한 품종개량, 양액재배, 식물공장 등의 등장으로 인류의 식량문제는 부분적으로 해결될 것으로 보인다.

현대인의 병은 대부분 칼로리의 과잉섭취, 영양의 불균형, 첨가물의 과잉사용, 과식 등에서 일어난다. 이에 따라 칼로리를 줄이기 위한 대체 감미료와 지질 대체물질이 개발되어 다양한 가공식품의 원료로 사용될 것이다. 그리고 식이섬유의 소비가 증가되고 암 예방, 항암, 항혈전, 혈압강하, 지질의 감소, 알레르기의 예방, 내스트레스(耐stress), 면역의 향상, 강장(强壯), 활성산소의 제거 등 생리기능을 조절할 수 있는 다양한 기능성 물질이 개발되어 식품소재로 사용될 것이다.

이와 함께 수명이 연장됨에 따라 증가할 노령인구들이 요구하는 '노인용 식품'의 수요가 증대된다. 따라서 비타민, 미네랄 등 미량성분의 강화, 유동식(流動食), 식이섬유의 강화, 젤리(jelly)상 또는 졸(sol)상 식품이 기호성을 향상시킨 형태로 가공식품을 생산하여 보급될 것이다.

소비자들이 맛과 영양가를 선호하는 경향에서부터 건강 지향적인 경향을 거친다. 그리고 기존의 모든 욕구를 충족하면서도 자연 그대로의 상태를 유지하는 신선한 제품을 원하는 방향으로 변하고 있다. 이에 따라 식품 본래의 신선한 품질을 가능한 그대로 유지하면서 안전하게 저장수명(shelf life)을 연장시키는 방법인 최소가공(minimal processing) 기술이 주목을 받고 있다. 이에 따라 다음과 같은 비열처리 기술(non-thermal process)이 활발히 연구되고 있다.

물리적 방법으로서 초고압(high hydrostatic pressure), 고전압펄스 전기장(high voltage pulsed electric fields, PEP), 진동자기장(oscillating magnetic fields, OMF), 방사선조사법(irradiation), 광펄스(high intensity pulsed light), 초음파(ultrasonic) 등이 있다.

화학적 방법으로는 이산화탄소(CO_2), 박테리오신(bacteriocin), 양이온 다중고분자(polycationic polymer)와 같은 화학물질, 세포벽 분해효소(lytic enzyme) 등을 이용하거나, 이러한 물리적 또는 화학적 처리를 조합하여 다단계로 처리하는 hurdle technology 등이 있다.

또한 비열처리 공법에 포함시키지 않으나, 식품의 향기성분이나 영양성분, 미생물 등을 캡슐에 포장하여 외부의 환경에 의한 손실을 최소화하는 미세캡슐화 기술(micro-encapsulation)도 연구되고 있다. 분야별 식품가공기술에 대하여 알아보자.

(1) 생명공학

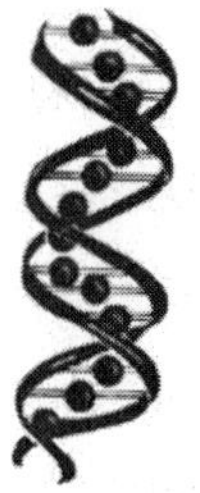

생명공학(Biotechnology) 등 첨단기술을 활용함으로써 국내 1차 생산품의 생산성이 향상된다. 유전자조작 기술에 의한 다수확 작물, 품종의 개량, 무비료 작물, 또는 성장호르몬에 의한 가축의 증산 등이 가능해질 것이다. 또한 리그닌, 셀룰로오스를 분해할 수 있는 효소기술에 의하여 왕겨, 볏짚, 잡초, 잡목 등을 식량 및 사료로 전환하는 기술에 대한 요구가 일어난다. 이러한 기술을 활용한 새로운 원료를 사용하여 품질이 좋은 식품을 생산하기 위한 기술도 병행하여 발전할 것이다.

식품을 선호하는 경향은 앞으로 획기적인 기술혁신이나 또는 정치・경제・사회의 변화가 없다면 현재의 식품소비 경향인 편의 지향, 맛 지향, 건강 지향을 유지할 것이다. 특히 건강 지향이 더욱 커진다. 따라서 즉석 편의식품, 건강식품, 신선식품을 선호하며, 이러한 식품의 근간이 되는 생명공학에 의한 하이테크(high technology) 1차 산업이 유망해질 것이다.

따라서 기존의 가열살균을 대체할 기술, 즉 가열에 의한 영양성분의 파괴, 기호성의 감소, 가열취의 생성, 조직감의 상실 등을 방지할 수 있는 가공기술에 대한 필요성이 클 것이다.

(2) Hurdle technology

최소 가공기술, 초고압, 전기장, 자기장, 초음파 등을 활용한 비열처리 가공기술, 박테리오신 등 항균성 물질을 이용한 보존기술이 보편화된다. 이러한 기술의 개발은 무방부제, 무균, 상온유통, 사용의 편의성이 부여되므로 여성 취업인구의 증가, 사회의 복잡화, 스피드(speed)화, 레저화 등 식생활 여건의 변화에 부응하는 유망한 가공기술이 될 것이다.

신선식품에 대한 요구도 증가하여 천연의 신선함을 보존할 수 있는 기술인 CA저장기술, 빙온기술(氷溫技術), 전기장 및 자기장을 이용한 보존기술이 보편화될 것이다. 빙온기술은 활어(活魚)의 보존, 청과물의 고부가가치화, 맛, 색깔, 향기의 개선, 신선채소의 저장, 가공식품의 숙성(aging), 빙결정 저하기술에 의한 초빙온(超氷溫) 저장 등이 실용화되며, 빙온 유통체제가 보편화될 것이다.

초고압 식품가공기술은 영양성분 및 향기의 손실 없이 살균·조리 등에 이용될 수 있다. 이 기술은 전기장 및 자기장을 이용한 식품가공기술과 함께 식품가공에 이용되며, 연속공정도 보편화될 것이다.

(3) 분석기술

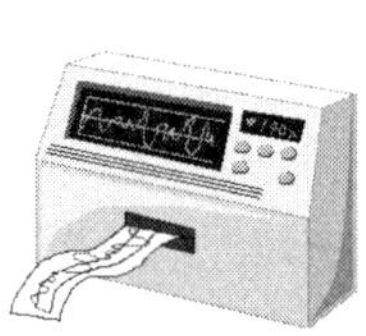

원료 및 제품의 미생물학적 특성, 화학적 성분, 물리적 특성, 열 특성, 광학적 특성 등 물성을 비파괴적으로 신속하게 측정할 수 있는 센서(sensor) 기술, 근적외분광(near infrared, NIR) 분석기술, 핵자기공명(nuclear magnetic resonance, NMR) 분석기술, 화상분석(image analysis), 형태인식기술 등이 개발된다.

이들은 퍼지 제어(fuzzy logic), 신경망 회로(neural networks), 인공지능, 전문가 시스템과 결합되어 무인 통합품질관리 시스템이 도입될 것이다. 그리고 가공식품의 미생물학적 안전성, 저장수명(shelf life), 품질저하 정도를 감지할 수 있는 1회용의 값싼 시간-온도 적분기(time-temperature integrator)의 부착이 이루어질 것이다.

(4) 생물반응기

식품산업에서 생물반응기(bioreactor)를 이용한 공정이 보편화된다. 효소가 소모되지 않도록 하는 고정화(immobilization) 기술, 여러 가지 효소의 고정화, 그리고 단백질공학을 활용한 반응온도, pH, 안정성 등에 대한 효소 성능의 개선, 인공효소화, 유전공학을 이용한 효소의 품질 개량과 증산 등이 활성화될 것이다. 이러한 생물공학기술을 바탕으로 화학공업의 많은 부분이 생물반응기에 의한 생산으로 대체된다. 특히 김치, 장류, 주류 등 전통 발효식품의 품질이 규격화되고, 생산기간이 크게 단축될 것이다.

(5) 바이오센서

물리화학적인 측정방법으로는 검출하지 못하는 극미량(極微量)의 물질에 반응하는 효소를 이용한 바이오센서(biosensor)의 사용이 보편화된다. 식품의 맛·향기 등 관능적 품질도 바이오센서에 의하여 객관적으로 측정하는 기술이 사용된다. 바이오센서를 활용한 계측기술은 로봇과 결합되어, 인공지능을 가지고 식품가공공정 전체를 효율적으로 제어할 수 있는 식품제조 시스템으로 확대하여 발전될 것이다.

정상상태(steady state) 또는 비정상상태(unsteady state)의 단위조작(Unit Operation)을 모사(模寫)할 수 있는 바이오센서가 발명되어 연속생산의 공정제어에 이용된다. 생산계획, 설비설계, 에너지 사용 및 폐기물을 최소화하는 공정변수를 자동적으로 선택하여 생산하게 될 것이다.

그리고 근적외선(NIR), 핵자기공명(NMR), 자기공명 이미징, 초음파, 레이저, 적외선 기술이 바이오센서와 결합하고 화상해석, 패턴(pattern) 인식 기술이 개발된다. 비파괴적 계측, 제어기술이 식품생산 현장에 널리 활용될 것이다.

식품에 대한 수요는 점차 다양화되고, 개별화 및 세분화된 기술에서 종합화되는 기술로 발전된다. 또한 알맞은 속도를 유지하며, 새로운 기술의 접목을 이루어 식품품질을 신속하고 정확하게 평가하는 기술과 제품의 품질을 장기간 유지할 수 있는 기술이 활용될 것이다.

(6) Hybrid technology

생명공학기술이나 메카트로닉스(mechatronics) 등이 활용된 혁신적인 단위조작 기술이 생겨 건강에 좋고, 안전하고, 맛있는 식품이 개발된다. 이를 위하

여 미생물이나 효소이용, 생물반응기, 막반응기, 2축 압출기(extruder), 막분리기술(membrane technology), 초임계유체추출(supercritical fluid extraction) 기술, 빙결정 최소화 냉동기술, 극초단파(microwave) 가공기술, 방사선 조사기술, 무균포장기술, 비가열살균기술 등이 활발히 연구될 것이다.

그리고 이들 기술의 장점이 결합된 hybrid technology가 완성된다. 인공지능, 전문가 시스템, 로봇(robotics) 등과 결합되어 무인 통합시스템이 보편화되어 생산효율이 극대화될 것이다.

곡물의 휴면기작(rest mechanism)과 제어법도 해명되어, 발아로 인한 품질 저하를 방지하는 기술이 방사선조사와 함께 보편화된다. 청과물의 호흡량, 후숙을 촉진하는 생리활성물질인 에틸렌(ethylene) 생산량 등 농산물의 수확 후 생리상태를 온라인으로 계측하여, 신선도를 유지하는 시스템이 실용화될 것이다. 그리고 공장생산 규모의 전자파(microwave) 살균기술과 수학적 모델에 기초한 살균공정이 정확한 제어기술의 도움으로 실용화될 것이다.

식품에서의 물 이동과 전이(轉移, transition)와 같은 온도 의존성 성질의 변화에 관한 현상이 해명됨으로써 좋은 품질의 건조, 냉동, 팽화, 압출성형 식품이 생산된다. 그리고 수분이 많은 녹말식품의 노화를 방지하는 기술이 개발되어, 재가열하지 않고 그대로 먹을 수 있는 레토르트(retort)식품, 무균포장식품이 생산되어 판매될 것이다.

시간-온도 센서가 결합된 경제적인 환경조건 기록기가 개발되어 식품포장에 결합됨으로써 퍼지(fuzzy) 제어, 신경망 회로에 의한 가공, 저장조건이 자동적으로 최적화된다. 품질관리, 재고관리, 데이터베이스 관리가 쉬워지며, 소비자가 구입하는 시점의 식품품질을 정확히 예측할 수 있을 것이다.

(7) 효소공학

효소를 이용하여 식품단백질을 자유롭게 잘라내어 분리하는 기술이 개발된다. 생리활성 펩티드(peptide), 항균성 펩티드로 이용하는 기술이 개발되고, 특정 펩티드 또는 단백질을 디자인하여 생산하는 기술이 완성될 것이다.

효소를 이용하여 셀룰로오스를 직접 포도당으로 전환하는 기술이 개발되어 바이오매스(biomass) 자원을 식품 등에 이용할 수 있을 것이다. 목질자원의 화학적 변환 이용기술이 실용화되어 플라스틱 등 석유화학 제품의 대체가 실현된다. 대부분의 석유화학계 식품포장재를 대체하게 될 것이다.

미생물이나 효소에 의하여 환경에 무해한 물질로 신속하게 생분해되며, 식품포장재로서의 요건을 갖춘 포장재가 보편화된다. 그리고 그린라운드(Green Round) 협정에 의하여 환경친화적 생분해성 포장재만이 식품포장재로 쓰일 수 있는 체제가 될 것이다.

(8) 유전공학기술

유전공학기술에 의한 냉동보호제가 개발되어 냉동 및 해동 기술이 획기적으로 발전하여 생선·활어 등의 장기간 보존기술이 실용화된다. 유전공학기술을 이용하여 식품소재 및 첨가물이 대량으로 생산된다. 생리활성을 갖는 식품소재를 활용한 건강지향성 식품이 보편화되며, 합성식품첨가제의 대부분을 대체하게 될 것이다.

정미성분, 향기를 감지할 수 있는 전자코(electronic nose), 미각(味覺) 센서와 물리적 특성을 측정할 수 있는 센서(sensor)를 활용한 자동 식미측정기가 실용화될 것이다.

DNA probe를 이용한 식품유래 미생물(food-born microorganism)의 신속탐색 및 확인체계가 개발되어 식품제조 현장에서 HACCP(hazard analysis critical control point)를 위한 모니터링(monitoring) 체계가 확립된다. Good manufacturing practice에 의한 위생적 가공기술과 결합되어 식품의 건전성, 기호성, 위생성이 체계적으로 관리될 것이다.

3.4 식품생물공학

식품생물공학은 그 자체가 목적이 아니라, 식품 전체에 관련하여 문제 해결의 수단을 제공한다는 점에서 중요한 분야이다. 연구개발 성과에 따라서 커다란 부가가치를 창출할 수 있다는 특징이 있다.

1) 전통 발효식품

장래 우리나라의 식품생물공학에서 가장 큰 비중을 차지하는 분야는 간장, 된장, 고추장 같은 장류(醬類)일 것이다. 신세대의 소비취향을 반영하여 보다 자극성이 약한 향미를 내는 균주의 개발이 중요한 연구 분야가 된다. 건강식품을 지향하는 소비자의 요구에 따라 발효과정에서 암 예방, 면역기능 증진 성분 등을 다량 생산되는 방향의 연구가 이루어질 것이다.

점차 농촌인구가 감소하고, 현재 개념에서의 시골과 같은 지역이 도시화되면서 농촌에서도 가정에서 장류를 담아 먹는 식습관이 사라지게 된다. 따라서 장류산업이 꾸준히 발전하고 대형화하며, 전통식품의 과학화가 이루어질 것이다.

2) 환경관련 미생물

미래에는 현재보다 가정에서 음식을 직접 조리해 먹는 빈도보다는 상점에서 미리 만들어진 식품을 구매하여 가정에서 데워 먹던가, 일부 양념만 보충하는 방식으로의 식사가 많이 이루어진다. 이에 따라 가공식품의 유통에 필요한 포장재 수요가 증가하면서 생분해성 포장재에 대한 연구가 계속된다. 포장재를 분해하는 미생물, 식품쓰레기를 분해하는 미생물의 개발과 실용화가 실현될 것이다.

3) 아미노산 발효

전통적인 고체발효 기술력을 바탕으로, 액상발효 분야에서도 산업적으로는 글루탐산, 라이신, 페닐알라닌 생산기술이 세계를 선도하는 수준을 유지한다. 이에 따라 학문적으로는 유전공학을 이용한 대량생산 균주의 개발과 고농도배양기술, 그리고 분리 및 정제 기술인 down-stream process에 관한 연구가 활발할 것으로 예측된다.

4) 세포 배양기술

산업화가 가속화되고 농업의 생산성 약화로 농지가 점차 축소되면서 농업에 의존하여 생산하던 식품소재가 식품생물공학기술로 대체된다. 예를 들어 인삼이나 영지버섯 등을 토양에서 재배하는 대신 식물세포 배양기술에 의해 유용성분을 생산한다. 웅담이나 녹용을 동물에서 채취하는 대신 동물세포 배양으로 해결하려는 연구가 이루어지는 등 한국인의 정서가 반영된 세포 배양기술에 대한 연구가 활발해질 것이다.

세포 배양기술은 고도의 무균상태를 유지하는 일이 필수적이다. 세포에 영양성분(培地, media)을 공급하는 이외에 다른 물질을 공급할 수 있다. 농약을 사용하지 않아 안전성 측면에서도 매우 유리하여, 미래에 각광받는 분야로 자리를 잡는다. 이와 관련하여 생물반응기의 개량, 유용성분의 분리와 정제에 대한 연구가 뒤따를 것이다.

5) 천연 항균물질

장내세균에 대한 연구가 보다 활발해지고, 새로운 항균물질(probiotics)이 개발된다. 화학합성첨가물을 기피하는 소비자의 수요에 따라 천연항균물질의 개발이 요구되면서 박테리오신(bacteriocin) 등에 관한 연구가 활발해질 것이다.

화학합성품에 비하여 박테리오신은 항균 스펙트럼(spectrum)이 좁은 단점이 있어서 목적하는 식품에 알맞은 박테리오신에 대한 연구가 필요하다. 이를 발효 스타터(starter culture) 등에 활용함으로써 김치의 초기 발효속도를 억제하고, 잘 익어 있는 기간을 오래 연장하고, 시어지는 현상을 억제할 수 있는 수준으로 발전할 것이다.

미생물 분석에서는 식중독균과 부패균, 식품에 오염된 병원성 미생물에 관한 신속검출법과 더불어 보다 간편한 미생물동정법의 연구가 주로 이루어진다. 색소, 향료 같은 천연식품첨가물, 천연항균제, 건강식품소재 등 식품생물공학기술을 이용한 연구개발이 발전하는 계기가 될 것이다. 또한 상업화할 제품에 대한 철저한 관리가 요구되며, 식품생물공학 분야에도 HACCP 제도를 엄격히 적용해야 할 것이다.

6) 극한미생물의 이용

새로운 생물자원의 개발에 시야를 돌리게 된다. 남극, 북극, 심해(深海), 고산지대, 고온지대 등의 극한조건(極限條件)에서 생장할 수 있는 미생물자원을 수집할 수 있는 여력이 생기면서 극한미생물을 이용한 유용물질의 개발에 관한 연구가 이루어진다. 이를 상업화하기 위한 특이 발효조건의 해명과 발효기술의 개발, 해양미생물의 배양에 관한 연구가 이루어질 것이다.

이 중에서 우리나라 실정에서 가장 접근하기 쉬운 해양미생물을 이용한 유용성분의 탐색과 개발에 활발한 연구가 이루어져, 새로운 학문으로 자리 잡을 것으로 전망된다.

7) 효소의 이용

화석연료의 고갈이 사회문제로 등장하고, 대체연료의 개발이 늦어지면서 상온에서 반응을 촉매할 수 있는 효소의 이용이 지금보다 매우 활발해질 것이다.

지금처럼 고과당(high fructose syrup)의 생산, 육류의 연화, 치즈제조를 위한 우유단백질의 응고 등의 분야뿐만 아니라 대체유지(代替油脂)의 생산, 다양한 아미노산의 생산과 같이 공정개발을 위한 연구가 진행된다. 이를 근본적으로 이해하고 제어할 수 있는 효소의 특성, 3차 구조, 구조와 활성의 상관관계 등 기초연구가 뒷받침될 것이다.

효소는 반응조건이 좋아야 최적 활성을 나타내므로 생체에서 분리한 원래의 상태로는 주어진 공정조건에 맞지 않을 경우가 많다. 따라서 분리한 효소의 특성을 연구하는 수준에서 벗어나, 효소의 특성을 개량하기 위한 화학적 수식(chemical modification) 같은 분야에 연구수준이 높아질 것이다.

8) 유전자 변형식품

미국에서 특정 성분이 강화된 식물체 또는 렉틴(lectin) 같이 유해한 특정 성분이 제거된 대두 등 유전자조작 식물체의 개발과 실용화가 이루어지고 있다. 동물자원의 경우 육종, 우수품종의 복제, 유용성분을 다량 생산하는 유전자 조작기술의 적용이 활발해질 것이다.

유전자조작 생명체(genetically modified organism, GMO)와 이를 원료로 한 가공식품의 안전성에 대한 소비자의 의심이 있다. 더욱이 미국과 유럽 사이에 벌어지는 유전자조작 식물체에 대한 안전성 논란 속에 이에 대한 연구와 실용화가 이어질 것으로 예상된다.

9) 건강기능성 물질

미래의 식품은 단순히 생명유지 차원에서 소비되지 않는다. 식품의 섭취가 의식동원(醫食同源)에 바탕을 두고 건강과 직결된다는 인식에서부터, 생물공학 분야에서는 생물자원을 이용한 천연첨가물 또는 소재의 생산, 이들의 안전성에 관한 연구가 많아진다. 식품의 신선도를 측정하기 위한 바이오센서(biosensor)의 개발이 추진된다.

이제까지 미생물 이용은 주로 의약품을 대상으로 연구가 이루어졌다. 그러나 일반적으로 성공사례가 많지 않기 때문에 장기간 복용에서 효능이 나타날 수 있는 건강기능성 물질의 발굴에 초점을 두고 연구가 이루어질 것이다.

노화 및 염증 관련 질병 등 여러 가지 질병의 근원이라고 할 수 있는 생체 산화를 억제할 수 있는 물질의 탐색과 활용 분야가 이루어진다. 농산물의 생산성, 영양가, 기호도, 기능적 특성을 향상시킬 수 있도록 하는 분야가 식품생물공학이다. 식품원료를 보다 소비자의 마음에 드는 제품으로 변환시켜 줄 수 있는 가능성이 있다. 상업화할 수 있는 미생물을 하나만 제대로 개발하면 그 미생물이 창출되는 부가가치의 규모가 매우 크다. 따라서 자원이 빈약한 우리나라에서 연구에 투자할 만한 유망한 분야라고 여겨진다.

3.5 기능성 식품

건강식품은 아직까지는 전 세계적으로 각국 정부의 규제 정책이 서로 다르기 때문에 정의가 명확하지 않다. 여기에서는 동양적 관점에서의 건강식품과 서양적 관점에서 생각하는 저염, 저칼로리, 저지방식품들과 비타민 및 식품보조물(dietary supplement)을 포함한 개념으로 나눌 수 있다. 따라서 환자식이나 비타민 C, 저지방식과 같이 건강을 목적으로 소비된 모든 식품이 포함되었기 때문에 지나치게 넓게 표현된 점이 있으나, 이 분야의 발전이 두드러질 것으로 예상된다.

1) 한약재

우리나라는 보건복지부에서 한약재를 약품으로 분류하고 있다. 예를 들어 일부 비타민의 사용에 있어서 약품으로 제조되면 그 효능을 표기할 수 있지만, 식품원료로 사용하면 효과를 표기할 수 없는 이중정책을 펴고 있다. 그러나 한약재를 약으로 분류하는 국가는 중국과 우리나라 밖에 없어서 점차 국제적 수준으로 변화되며, 식품으로 이용할 수 있는 원료가 다양화될 것이다. 은행잎, 삼지구엽초(음양곽), 천마, 동충하초 등 자연자원, 합성타우린, 카페인 등의 식품첨가물이 허용되고, 이들에 관한 가공식품 및 효용성에 대한 연구가 활발할 것이다.

2) 식품소재

식품소재 측면에서는 유지대체 소재가 개발되어 한정된 용도에서 실용화되고 있다. 앞으로 튀김용 기름을 대신할 수 있는 대체유지가 개발되어 비만과 일부 퇴행성 질병 등 유지섭취와 관련된 건강문제의 해소에 기여할 것이다. 또한 국내에서 bioelectrical impedance를 측정하여 체성분(體成分)을 분석하는 기기(body composition analysis)가 개발되었다. 이 기기는 비만진단에 유용하게 사용할 수 있어서 비만억제 식품에 관한 연구가 이루어질 것이다.

3) 보신식품

현재 법적으로 허용된 건강보조식품과 우리가 일반적으로 생각하는 보신식품 등 모든 건강식품은 그 생리활성 또는 유용성분에 관한 과학적 근거가 충분하지 않다. 장래 소비자는 식품의 기능성에 관한 폭넓은 지식을 가지게 되며, 과학적 근거가 모자란 제품은 시장에서 사라질 것이다. 이에 따라 건강식품의 효능평가와 동물시험에 대한 연구가 이루어진다. 건강식품에 관한 임상실험이 활발해지면서 학문 사이에 통합연구가 일반화될 것이다.

이러한 연구결과로 보신탕, 흑염소, 잉어, 사슴피 등 범람하고 있는 보신식품의 효능이 밝혀지고, 그 효능의 유무에 따라 해당품목의 소비에 부침이 있을 것이다. 아무리 건강식품이라 할지라도 의약품이 아니기 때문에 그 효능이 입증되더라도 장기간 섭취해야 유효하다. 중도에 포기하거나 섭취를 불규칙하게 하는 문제로, 건강식품의 효능에 대한 신뢰성 문제는 논란의 대상으로 남을 것 같다.

4) 노화방지 식품

노화를 설명하는 free radical theory를 뒷받침할 과학적 증거가 축적된다. 산화가 노화의 원인이며, 암을 비롯한 주요 질병의 근본적인 원인임이 밝혀지면서 각종 radical source와 radical에 의한 산화, 특히 생체산화 및 이를 억제할 수 있는 방법을 찾기 위한 연구가 이루어진다. 선진국형 퇴행성 질환이 늘어나고 가짜 건강식품에 식상(食傷)한 소비자는 저염, 저지방, 저칼로리식품 등 현재 미국과 유럽지역의 소비자가 생각하는 건강식품에 대한 관심이 높아져, 이들이 새로운 연구 분야가 될 것이다.

5) 특수용도 식품

학문적 근거가 있는 특수 용도식, 유아식, 환자식, 노인식과 같은 종류의 건강식품에 대한 연구가 많이 이루어진다. 환자식은 의약품과 같이 의료보험을 적용받게 되면 활발히 발전하는 계기가 될 것이다. 영양소 중에서는 식이섬유(dietary fiber)의 중요성이 널리 인식되면서 관련연구가 늘어난다. 식이섬유 함량이 높은 조식대용 시리얼(morning cereal)을 섭취하는 사람과 빵으로 아침식사를 대신하는 인구가 증가할 것이다.

일본에서는 **건강정보표시**(health claim)를 할 수 있는 특정보건용 식품제도를 운영하고 있다. 미국 FDA에서도 귀리(oat)에 들어 있는 식이섬유에 대한 health claim을 허용하고 있다. 이에 따라 건강식품의 효능을 인정하는 제도가 전 세계로 확산되면서, 우리나라에도 정부가 보증하는 특수용도 식품 또는 특정보건용 식품이라는 건강식품제도가 도입될 것이다. 혈액순환 개선식품, AIDS 때문에 소비자의 인식이 높아진 면역기능 부활식품, 암 예방식품, 골다공증 예방식품, 또는 식단이나 다이어트 프로그램 등이 발전할 것이다.

북미지역이나 유럽지역 소비자의 시각에서 건강식품이라고 생각하는 저지방, 저칼로리, 저염식품의 선호 경향, 육류의 기피현상이 생기면서 영양성분 분석에 새로운 경향이 일어난다. 특히 채식주의자의 수가 증가하면서 영양상태의 균형에 관한 연구가 많이 이루어질 것 같다.

영양성분 분석에서는 현재 분석이 잘 안 되는 극미량 성분, 즉 셀레늄(Se)과 게르마늄(Ge), 식물성 미량 유용성분(phytochemical), 폴리페놀(polyphenol), 플라보노이드(flavonoid) 등 비영양성 미량 미네랄 또는 실체를 잘 모르고 있는 건강기능성 성분과 새로운 비타민 등에 관한 분석이 이루어질 것이다.

6) 식품형태의 변화

한 해에 수천 종류의 식품이 새로이 시장에 등장하고, 이 중에 80% 정도는 1년 이내에 매장에서 사라진다. 그러나 식품소비의 형태를 살펴보면, 반대로 현재 소비되는 제품의 80%는 10년 후에도 소비된다. 모양이나 맛, 첨가물의 종류는 달라질 수도 있으나, 현재 소비하는 전통식품 중 다수를 앞으로도 섭취할 것이다.

품질에 있어서 주원료에 부족하기 쉬운 영양소를 보강한 건강 지향적 제품으로의 변화가 있을 것이다. 이에 따라 특정 미량 영양성분 또는 건강식품 소재를 보강하는 연구와 그 유용성에 관한 연구가 이루어질 것이다. 이와 더불어 특정 영양소의 과잉섭취가 유발할 수 있는 문제점이 제기될 것 같다.

제품의 형태도 점차 지금과 같이 섭취 후 배부른 bulky한 제품보다는 콤팩트(compact)한 형태를 띠는 제품이 판매될 것이다. 휴대하기 간편하고, 한 입에 넣을 수 있는 사탕 정도의 달걀이나 정제, 캡슐 또는 짜먹는 튜브 형태의 제품과 이들 제품의 영양소 균형에 관한 연구가 뒤따를 전망이다.

7) 교육프로그램

소비자가 건강식품 소비의 변화를 수용할 수 있도록 연구자들은 일반 영양학 및 건강식품에 대한 소비자 교육프로그램 개발이 필요하다. 건강식품을 통한 질병의 예방 및 장기적인 관점에서 치유를 위한 각종 진단과 처방에 관한 프로그램이 개발되어 실용화되면서 건강증진 상담학이 인기를 끌고, health food clinic이 개설될 것이다.

향신료 등 식물체의 정유성분을 이용한 aromatherapy 또는 homeopathy가 유행하면서 식용 산림자원이 다양한 우리나라의 실정에서 약초에 관한 연구가 특성화될 것이다. 임산물과 향신료를 이용한 건강증진과 질병예방, 치유용 진단프로그램, 비만해소 프로그램을 운영하는 health food park를 설립하여 운영하게 된다. 여기에 필요한 1 : 1 상담원 같은 전문 인력의 배출이 식품 및 영양학 분야의 교육에 과제로 등장할 것이다.

여기에서 프로그램이란 개인의 질병상태, 채소와 육류의 섭취빈도, 음주와 흡연빈도, 운동부하 등 건강과 관련이 있는 모든 정보를 입력하면 공급해야 할 거대영양소, 미량 영양성분, 향신료, 정유 등의 처방이 나오는 프로그램을 뜻한다.

건강증진과 질병의 예방을 위한 식품이 유행하면 칼로리, 영양소, 첨가물, 건강소재의 가감을 포함한 맞춤옷과 유사한 개념의 **맞춤식품**(designer foods)이 필요한 소비자 그룹별로 보급되고, 학계에서는 food design에 관한 연구가 성숙단계에 진입할 것이다.

3.6 식품의 안전성

21세기 초의 식품은 품질과 안전성이 확보되고, 경제적인 경쟁력과 환경친화적인 특성이 요구된다. 소비자의 건강과 안전에 대한 욕구를 충족시켜야 하므로 더 많은 변화가 예측된다.

1) 식품위생

식품위생은 파급효과가 크고 공공성을 띠므로 정부나 지방 자치단체에 의한 규제 및 관리의 역할이 더 커진다. 일부 역할은 식품생산업체에 넘겨 관리하는 체제로 발전할 것이다.

생물학적 위해는 검출기법(adulteration)의 발달로, 이전에는 검출되지 못하던 균주들이 새로운 유해세균들로 알려지고 관리하게 될 것이다. 또한 새로운 생활환경의 변화에 의하여 새로운 변이종이 생겨, 이를 제거하기 위한 기술개발이 계속될 것이다.

식품의 안전성에 영향을 주는 물리적·화학적·생물학적인 위해요소(危害要素) 중에서 생물학적인 위해는 공중보건에 대한 위험이 크기 때문에 큰 문제가 된다. 특히 미생물에 의한 부패, 병원성 세균에 의한 오염이 주요 관심의 대상이 된다. 그러나 환경오염으로부터 유발되는 각종 화학유해물질인 환경호르몬에 의한 내분비계 교란물질, 천연독소의 장기간 섭취에 의한 새로운 질병이 나타날 수 있고, 이들 성분에 의한 각종 새로운 알레르기(allergy)성 질환을 일으키기도 한다.

한정된 지구환경에 계속 누적된 오염물질로 인한 농작물, 식품오염으로부터 인간생명을 구하고자 하는 의학적인 연구와 환경개선 기술이 보편화된다. 이러한 환경오염물질로부터 소비자를 보호하기 위한 각종 규제가 시작된다. 이에 대한 책임도 상당부분 식품생산자에게 많이 부과될 것이므로 식품생산공정 중에 위해물질을 제거하기 위한 각종 센서기술 및 공정 등이 보편화될 것이다.

2) 살균공정

식품에서 유해세균의 문제는 주로 살균처리공정에서 생긴다. 따라서 알맞은 열처리를 위한 모델링(modeling) 및 시뮬레이션(simulation) 공학기법이 도입되어 열처리의 정확한 평가가 가능해진다. 그러나 식품의 단위조작 중에서 필수적인 살균공정은 신선한 제품에 대한 소비자의 요구로 비열처리(non-thermal treatment)가 보편적으로 이루어질 것이다.

미생물의 사멸 또는 성장억제에 관한 분자수준의 연구결과가 뒷받침되어 MA 포장(modified atmosphere packing), 무균포장(aseptic packaging) 등의 식품처리기술이 많아진다. 특히 무균가공법은 원료처리부터 포장까지 연속적인 공정을 종합적으로 다루어야 하기 때문에 고도의 공학적인 기술이 활용될 것이다. 조리, 살균, 포장 등을 연속적으로 처리하는 무균가공법은 기존의 레토르트(retort) 가공법에 비하여 공정의 소요시간이 1/10에 불과하다.

3) 분석기술

고전압 펄스자기장(high voltage pulsed electric field), 진동자기장(oscillating magnetic fields), 초고압(high hydrostatic pressure), light pulses, 항균제

(antimicrobials), 박테리오신(bacteriocin) 등에서 몇몇 기술은 현장에서 사용될 수 있는 기술로 발전된다. 또한 식품 중의 세균오염 정도를 손쉽게 신속히 검출하는 방법이 보편적으로 사용될 것이다.

면역화학적인 기술, 전기화학적인 기술, ATP(adenosine triphosphate) 등의 활용이 더욱 저렴한 가격의 키트(kit)와 기기로 개발되어 널리 사용될 것이다. 특히 유전자 조작기법, bacteriophages 등을 활용하여 종합적으로 여러 가지 위해요소를 한번에 검출할 수 있다.

특이성을 이용한 검출기술들이 상용화되고, on-line으로 검출할 수 있는 bio-sensor 등이 개발된다. 이러한 위해요소 검출은 5분 이내 또는 수 시간 안에 가능하게 되어 의학적인 용도보다도 더 큰 시장을 형성하게 될 것이다. 물리적인 식품위해는 21세기에는 크게 문제되지 않으나 식품의 생산, 가공, 유통 및 소비에서 이러한 위해를 제거하기 위한 기술은 널리 보급되어 사용된다. 광학기술, 레이저, 원자력을 이용한 비파괴 첨단기술과 장비가 개발되어 농산물을 선별하는 데 이용될 것이다.

이러한 비파괴적 기술은 신속한 전수검사를 하는 데 장점을 가지고 있어서, 불균일하고 쉽게 부패하는 등의 특성을 가지고 있는 식품과 생물재료의 식품위생 및 품질관리에 널리 활용될 것이다.

4) 실행체제

영양학적인 측면에서 강조되던 식품이 안전성 중심으로 바뀌고 있다. 이러한 요구를 모두 만족시키는 제품을 소비자에 공급하기 위하여 정부에서 식품위생행정 및 제도개선이 획기적으로 이루어질 것이다. 식품위생 개념의 고취를 위한 홍보교육에 주력하고, 제품 자체의 위생은 생산업체 스스로 책임지고 수행할 것이다.

연구 측면에서 국내의 식품병원균(food pathogene)을 근원적으로 제거하는 연구가 추진되고 있다. 생물학적인 위해요소에 대하여 대응하는 방법이 개발되어 활용되지만, 새로운 환경변화에 의하여 새로운 변이종이 계속 출현함으로써 기초적인 생물학적인 연구는 계속될 것이다.

그리고 환경오염에서 오는 새로운 식품 위해요소가 계속 발생되기 때문에 식품원료 및 조리가공 공정 중에 발생하는 위해요소의 탐색 및 방어기능 해명에 대한 연구는 계속된다. 또한 세계적으로 식품의 오염현황에 대한 데이터베이스가 구축되어 위생적이고 체계적인 식품유통체제가 개발되어 활용될 것이다.

4. 영양분야의 기술발전

4.1 한국인의 건강과 영양

국민의 건강과 영양상태는 그 나라의 현재와 미래를 가늠할 수 있는 한 척도이다. 따라서 어느 국가든 국민의 건강과 영양상태를 확보하기 위하여 필요한 정책을 수립하여 시행하고 있다. 그 나라의 경제수준이나 문화수준 등에 따라 그 중요성의 정도가 달라진다. 그러나 보건복지정책의 최우선 과제 중의 하나가 건강 및 영양상태의 확보와 증진이라고 할 수 있다.

한국인의 건강과 영양상태는 몇 가지로 특징지을 수 있다. 1950~1960년대 전후(戰後)의 혼란 속에서 나빴던 국민의 영양상태는 지난 30년 동안 경제수준의 향상으로 크게 개선되었다. 그러나 전반적인 영양부족 상태로부터 벗어났으나, 모든 면에서 바람직한 방향으로 개선된 것이 아니라 과잉영양과 영양결핍이 공존하는 양극화의 문제를 낳게 되었다.

국민의 건강과 영양상태에 영향을 주는 요인 중에 중요한 2가지가 사회적·문화적 수준과 경제수준이다. 경제수준의 변화는 건강과 영양상태에 대해 그에 상응하는 변화를 초래할 수밖에 없다.

미국에서는 '중산층의 감소 또는 소멸'을 우려하고 있다. 1950년대에는 미국인의 60%가 중산층이었던 것이 최근에는 30%로 떨어졌으며, 40%가 노동계급일 것으로 추정하고 있다. 이러한 중산층의 감소는 우리 사회에서도 나타나고 있다. 소득계층이 상-중-하의 구조가 아닌 상-하 구조로 바뀌어 계층간 또는 계급간 갈등이 심각한 사회문제로 나타날 수도 있다.

이러한 현상은 식품산업에도 영향을 미쳐 대량판매(mass marketing)를 겨냥한 식품개발보다는 부유층을 대상으로 한 '고품질' 제품의 소량 생산과 판매가 주류를 이루게 될 것이다. 그리고 빈곤계층을 위한 값싼 일반적인 식품도 생산하게 될 것이다.

이와 같은 식품산업의 변화는 식품을 2가지 형태로 나뉘게 될 것이다. 식품의 품질은 다르지만 그의 영양학적 측면에서 질적으로 같도록 하거나, 값싼 제품의 영양적인 질을 우수하게 유지함으로써 빈곤계층에 대하여 충분하고 알맞은 영양소 공급을 가능하게 해야 한다. 이렇게 이상적인 방향으로 식품산업의 변화가 일어난다면 오히려 5~10년 후의 우리 국민의 건강과 영양상태는 양극화 현상이 적어져 바람직한 방향으로 변화할 수도 있다.

지난 30년 동안의 급속한 경제발전에 따른 생활수준의 급상승은 생활의 간편성만을 지향한 무분별한 외국문화의 도입, 활동량의 감소, 식문화의 변화로 만성퇴행성 질환의 급증을 경험하였다. 앞으로 우리의 생활양상은 활동량이나 식생활 면에서 모두 단순히 편의성 위주나 소비성 섭취에서 벗어난다. 건강 확보를 위한 최소한의 활동유지와 식량수급에 탄력적으로 대처하면서, 음식물쓰레기와 낭비를 최소화하는 방향으로의 알맞은 식품 및 영양섭취에 의해 건강증진을 도모하는 형태로 진행되어야 할 것이다.

건강과 영양 분야에서는 우선 국민 전체에 대한 건강 및 영양 감시체계(National Health and Nutrition Surveillance System)가 확립되고 유지되어야 한다. 국민의 건강 및 영양상태가 계속적으로 모니터 되고, 그 결과에 근거한 해결책이나 대응책이 그때그때 상황에 맞게 시행되어야 한다. 이를 위하여 대규모의 국민 건강 및 영양상태 관련 조사들이 정기적으로 수행되어야 하며, 장기적이고 지속적인 효과가 나타나도록 해야 할 것이다.

4.2 식생활과 만성질병

과거 우리 국민들에게서의 식생활과 만성질병의 관계는 주로 영양부족 또는 영양불균형에 기인하는 저개발국가형의 질병들이 주로 언급되었다. 그러나 최근 20～30년 동안의 경제성장은 전반적인 문화양상의 변화와 함께 식생활에도 큰 변화를 초래하였다. 이제는 선진국의 경우와 비슷한 형태의 만성질병들이 주요 사망원인들로 꼽히게 되었다. 이에 따라 이들과 식생활 관련성에 많은 관심을 보이고 있다.

식품으로 이들 질병을 치료한다는 의도에서 'nutraceuticals'라는 분야가 생겼다. 이는 '특정식품, 개발한 영양소 또는 식품으로부터 분리된 비영양물질로서 약물처럼 작용하는 것'이다. 우리에게는 '기능성 식품'이라는 말로 익숙하다. 기능성 식품의 질병 예방효과, 나아가 치료효과에까지 확대하여 언급되는 경우도 있었다.

식생활과 만성질병의 관계를 새로이 조명해야 할 것이다. 우리 식생활의 기본 배경은 가정이었다. 그 가정의 기본 구성요소가 가족이므로 가족구조의 변화부터 고려되어야 한다. 과거의 대가족 제도로부터 가족의 소규모화 또는 핵가족화가 진행되었으며, 1인 가구까지 등장하게 되어 현재의 가족구조는 매우 다양하다.

이러한 가족구조의 변화는 주로 어머니가 준비하던 기존의 식생활에서, 가족 구성원 누구라도 많은 시간을 들이지 않고 조리할 수 있는 형태의 식생활로 바뀌었다. 또한 외식 기회의 증가를 가져와 그에 따른 외식산업의 급속한 발전이 있었다.

여기에 상당수의 아동들이 보호시설에 맡겨지게 됨에 따라 우리의 식생활 양상에 대한 또 다른 변수로 등장하게 되었다. '가정에서의 식사' 대신 '집단수용시설 또는 집단급식에서의 식사' 비중이 점차 증가하게 되었다.

일반적으로 식생활의 변화는 대표적 만성질환 발생 양상의 변화로 나타난다. 최근 급속한 서구형 식생활의 도입과 경제수준 상승에 따른 동물성 식품 섭취량의 증가, 이에 따르는 곡물 섭취량의 감소는 서구형 만성질환의 발생 양상과 비슷한 상황을 가져왔다. 식생활 변화에 의하여 만성질환 양상의 변화가 나타나기까지는 최소한 몇 년이 소요된다.

영양상태 또는 건강상태는 어느 특정 영양소들의 조합으로 빚어지는 것이 아니라, 이들이 복합적으로 들어 있는 식품을 섭취함으로써 얻어지는 결과이다. 영양소별로 그 효과나 역할을 구별하는 데는 한계에 이른다. 따라서 앞으로는 영양소별로 특정 및 비특정 면역기능에 대한 역할을 해명함으로써 전체적인 건강상태에 미치는 영양소의 효과를 분석해 나갈 것이다. 그리고 만성질환의 발생과 관련시켜 이미 해명된 식생활 관련 요인들의 개선에 걸림돌이 되는 식습관의 개선이 쉽지 않은 이유들을 밝힘으로써 바람직한 방향으로의 식습관 개선을 도모하여 기존의 만성질환 발생률을 낮추는 방법의 연구도 지적되고 있다.

4.3 집단급식과 외식업소의 급식관리

집단급식은 '특정 집단을 대상으로 건강유지와 증진, 질병의 예방·치료·회복을 목적으로 계속적으로 식사를 제공하는 것'이다. 일반적으로 기업체, 학교, 병원, 복지시설 등에서 이루어지는 급식을 말한다.

외식은 '전문가에 의하여 만들어진 식사를 하는 것'으로 음식점, 숙박업소, 식료품점 등에서의 급식은 물론 집단급식도 이에 포함된다. 그러나 1993년 이후 식단, 서비스, 시설 등의 차이가 없어지면서 더 이상 상업성을 기준으로 구분하지 않고 급식산업(food service industry)으로 불리게 되었다.

급식산업은 도시화, 공업화, 소득 및 소비 수준의 향상, 여성 취업률의 증가, 식사의 레저화 등과 더불어 급속히 발전하여 왔다. 1988년 서울 올림픽 이후 음식점이 전문화, 고급화하는 한편, 패스트푸드점과 같이 전국 체인망을 구축한 급식업소가 증가하였다.

위탁경영 급식산업이 급증하면서 급식경영의 기업화 개념이 확산되었다. 이러한 추세는 앞으로도 계속되어 우리의 식생활에서 차지하는 비중은 점점 높아질 것이다. 식생활이 국민의 건강과 보건에서 차지하는 비중을 고려할 때, 이러한 급식산업의 증가로 국민 건강증진에서 단체급식이 차지하는 비중도 증가할 수밖에 없다. 이러한 배경에서 다음과 같은 분야에 대한 연구개발이 요구된다.

① 급식은 많은 사람들을 대상으로 이루어지는 만큼 영양학적으로나 위생적으로 철저히 관리되지 못할 때에는 이에 미치는 파장이 매우 크다. 급식산업이 발전하기 위하여 가장 중요한 것은 급식 대상자들이 마음 놓고 즐겁게 식사할 수 있어야 한다.

식사를 선택할 경우 고려하는 요인은 여러 가지 있으나, 우선 맛있고 영양가가 높아야 할 것이다. 따라서 급식 대상자가 맛있게 먹으면서 알맞은 영양소를 공급받고, 만성질환의 위험은 낮출 수 있는 식사를 제공할 수 있도록 식단과 레시피(recipe)가 개발되어야 한다.

만성질병의 발병과 관련이 있는 것으로 알려진 동물성 지방과 콜레스테롤, 소금 섭취량 등을 줄이고 식이섬유, 항산화비타민 등의 섭취는 증가시킬 수 있는 식단과 조리법을 개발하여 국민건강 증진에 기여도를 증가시켜야 한다.

② 집단급식에서 중요한 점은 위생적으로 안전한 급식이 되어야 한다. 식품의 안전성을 보장하기 위하여 특정 위해를 확인하고 예방조치를 하는 HACCP(hazard analysis critical control point)의 개념을 급식산업 전체에서 적극적으로 수용하여 소비자들에게 안전한 급식을 제공할 수 있도록 하여야 한다. 또한 HACCP 제도를 수용하기 위하여 식단과 조리방법의 표준화가 이루어져야 한다. 식품의 신선도를 측정하고, 식품제조 공정 중 품질관리가 가능한 biosensor 등의 장치가 개발되어야 할 것이다.

③ 급식산업은 위생적인 대량 생산이 우선적인 목표이다. 이를 만족시킬 수

있는 기기설비와 기술의 확보가 중요하다. 우리 고유의 음식에서 많이 쓰이는 절단 모양으로 만들어 주는 기계, 고유한 모양을 한 식기를 세척해 주는 기계 등은 보급되고 있다. 그러나 아직도 조리 전 과정의 자동화를 위한 기기설비의 개발과 보급이 필요하다.

④ Take-out 형태의 급식산업이 급증하고 있어서, 위생적이고 식품의 영양소, 향기, 맛, 색깔, 온도 등의 품질을 원래대로 보존할 수 있는 포장기술이 개발되어야 한다. 또한 급식산업의 형태별로 요구되는 식당과 주방의 분위기가 다른 만큼 이를 충족시켜 줄 수 있는 공간 디자인과 기기설비의 개발도 필요하다.

⑤ 21세기는 모든 산업분야에서 마케팅을 중요하게 여기는 시대이다. 특히 급식산업은 서비스산업이므로 고객의 기대를 넘어 고객을 만족시킬 수 있는 양질의 급식과 서비스를 창출하여야 한다.

1992년 이후 급식산업에 **전사적 품질경영**(total quality management, TQM) 개념이 도입되었다. 급식산업에서의 TQM의 개념은 공정의 지속적 개선, 종업원의 능동적 참여 증진을 통한 권리 부여, 팀웍(team work), 품질 개선 도구의 사용 등 지식적인 방법을 통해 고객 만족을 줄 수 있는 제품과 서비스, 품질의 지속적인 개선이 모색함으로써 급속한 환경변화에 경쟁력을 갖게 될 것이다.

⑥ 급식산업에 컴퓨터를 도입함으로써 효율적인 경영에 필요한 자료의 수집, 파일(file) 작성, 자료의 분석뿐만 아니라 수요예측, 재고관리, recipe 표준화와 식품재료 통제에 의한 생산관리, point of service(POS) 시스템, 재무관리, 영양분석 등이 가능하게 될 것이다. 그리고 컴퓨터를 이용한 situation simulation 시행은 종업원의 개별적 훈련과 서비스 능력의 개발에 큰 도움이 될 것이다. 따라서 이를 위한 software의 개발과 보급이 시급하다.

⑦ TQM의 도입은 업무수행 능력의 향상을 위해 유효하고도 알맞은 검토에 의한 관리과정을 제공한다. 급식산업의 경영자에게 소비자들의 요구나 기대가 무엇인지를 평가하는 방법과 급식관리가 질적으로 잘 이루어졌는지를 확인하는 방법을 제공할 것으로 기대된다.

그러나 현실적으로 급식산업에서 소비자의 높아진 관심과 요구 수준에 급식 공급자의 노력이 따르지 못하고 있다. 따라서 급식산업에 대한 서비스 평가기준을 마련하고, 급식산업의 서비스를 증대시키기 위한 노력이 필요하다.

⑧ 급식산업에서 또 하나의 중요한 문제는 음식 쓰레기의 발생을 줄여서 식량의 낭비를 줄임과 동시에 환경보호에도 기여할 수 있는 방안을 찾는 것이다.

우리나라의 2001년 음식물 쓰레기 발생량은 전체 생활폐기물 발생량의 23%로서 약간 감소 추세를 보이고 있으나, 공급된 식품의 18.4%가 쓰레기로 배출되고 있다. 환경오염의 주요 요인으로 지목되고 있는 음식물 쓰레기는 급식산업에서 발생하는 것이 양적으로 많아 가장 큰 문제점으로 대두되고 있다.

먼저 식품의 생산, 유통, 소비단계에서 음식물 쓰레기 발생량을 근원적으로 줄이고, 부득이 배출되는 음식물 쓰레기를 자원화하는 노력이 필요하다. 따라서 식단과 recipe 개발, 음식 serving 방법 등의 개선을 통하여 쓰레기 발생을 줄이고, 남은 음식의 경제적 이용방안, 발생한 쓰레기를 탈수, 건조, 발효, 소각 등의 방법을 이용하여 감량화하는 방법 등에 대한 지속적인 연구와 기술 개발이 요구된다.

⑨ 장래 우리나라는 소가족제도의 확산, 여성의 사회적 활동 증가, 소득수준의 향상, 학교와 직장의 급식확대 등으로 급식산업이 국민들의 식생활에서 차지하는 비중과 중요성이 매우 클 것으로 기대된다. 또한 외식산업은 유망한 서비스업종 중의 하나로서, 우리의 음식문화를 국제적인 산업으로도 발전시킬 수 있다.

4.4 영양소별 알맞은 섭취량

영양이란 신체에서 필수적인 기능을 수행한다. 그러나 체내에서 스스로 합성하지 못하는 영양소들을 식품으로 공급하여 건강하게 살아갈 수 있도록 한다. 예전에 영양문제는 주로 영양공급이 부족하기 때문에 일어나는 것으로 생각하였다.

만성질병이 대두되고, 인체의 생리・대사・병리에 대한 지식이 많아지면서 음식이 인체에 가져올 수 있는 문제들은 영양부족 뿐만 아니라 영양소들의 과잉섭취도 인체에 해롭다. 또한 식품에는 인체 내에서 생리적 활성을 가져 질병을 예방하거나, 또는 발병시킬 수 있는 성분들이 많음이 밝혀지고 있다.

식생활로 생기는 문제는 영양결핍 뿐만 아니라 잘못된 식생활로 생기는 영양소의 과잉 섭취, 생리활성 성분들에 의한 문제 등 그 성격이 다양해지고 있다. 알맞지 않은 식사로 생기는 문제는 생활수준이 높고, 식량이 풍족한 사회에서 더욱 문제가 되고 있다. 이에 따라 다음과 같은 분야의 연구 개발이 요구된다.

① 우리나라도 과거에는 영양부족에 대한 우려가 컸으나, 21세기에는 높은 생활수준과 길어진 수명을 즐기게 되었다. 인간이 장수하게 되면서 윤택한 식생활을 즐기기를 원하며, 건강한 삶에 대한 욕구가 더욱 강해지고 있다. 이에 따라 과잉영양으로 생기는 영양문제와 많은 영양제 및 건강보조식품의 소비 등으로 나타나고 있다. 사람들이 알맞은 식생활을 이룰 수 있도록 영양소들의 필요량과 알맞은 섭취량을 제시하는 일은 매우 중요한 과제이다.

② '영양소의 필요량'이란 건강을 유지하면서 살아가기에 꼭 필요한 최소한의 섭취량을 말한다. 영양소의 필요량은 개인마다 다른 생물학적 특성으로, 매우 정밀한 실험을 거쳐야 확인될 수 있다. 이러한 실험들은 극히 제한된 인원에 실시될 수 있으므로 인구 전체의 필요량을 안다는 것은 현실적으로 불가능한 일이다.

영양소별로 실험결과들을 종합하면 영양소 필요량의 분포를 알 수 있다. 각 영양소의 알맞은 섭취량은 영양소 필요량의 분포를 기준으로 대부분의 사람이 필요량을 충족할 수 있는 섭취량을 정하는 것이다. 이를 **영양권장량**(recommended dietary allowance, RDA)이라 한다.

영양권장량은 원칙적으로 필요량의 평균치에 표준편차의 2배를 더한 수준이 되었다. 이는 영양소를 부족하게 섭취하는 것은 인체에 해롭지만, 필요한 양보다 약간 많이 섭취하는 것은 문제가 없다고 여겼기 때문이다. 따라서 필요한 양보다 많이 섭취하는 경우, 비만의 원인이 되는 열량에는 필요량의 평균 수준을 권장량으로 정하고 있다.

영양권장량은 오랫동안 알맞은 식이 섭취에 대한 기준으로 사용되어 왔다. 그러나 영양소의 필요량 분포를 기준으로 하여 주로 결핍으로 생기는 문제들을 예방하는 것이 주목적이었다. 그러나 변화하는 식생활과 이에 따른 영양문제들을 다양하게 수용하지 못한다는 지적을 받아왔다.

현대사회에서 많은 사람들은 영양소의 부족보다는 과잉영양으로 인한 만성질병이 더욱 문제가 된다. 영양소의 알맞은 섭취량이란 영양결핍과 만성질병의 예방 등 사람이 가장 건강하게 살 수 있도록 해 주는 양이어야 한다. 권장량의 대상은 주로 영양부족이 문제가 되는 필수영양소들로 제한되어 콜레스테롤, 소금, 지방산의 종류 등 건강문제와 관련된 많은 식이성분들에 대한 섭취기준이 포함되지 않는다.

③ 인체의 대사와 영양소 필요량은 오랫동안의 식생활에 따라 적응현상이 일어날 수 있다. 같이 섭취하는 식사에 포함된 다른 영양소나 성분들에 의하여 변화할 수 있다. 오랫동안 우리나라 사람들은 다른 나라와 매우 다른 독특한 식생활을 유지해 왔다. 이러한 이유로 영양소의 필요량과 알맞은 섭취량도 식생활 관습이 다른 서구지역과 차이가 있을 것이다. 이러한 우리나라의 식생활 특징을 고려하여 영양소의 필요량을 확인하고, 다양한 건강문제를 예방할 수 있는 알맞은 섭취량을 정해야 한다.

④ 음식을 통하여 섭취하는 영양소의 알맞은 수준은 부족하지도 또한 너무 많지도 않아야 한다. 과거와 같이 영양소의 섭취를 주로 영양결핍을 예방하는 수준에서 여러 가지 안전요인을 추가한 알맞은 섭취권장량이 주로 영양소의 섭취 기준이었다. 그러나 에너지 및 지방의 과잉섭취로 인한 성인병이 만연되고 있다.

미량영양소의 경우에도 식사뿐만 아니라 영양제, 건강보조식품 등 여러 가지 형태로 섭취한다. 영양보충제도 한 가지가 아니라 여러 가지를 섭취하는 인구가 많아 과잉의 우려가 점점 높아지고 있다.

예전에는 영양소는 필요량보다 많이 섭취해도 별로 해롭지 않은 것으로 생각되었다. 그러나 과잉의 영양소는 다른 영양소의 이용이나 대사를 방해하고, 질병에도 영향을 미치는 등 건강에 해를 끼칠 수 있는 것으로 여겨지고 있다. 따라서 영양소의 안전한 섭취수준은 어느 정도이며, 이보다 많은 경우에는 어떠한 위험이 있는가에 대한 연구가 필요하다.

영양섭취 기준을 한 수준에서 정하지 않고 최저 섭취기준, 적정 섭취기준, 최대 허용기준, 위험수준 등 여러 단계로 제시해야 한다. 각 섭취수준별로 인체에 미치는 영향을 구체적으로 연구하여 국민건강 증진을 위한 식생활의 기준이 되도록 해야 할 것이다.

⑤ 인체는 영양소의 섭취 수준에 따라 대사 및 영양소의 소모량이 변한다. 영양소의 필요량은 주로 영양소 소모량이 최소인 상태에서 이를 보충할 수 있는 섭취량으로 정하였다. 그러나 이는 단지 겉으로 나타난 적응현상만을 기준으로 한 것이다. 따라서 영양소별로 섭취 수준에 따라 일어

나는 인체의 반응을 다각적으로 관찰하여, 인체의 기능이 최적의 상태로 유지될 수 있는 섭취수준을 기준으로 하여 필요량을 정하여야 할 것이다.

⑥ 식생활과 영양상태를 지역별, 연령별 및 사회계층별로 파악하여야 한다. 식생활 평가 자료는 영양소 섭취뿐만 아니라 늘 먹는 주요 음식, 조리법, 식사패턴, 외식, 결식, 편식 여부 등 다각적으로 분석하여 국민들의 식생활 지도를 위한 자료로도 이용할 수 있어야 한다.

⑦ 영양상태의 평가는 신체계측, 임상적 평가, 생화학적 평가 등 영양소에 따라 다양한 방법을 사용한다. 식생활 자료와 함께 종합적으로 사용하여 국민들에게 한계적 부족(marginal deficiency)의 존재 여부나 건강문제가 될 수 있는 요인들이 있는가를 체계적으로 평가한다.

만성질병들은 알맞지 않은 식사와 관련이 많다. 국민들이 안전한 식품을 알맞게 섭취하여 건강에 좋은 식생활을 하는 것은 국민건강을 증진시킨다. 의료비 절감과 생산성 향상에도 기여하는 등 국가경제 및 발전에도 중요한 일이다.

⑧ 이제까지 우리나라에서는 농산물 생산량을 중심으로 식량수급 계획을 수립하였다. 그러나 영양 소요량이 결정되면 모든 국민에게 공급해야 할 칼로리(calorie)를 중심으로 한 '식량 수급계획'을 수립해야 한다.

건전한 식단이 탄수화물 67.5%, 단백질 12.5%, 지방 20.0%로 구성된다. 이를 공급할 수 있도록 각 농수축산물별로 영양성분을 분석한 후 단백질 공급원, 지방 공급원, 탄수화물 공급원별로 품목을 예시하고, 소요량을 계산하여 어떤 품목을 얼마만큼 공급해야 할 것인가 하는 방식으로 식량 수급계획을 수립해야 한다.

⑨ 우리 몸에 좋은 식재료(食材料)를 발굴하여 보다 건강에 유익한 식단을 짤 수 있는 guideline을 제시할 필요가 있다. 결국 좋은 식재료가 무엇인지를 새로이 선정하고, 일반인이 구매하는 수요가 아니라 영양학자들이 결정한 한국인의 알맞은 영양 소요량과 건전한 식단을 구성하는 원료에 기초한 소요량에 맞추어 칼로리에 기초한 식량수급 계획을 재검토할 수 있는 master plan이 필요하다.

4.5 영양소의 기능

21세기에 영양학은 분자생물학의 눈부신 발전에 의해 많은 영향을 받고 있

다. 건강과 질병에 대한 생화학적·분자생물학적 이해가 많아지고 있다.

식품성분이 어떻게 개체발생, 분화, 성장, 노화 등 생물학적 과정을 조절하며, 우리들의 유전적 make-up을 조정하는지에 대한 이해가 많아지고 있다. 당뇨병, 고혈압, 동맥경화 등 만성질환의 유전자가 확인되면 영양소나 식품섭취 패턴이 이러한 유전자와 어떻게 상호작용하여 질병으로 진전되는지 알 수 있게 될 것이다.

미래에는 분자생물학의 연구방법과 기술을 영양학에 접목시키는 분야가 영양학의 연구 분야에서 중심을 차지할 것이다. 영양학은 각종 질병의 예방과 관리를 위한 전략을 개발하는 데 상당히 중요한 역할을 한다. 따라서 다음과 같은 분야의 연구개발이 필요한 것으로 여겨진다.

① 식품에 들어 있는 영양소와 기타 생리활성이 있는 물질이 어떻게 수정(受精)에서부터 사망에 이르기까지 인체의 일생에 어떤 영향을 미치는지 연구하는 일은 영양학 연구에 중요한 자리를 차지하여 왔다. 성장, 발달, 질병에 대한 저항력, 장수 등을 최적의 수준으로 유지하기 위하여 식품에 들어 있는 영양소와 이외로 다른 생물학적 활성을 지닌 물질들의 상호작용이 소화, 흡수, 대사, 생체이용률, 생리적 기능에 영향을 미칠 수 있으므로 이러한 상호작용들에 대한 연구가 지속적으로 필요하다.

② 세포분열과 분화를 조절하는 특이적 유전자의 표현에 영향을 주는 retinoic acid, 세포 사이의 정보교환을 증진시켜 세포성장을 통제시키는 기능을 지닌 카로티노이드(carotenoid) 등 영양소의 세포증식, 분화, 성장조절 역할이 구명되고 있다. 이와 더불어 발생 초기나 영아 및 유아기의 다량영양소와 미량영양소 결핍이 성장과 발달에 어떠한 영향을 미치는지에 대한 연구가 필요하다.

③ 영양소 중에 비타민 C, 비타민 E, 셀레니늄(Se) 등은 세포 내에서 지방, 단백질, DNA(deoxyribonucleic acid)의 산화를 예방하여 산화적 손상에 의한 노화과정의 진행을 지연시킬 수 있는지를 파악함으로써 노인에게 알맞은 영양공급 방안을 마련하는 데 활용할 수 있는 연구가 필요하다.

④ 영양소의 유전자 발현 조절기능에 대한 연구가 활발해지고 있다. DNA에서부터 RNA(ribonucleic acid), 단백질로 이어지는 유전자 발현 과정

에서 영양소는 RNA 중합효소에 의한 전사(轉寫), RNA의 조작과 운반, 단백질로의 번역(飜譯), mRNA의 안전성, 번역 후의 조작과정 등에 영향을 미치면서 유전자 발현을 조절할 수 있다. 세포 내에 존재하는 DNA 결합단백질의 종류에 따라 어느 영역의 DNA가 전사될지 결정된다. 이들과 영양소의 복합체가 DNA에 결합하면서 전사가 촉진 또는 억제된다.

⑤ 영양소가 유전자 발현을 어떻게 조절하고 있는지에 대한 연구도 필요하다. 여러 가지 방법으로 포유동물의 게놈(genome)을 변화시키는 방법을 개발하면 건강과 질병상태에서 영양소의 흐름을 조절하는 대사경로의 조절효소들을 확인할 수 있다. 이로부터 세포 내에서 비타민과 미네랄의 기능을 알 수 있다.

인체게놈의 mapping이 끝나면 영양소의 생리, 대사, 기능 등에 중요한 역할을 담당하는 유전자를 확인하고, 클론(clone)하는 작업을 할 수 있을 것이다. 비만유전자를 찾아내고, 체내 지방조직의 양과 분포가 조절되는 기작(mechanism)을 알아내는 것도 비만의 예방과 관리에 적용할 수 있는 중요한 연구이다.

⑥ 영양소가 두뇌세포의 기질(substrate)이나 cofactor availability, 신경전달물질의 합성과 대사, 인지기능, 식품섭취의 행동, 식품선택의 행동 등 두뇌기능에 어떠한 영향을 미치는지에 대한 연구가 계속되면 체중조절, 인지능력의 향상, 정신과적 질환의 치료분야에 활용될 수 있다.

⑦ 감염성 질환의 예방과 관리가 중요해지고 있어서 영양과 면역에 대한 연구가 필요하다. 영양과 면역과의 관계는 단백질과 영양불량에서 뿐만 아니라 아연, 철, 구리, Se, 비타민 A, 비타민 C, 비타민 E, 비타민 B_6, 비타민 B_{12}, folate 등 미량영양소의 결핍이나 과잉에서도 나타나고 있다. 이러한 영양소들의 단독 효과뿐만 아니라 영양소들 사이의 상호작용이 면역에 미치는 영향을 연구하여 면역체계와 면역반응을 최적수준으로 유지시킬 수 있는 조건을 찾는 연구가 필요하다.

4.6 한국 전통음식의 영양학적 가치

음식문화는 그 나라의 지리와 풍토적 자연환경과 정치·문화·경제 등의 사회적 환경, 그리고 역사 속에 누적된 문화적 배경에 의하여 형성된다.

우리나라의 음식문화는 음식과 약의 근본이 같다는 약식동원(藥食同源)의 개념에 그 뿌리를 두고 있다. 한국음식의 조리과정은 한의학에서 약을 짓는 생각(藥念)에서 출발하여, 모든 식품에 맛의 조화와 정성이 깃든 양념의 문화이다. 따라서 다음과 같은 분야의 연구개발이 필요한 것으로 여겨진다.

① 일상 식품에 사용되는 식품재료와 조리방법, 특별한 때에 먹던 제식(祭食)과 절기(節期) 음식의 영양소 함량, 생체이용률 및 생리적 기능을 분석하고 평가할 필요가 있다. 쌀 위주의 식사패턴이 소화기계, 면역계, 순환계, 중추신경계에 미치는 영향에 대한 연구도 필요하다. 비만예방, 알레르기 예방, 과민행동증과 우울증 등 신경계질환 예방효과, 그리고 호르몬 분비에 미치는 영향, 유전자 발현(gene expression)에 미치는 영향을 연구할 필요가 있다.

② 우리나라의 주요 단백질원은 콩과 생선이었다. 콩에는 콜레스테롤의 강하효과를 지닌 섬유질, genistein 등 유방암, 전립선암 등에 대한 항암효과를 지닌 물질, 항산화 작용을 나타내면서 콜레스테롤 합성을 저해하는 비타민 E도 있다. 생선에는 육류에 비하여 지방 함량이 적고, 그 지방산 조성이 있어서 오메가-3 지방산을 많이 함유하고 있다.

③ 우리나라 전통음식의 재료는 채소, 버섯, 종실, 해조류 등 식물성 재료가 풍부하다. 채소를 이용한 각종 김치와 장아찌의 영양학적 가치를 연구할 필요가 있다. 식물성 식품재료 중에서 구황식품(救荒食品)으로 이용되었던 산나물에는 섬유질과 항산화 작용을 지닌 생물학적 활성이 높은 카로티노이드(carotenoid), 바이오플라보노이드(bioflavonoids) 등이 풍부하다.

또한 그 양은 적지만 이러한 나물들의 지방산 조성을 보면 α-리놀렌산 등 ω-3 지방산이 풍부하여 지방산 섭취균형에 이바지할 것이다. 이들의 항암효과, 면역증진효과, 노화방지효과 등 약리효과를 구명하는 연구가 필요하다.

④ 절기음식은 인간과 자연의 조화를 꾀하는 철학을 바탕으로 하여 이용되었다. 절기음식의 영양학적 가치와 건강증진 효과를 연구할 필요가 있다. 양념 중에서 파와 마늘은 거의 모든 반찬을 만드는 데 기본으로 들어간다. 파와 마늘에 들어 있는 항균·항암효과에 대한 영양학적 가치를 구명하는 연구가 필요하다.

파와 마늘뿐만 아니라 참기름을 넣어 지방산의 균형을 꾀하는 고기음식 조리법의 건강증진 효과를 측정하는 일도 필요하다. 김치, 젓갈제조와 이 외로 다른 반찬을 만들 때 사용하는 고춧가루의 성분인 capsaicin은 그 sympathomimetic 작용 때문에 열 생성을 자극하고, 에너지의 과도한 축적을 막는 등 비만예방 효과에 대하여 알려지고 있다. 고추의 진통효과, 항균효과도 연구할 필요가 있다.

⑤ 우리나라의 음식조리에는 기름과 설탕 등 맛과 열량이 많은 식품재료가 많이 들어가지 않는 특징이 있다. 맛과 열량이 많은 음식을 지나치게 많이 섭취하게 되면 비만을 초래할 우려가 있다.

한국 전통음식은 지나치게 짜고 매운 특징이 있다. 지나친 염분과 자극성이 있는 음식은 고혈압을 발생시킬 수 있으며, 식도 및 위장점막을 자극하여 각종 소화기질환을 발생시킬 수 있다. 염분을 줄이고, 고추의 이점을 충분히 살리면서 지나치게 자극적이지 않도록 전통음식의 조리방법을 개선하는 일도 연구과제이다.

⑥ 한국의 전통 음식문화를 정립하는 일도 중요한 연구과제이다. 우리의 우수한 전통 음식문화가 지니고 있는 중요한 가치를 후속세대에 올바르게 전수하기 위하여 영아와 유아, 아동, 청소년, 장년 등에게 알맞은 교육, 홍보하는 프로그램을 개발하여 적극적으로 실행하고 평가하는 연구도 필요하다.

제 3 장

식품의 성분과 특성

식품은 신선한 원료 자체를 그대로 먹거나, 조리하여 섭취하는 경우가 많다. 식품원료는 향기, 색깔, 조직감, 맛 등에서 거부감이 없어야 할 뿐만 아니라 유통 중에 변질을 방지하고, 식품을 섭취한 후에는 안전성이 보장되어야 한다.

또한 영양가를 함유하고 있어야 하며, 위생적인 처리와 이용성이 높아야 하는 등 다른 제조업의 원료와 구분되는 식품원료의 특성을 가지고 있다. 따라서 식품원료가 가지고 있는 특성을 크게 나누면, 식품 자체가 가지고 있는 특성과 산업적인 측면에서 고려될 수 있는 특성으로 구분할 수 있다. 식품은 화학적·물리적인 측면에서 볼 때 구성성분의 조성, 농도, 조직, 구조 등이 매우 불안정하고 복잡한 물질계로 되어 있다. 이에 따라 식품원료의 식품학적인 성질과 식품산업의 특성을 이해할 필요가 있다. 또한 농산물은 수확 후 여러 가지 생리적 현상이 지속되기 때문에 이를 이해하고 저장이나 가공공정에 응용해야 한다.

1. 식품의 요소와 품질

식품은 일반적으로 다음과 같은 생리적 요소와 심리적 요소를 갖추어야 하며, 또한 민족적·지역적·개인적 기호(嗜好)를 갖추어야 한다.

1.1 식품의 요소

1) 생물적 요소

생물적 요소라고도 한다. 이는 탄수화물・지방・단백질과 같이 일상생활 활동에 필요한 에너지의 공급원으로서 필요한 요소와 비타민・무기질・미량원소와 같이 신체의 정상적인 상태를 유지하며, 신체의 재생산을 위한 영양의 공급원으로서 필요한 요소이다.

2) 심리적 요소

식품의 형태, 색깔, 향기, 맛, 물성(texture)과 같이 화학적 또는 물리적으로 성분조직 구조에 의해 식욕을 충족시켜 주는 요소로서, 식품의 품질과 관련이 많다.

3) 기호적 요소

국가 또는 지역에 따라서 기상조건, 풍토, 종교, 교육에서부터 자연적으로 형성되는 기호를 말한다. 이는 민족적 기호 또는 지역적 기호, 연령이나 생활환경에서 형성되는 개인적 기호로 나눌 수 있다.

1.2 식품의 품질

가공식품을 제조하는 데는 식품원료가 가지고 있는 식품의 품질(food quality)을 향상시키거나, 또는 저장이나 가공 중에 품질의 손상을 최소화해야 한다. 또한 식품은 위생적인 처리가 요구된다. 식품의 품질은 다른 제품과는 달리 다음과 같은 특성을 가지고 있다.

① 한번 섭취한 후에는 돌이킬 수 없다.

② 매일 섭취하거나 장기간 습관화된 것으로, 일정한 식품에 대한 기대가치가 개인에 따라 다르다.

③ 영양 가치를 겉으로 느낄 수 없다.

식품의 품질을 구성하는 요소는 크게 다음과 같은 3가지 요소로 구성되며, 이들 사이에 깊은 상관관계를 가지고 있다.

1) 양적 요소

식품품질을 평가하는 1차적인 요소로서 무게, 부피, 개수, 고형물 함량, 침전물의 양 등 양적으로 측정하거나 계산할 수 있는 요소이다.

2) 영양과 위생적 요소

탄수화물 · 단백질 · 지방 · 비타민 · 무기물 등 겉보기로 감지할 수 없는 요소이다. 또한 이물질 또는 독성물질의 혼입, 첨가물의 사용, 유해미생물의 유무 등 위생적인 안전성이 요구된다.

3) 관능적 요소

겉보기(外觀, appearance), 향미(flavor), 조직감(texture)으로 구분된다. 겉보기는 색깔 · 크기 · 형태 등과 같은 시각적 요소들이다. 향미는 냄새와 맛을 포함하는 후각(嗅覺)과 미각(味覺)적인 요소들이다. 그리고 조직감은 근육운동에 의해 느껴지는 성질과 촉감, 또는 청각(聽覺) 등에 의해 느껴지는 요소들이다.

2. 식품원료의 가공특성

식생활의 변화와 더불어 점차 가공수준이 높아짐에 따라 식품원료는 생체로 이용하는 것보다는 점차 가공식품의 원료로 활용되고 있다. 식품원료의 가공특성은 크게 식품 자체가 가지고 있는 식품학적 특성과 가공식품으로서 이용하는 경우의 산업적인 특성으로 나눌 수 있다.

2.1 식품학적 특성

1) 가공원료의 품질이 항상 일정하지 않다

식품가공 원료인 농산물은 천연물로서 품종, 생산지, 수확시기, 생산시기의 기상 등 농업환경 여건에 따라 품질에 차이가 많다. 또한 같은 원료라고 할지라도 부위에 따라 품질에 차이가 있어서, 일반 제조업의 원료와는 매우 다른 특성을 가지고 있다.

2) 유해미생물에 의한 변질 또는 부패가 잘 일어난다

대부분의 식품원료는 수분이 많고, 영양분이 풍부하여 각종 미생물에 의해 변질되거나 부패가 잘 일어난다. 따라서 유통과정이나 제조공정에 있어서 미생물에 의한 오염을 방지할 수 있는 대책이 필요하다. 소비자들에게는 절대적으로 안전성에 대한 제품의 품질을 보장해야 한다.

3) 식품이 가지고 있는 맛, 향기, 영양가 등을 보존할 필요가 있다

맛은 물질의 작용에 따라 심리적으로 느끼는 현상이다. 작용물질의 물리화학적 성질, 감응기관의 신경 전달기구, 인식방법의 상호작용에 영향을 받는다. 맛에는 단맛 · 쓴맛 · 신맛 · 짠맛에 관여하는 기본 맛과 이 외의 맛 성분으로 구분되며, 이들의 상호작용으로 이루어진다.

맛 성분이 감응세포에 작용하기 위하여 물에 용해된 상태에 있어야 한다. 용해된 물질은 감응세포의 맛 수용체(taste receptor)에 흡착되면서 자극을 일으킨다. 따라서 맛은 관여하는 성분의 용해도와 분자 수에 비례하게 된다. 향기 성분에는 기본 냄새로서 장뇌냄새, 매운냄새, 에테르향, 꽃향, 박하향, 사향, 구린내가 있어서 이들 성분의 상호작용에 의해 식품 특유의 맛과 향을 나타낸다.

식품원료가 가지고 있는 고유의 색깔, 맛, 향기, 조직감(texture), 영양가 등은 식품의 품질에 영향을 주는 요소이다. 식품은 물리적 또는 화학적 조건에 매우 민감하여, 가공공정에서부터 소비단계까지 가능한 품질이 손상되지 않도록 해야 한다. 또한 식품의 영양가로서는 탄수화물 · 단백질 · 유지 · 비타민 · 무기물 등의 식품성분과 이들 성분 사이에 상호작용에 의해 결정되며, 가공공정에서 영양가의 손실을 최소화해야 한다.

4) 제품의 안전성이 요구된다

식품은 보존 중에 변질될 우려가 많다. 식품은 미생물 오염에 의한 변질뿐만 아니라 식품성분 사이의 반응이나 산화반응 등 물리적 · 화학적인 변화가 일어나기 쉽다. 따라서 식품을 안전하게 보존할 필요가 있다. 이는 일반 공업제품과 달리 직접 섭취하는 것이다. 소비자에게 안전성을 부여하기 위하여 유해물질의 생성 또는 오염으로부터의 방지, 미생물에 의한 변질 방지에 대한 대책이 있어야 한다.

2.2 산업적인 특성

식품은 식품소재(食品素材)로부터 가공식품에 이르기까지 가공하는 정도에 따라 매우 넓게 분포되어 있다. 그러나 식품원료가 매우 다양함에 따라 식품산업을 구성하고 있는 하나하나의 기업으로 보면 그 규모가 항상 크다고는 할 수 없다.

점차 식생활의 변화와 더불어 소비자의 기호도가 다양하게 변하고 있다. 이에 따라 가공제품의 가공도(加工度)가 높아지고, 다품목(多品目) 소량생산 경향이 커지고 있다. 또한 식품산업은 다른 산업에 비하여 사회적인 영향을 받기 쉬우며, 소비자의 기호에 대응하여 나가지 않으면 안 된다. 따라서 식품산업은 원료에서 가공처리까지 많은 제약을 받는다. **식품산업의 특성**을 살펴보면 다음과 같다.

1) 원료의 안정적인 확보가 어렵다

식품가공 원료는 대부분 신선한 동물체 또는 식물체이다. 농산물의 경우 수확시기가 계절적으로 한정되어 있다. 짧은 기간에 집중 출하되고, 원료의 크기나 성질이 다른 경우가 많다. 수확 후에 품질 저하가 빨리 일어나 작업을 할 수 있는 기간이 짧다. 기상조건에 따라 수확량이나 가격변동이 심하다. 그리고 지역성이 강하여 집하비용(集荷費用)이 많이 든다. 녹말원료, 유지자원(油脂資源)과 같이 저장성이 있는 원료를 사용하는 분야를 제외하고는 대부분의 식품공장은 영세성을 갖기 쉽다.

2) 식품은 소비자의 기호성과 관계가 깊은 상품이다

소득의 증대, 생활의 다양화, 기호성의 차이 등으로 제품의 다양화가 요구되고 있다. TV, 잡지, 광고물 등 대중매체(mass media)의 영향으로 상품수명이 짧아지고 있다. 특히, 인스턴트식품은 디자인의 변화 등으로 유행성 상품화를 촉진시키며, 다품목 소량생산의 경향을 띤다.

대부분의 가공식품은 대량생산에 따른 생산비 절감이 어렵다. 따라서 제조공정의 변경이나 설비의 배치 등을 간단히 고칠 수 있도록 가변적인 공정설비가 요구된다. 가공식품은 소비자의 기호뿐만 아니라 가족 사이에도 식사시간의 차이 등에 따라 개인식(個人食)에 따른 식품개발도 요구된다. 따라서 식품산업은 매우 다양한 분야를 포함한다고 할 수 있다.

3) 식품의 품질평가가 주관적이다

식품의 품질은 단순한 숫자로 표현되지 않는다. 식품가공은 가정에서 조리하는 과정에서 시작하여 수공업 또는 가내공업 형태로부터 발전되어 왔다. 수공업 단계의 제품을 대규모로 생산하기 위하여 기계화할 경우, 제품 사이의 품질은 다소 변화가 생길 수가 있다. 이에 따라 소비자의 기호를 충족시키기 어려워 완전한 기계화 또는 자동화가 어렵다.

이와 같은 식품산업의 특성에도 불구하고 인건비의 지속적인 상승, 제품의 고급화, 품질의 균일화에 대한 요구도가 커지고 있어 점차 기계화 경향을 나타내고 있다. 식품산업은 다른 제조업에 비해 급속한 성장보다는 국민소득 증대에 따라서 지속적이고 꾸준한 성장을 하는 분야라고 할 수 있다.

3. 식품원료의 성분

가공식품은 농산물, 임산물, 축산물, 수산물 등의 원료를 물리적 또는 화학적으로 처리하여 가공한 것이다. 따라서 원료의 화학성분이나 특성을 이해하고, 이를 식품가공에 응용하는 일은 매우 중요하다. 식품원료를 구성하고 있는 주요 성분은 그림 3-1과 같이 분류할 수 있다. 에너지원으로서 탄수화물, 단백질, 유지 이외에도 미량이지만 비타민, 호르몬, 효소, 색소 성분, 향기 성분, 맛성분 등이 있다. 구성성분 중에서 농산물의 이용은 원료 중의 유기물을 유용하게 활용하는 것이다.

3.1 수 분

수분은 동물체 또는 식물체에 가장 많이 들어 있는 구성성분이다. 농산물에

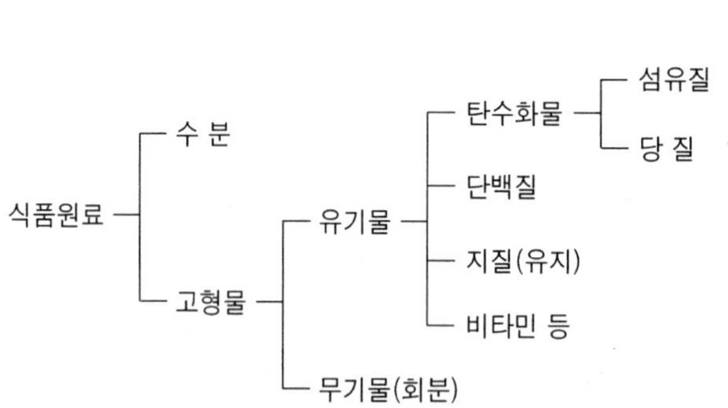

그림 3-1. 식품원료의 구성성분

있어서의 수분은 곡류에 12~15%, 콩 종류에 12~16%, 과일과 채소에 85~95%를 함유하고 있다. 수분함량은 원료의 저장·가공·포장 등의 조작(operation)을 하는 경우 고려해야 할 중요한 요소이다.

물은 식품 중에 용매역할을 한다. 그리고 물은 식품조직에 영향을 주고, 각종 화학반응에도 관여한다. 또한 미생물의 생육에 필수적인 요소로서, 열량이나 영양을 공급하지는 않지만 식품의 저장성에 영향을 준다.

물은 유리상태로 조직세포 내에 유동적으로 존재하는 자유수(free water)가 있다. 이에 비하여 녹말, 단백질과 같은 유기화합물에 결합되어 구성성분 중의 산소, 질소와 수소결합에 의해 이루어져 0℃ 이하에서도 얼지 않고, 100℃ 이상에서 쉽게 증발하지 않는 결합수(bound water)로 구분된다.

식품의 변질에 관여하는 미생물은 결합수를 이용하지 못한다. '미생물이 동물체 또는 식물체 중의 수분을 어느 정도 이용할 수 있는가'는 자유수의 함량에 따른 **수분활성도**(water activity, A_w)에 의해 나타낼 수 있다. 수분활성도는 식품 중에 들어 있는 물의 증기압(P)을 같은 온도에서의 순수한 물의 증기압(P_o)으로 나눈 값이다($A_w = P/P_o$).

일반적으로 세균은 수분활성도가 0.90 이하에서, 효모와 곰팡이는 0.88~0.80 이하에서 각각 생장이 저해된다. 그러나 예외적으로 내건성(耐乾性) 곰팡이와 호삼투압성 효모는 수분활성도가 0.65에서도 자랄 수 있다.

중간 수분식품(intermediate moisture food, IMF)은 수분함량을 10~40% 정도로 높게 유지하면서 글리세롤, 솔비톨 같은 고삼투압성 용매를 가하여 수분활성도를 0.65~0.90 정도로 낮춤으로써 미생물의 발육을 억제하는 동시에 가소성(可塑性)을 갖게 하여 조직감을 좋게 한 식품이다. 훈제 오징어, 잼, 건조과실, 소시지, 양갱 등이 여기에 해당된다.

3.2 탄수화물

탄수화물에는 포도당, 과당과 같이 한 분자의 당으로 이루어진 단당류(monosaccharide), 단당류가 2~7개로 구성된 이당류(disaccharide)와 소당류(oligosaccharide)로 이루어진 저분자 당류, 그리고 섬유질, 녹말 등의 고분자 당류인 다당류(polysaccharide)로 구분된다.

동물성 저장 탄수화물은 글리코겐(glycogen)이며, 식물체 내에 가장 많이 분포하고 있는 것은 그 골격을 이루고 있는 섬유질이다. 이밖에 녹말(starch),

검질(gums) 등이 들어 있다. 과실과 채소에는 주로 포도당, 과당, 자당(sucrose) 등의 저분자 당류가 들어 있다.

탄수화물 중 저분자 당류로 식품소재로 이용되고 있는 설탕과 벌꿀에 대하여 먼저 알아보자. 그리고 식량자원으로 이용되고 있는 탄수화물은 주로 녹말 등의 고분자 당류이며, 녹말의 물리화학적 성질에 대하여 알아보자.

1) 설 탕

저분자 당류로는 설탕의 제조 원료인 사탕수수(sugar cane), 사탕무(sugar beet)가 있고, 제과와 담배 등에 사용되는 사탕단풍(maple syrup)이 있다. 제당용으로는 사탕수수가 약 60% 정도 이용되며, 나머지는 사탕무이다. 국내에서는 연간 150만 톤 정도를 사탕수수 농축액 형태로 수입하여 제당하고 있다.

국내의 제당공업은 1953년 하루 25 톤 규모의 제일제당 부산공장이 설립으로 시작되었다. 몇 차례의 개편을 거쳐 CJ(제일제당), 삼양사, 대한제당 등 3사 체제가 확립되었다. 원료의 도입은 호주, 태국, 남아프리카 등에서 이루어지고 있다. 국제 원당(原糖) 가격의 변동, 국내 소비의 불안정, 고세율 등의 제약요인과 설탕을 대체한 포도당, 과당, 물엿 등 녹말을 가수분해하여 만든 전분당(澱粉糖)의 증산과 아스파탐(aspartame), 스테비오사이드(stevioside), 수크랄로스(sucralose) 등 인공감미료의 개발로 시장수급의 영향을 받고 있다.

설탕은 사탕수수 또는 사탕무를 압착하거나 침출시켜 얻어진 즙액을 농축시킨 다음 결정화하여 얻는다. 즙액에 석회수를 첨가하여 가열하면서 교반함으로써 인산화합물을 중화시킨다. 여기에서 생기는 인산석회를 침전시키고, 착즙박(bagasse)의 절편, gum질, 색소 등 불순물을 흡착시켜 제거한 다음 여과한다. 여과액은 다중효용증발관에서 55～77°Brix로 농축한 다음 결정관에서 결정화시켜 원심분리기로 분리한다.

이와 같이 얻어진 원당은 정제과정을 거쳐 여러 가지 형태로 상품화한다. 정제하는 과정에서 당밀을 제거하지 않은 흑설탕, 가공정도를 높인 각설탕과 분(粉)설탕으로 구분된다. 빙(氷)설탕은 큰 결정이 이루어지도록 한 다음, 캐러멜 색소를 첨가하여 커피슈가를 만들기도 한다.

국내에서 생산되는 제품으로는 백설탕(white sugar), 갈색설탕(brown sugar), 흑설탕(dark brown sugar), 분당(powdered sugar), 굵은 정백당(crystal sugar), 각설탕(cube sugar), 빙당(rock sugar), 과립당(frost sugar), 커피슈가(coffee sugar) 등이 있다.

설탕용액에 invertase 또는 묽은 산에 의해 가수분해시켜 만든 전화당(invert

sugar)은 선광성이 우선광에서 좌선광으로 변하게 되어 용해성이 커지고 감미도가 커진다. Neosugar로 불려지는 fructo-oligo당은 설탕에 *Aureobasidium pullulans* 등이 생산하는 전이효소(β-fructosyltransferase)를 작용시켜 얻어지며, 설탕의 과당 부위에 1~3개의 과당을 β-1,2 결합시킴으로써 저칼로리, 충치예방, 비피더스균의 생육촉진 효과가 있는 것으로 알려져 있다.

2) 벌 꿀

양봉가들에 의해 생산되는 벌꿀(honey) 제품은 채밀하는 꽃의 종류에 따라 색깔, 결정화의 상태에 따른 형상, 풍미 등이 다르다. 벌집을 원심분리하거나 압착하여 벌꿀을 채취하며, 여과한 다음 제품화한다. 풍미를 개선할 필요가 있을 경우는 활성탄이나 이온교환수지를 거치기도 한다. 벌꿀에는 약 38%의 과당과 31%의 포도당으로 구성되어 있으며, 직접 식용으로 이용하거나 제과 등에 사용하고 있다.

3) 인공감미료

설탕을 대신하여 사용하는 감미(甘味)자원은 녹말의 분해 생성물인 전분당, 당알코올, polydextrose 등이 있다. 천연 감미료로는 스테비아(*Stevia rebaudiana*)에서 얻어지는 스테비오사이드(stevioside), 감초(甘草)에서 얻어지는 glycyrrhizin, 감차(甘茶)에서 얻어지는 phyllodulcin 등이 있다.

이외로 소화 흡수가 어려워 다이어트용으로 이용되는 인공 감미료가 있다. 인공 감미료에는 아스파탐(aspartame), 수크랄로스(sucralose), acesulframe-K, alitame 등 여러 가지가 있다. 예전에는 사카린을 주로 사용해 오다가 새로이 개발된 감미료로 대체되고 있다.

이 중에서 아스파탐은 aspartic acid와 phenylalanine으로 구성된 아미노산계 감미료로 감미도는 설탕의 200배 정도이다. 국내에서 시판하고 있는 감미료 중에 설탕과 가장 비슷한 단맛을 가지고 있다. 뒷맛으로 쓴맛이 남지 않는 장점이 있다. pH 3~5에서 안정하지만 pH 2~2.5에서 단맛이 없어지며, 열에 약한 단점이 있다.

아스파탐은 1965년 미국의 Serale사에서 생산을 시작으로 하여, 국내에서는 1985년 제일제당에서 기술개발로 시판하기 시작하였다. 미국의 대형 청량음료 업계에서 다이어트 음료의 감미료로 사카린에서 대체하였으며, 국내의 경우도 청량음료와 소주제조에도 첨가하기 시작하여 사용량이 많아졌다.

4) 녹말의 화학적 성질

녹말(澱粉, starch)은 식물계에 널리 분포하고 있다. 생성단계에서 동화전분(assimilation starch)과 저장전분(reserve starch)으로 구분된다. 동화전분은 엽록체(chloroplast) 내에서 합성되어 식물의 에너지원이나 호흡작용에 이용된다.

저장전분은 식물의 종자나 뿌리 등 비녹색(非綠色)의 저장조직(protoplast)에 2차적으로 축적되는 녹말로서, 식품가공의 중요한 자원이다. 또한 녹말은 저장 부위의 위치에 따라 고구마, 감자, 타피오카 등의 지하전분(地下澱粉)과 옥수수, 쌀, 밀 등 지상전분(地上澱粉)으로 구분된다.

쌀, 옥수수, 감자, 고구마 등에서 얻어지는 녹말입자의 형태와 크기는 서로 다르다(그림 3-2). 그러나 그의 화학적 성분은 α-1,4 결합의 긴 직쇄상(linear chain) 분자인 아밀로오스(amylose)와 α-1,6 결합의 분기상 분자인 아밀로펙틴(amylopectin)으로 이루어져 있다(그림 3-3).

기본단위인 포도당 분자가 100~10,000개가 결합하여 녹말이 된다. 보통 지상전분은 입경(粒徑)이 작고 각이 있는 구형을 하고 있으며, 지하전분은

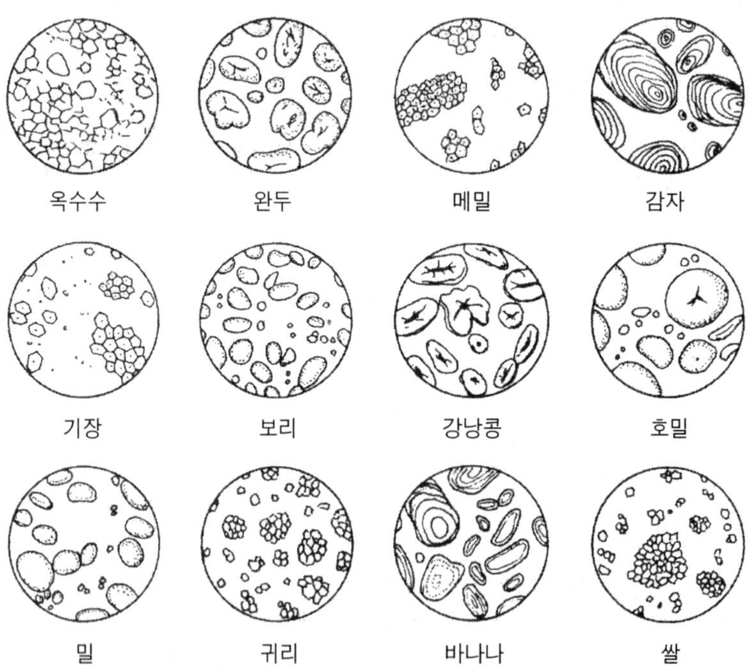

그림 3-2. 주요 농산물의 녹말입자

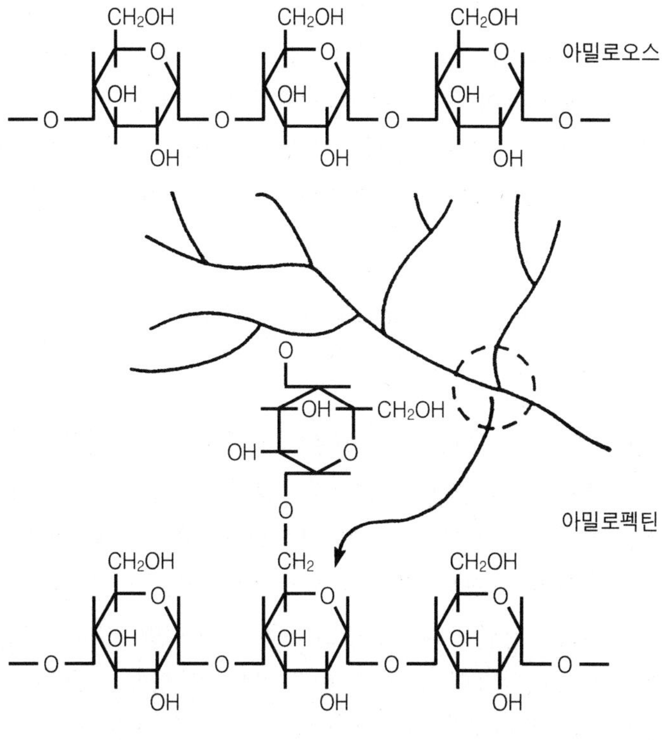

그림 3-3. 아밀로오스와 아밀로펙틴

입경이 크고 둥글둥글한 공 모양을 하고 있다. 보통 식품산업에서 가공원료로 이용되는 탄수화물 자원인 녹말입자는 아밀로오스가 20~25%, 아밀로펙틴이 75~80%로 구성되어 있다. 그러나 찰옥수수와 찹쌀 등은 거의 아밀로펙틴만으로 구성되어 있다.

5) 녹말의 물리적 성질

(1) 녹말의 호화

녹말에 유기용매나 진한 이온용액을 가하거나, 또는 물을 가하여 가열하면 호화(糊化, gelatinization)한다. 녹말의 호화가 일어나면 녹말입자는 팽윤(澎潤, swelling)되며, 가용성 성분이 크게 증가하게 된다. 따라서 녹말식품은 거의 가열하여 호화된 상태에서 섭취하게 된다. 녹말의 호화와 팽윤에 영향을 주는 요인으로는 여러 가지가 있다.

일반적으로 곡류녹말의 아밀로오스는 부분적으로 지질과 나선(螺旋) 모양의 복합체를 형성함으로써 열에 안정하다. 아밀로오스는 70~80℃의 온수에 팽윤하여 추출되는 분자량이 작은 분획(分劃, fraction)과 100℃에서도 용출이 잘 일어나지 않는 분자량이 큰 분획으로 구성되어 있다. 따라서 분자량이 큰 분획인 아밀로오스의 호화가 녹말식품 전체의 호화를 늦추는 경향이 있다. 용액 중에 들어 있는 알칼리와 염류 중에서 호화를 촉진시키는 순서는 다음과 같다.

$OH^- >$ salicylic acid $> SCN^- > I^- > Br^- > Cl^- > SO^{2-}$
$Li^+ > Na^+ > K^+ > Pb^{2+}$

식물체 내에서 합성되는 녹말의 생성온도와 수확 후의 저장조건 등도 호화에 영향을 준다. 쌀녹말, 고구마녹말, 감자녹말 등은 녹말이 생성할 때의 온도가 10℃ 높으면 호화온도는 약 15℃가 상승한다. 이는 고온 환경에서 식물이 자랄 때에는 분자 사이에 강한 결합이 형성되기 때문이다. 또한 여름이 지날 때까지 저장한 녹말은 인산이 유리되므로 팽윤성이 떨어진다. 지상전분에 비해 지하전분이, 그리고 녹말의 작은 입자에 비해 큰 입자는 호화가 잘 일어난다. 녹말을 제조할 때의 침지조건과 녹말 중의 지방산, 회분 함량, 미량성분 등도 호화에 영향을 준다.

녹말은 호화가 일어나면 전도도(傳導度)가 증가하고, 편광현미경에 의해 관찰되는 복굴절과 결정구조가 없어진다. 또한 녹말입자는 팽윤되고 점도가 크게 증가하며, 아밀라아제(amylase)에 의한 소화성이 향상된다. 이와 같은 호화현상은 가열온도, 교반, 온도 상승속도 등 물리적 조건에 따라 다르다. 호화현상을 측정하는 데는 아밀로그래프(amylograph), 포토페이스트그래프(photo-pastegraph), 융점측정용 현미경 등을 이용한다.

(2) 녹말의 노화

호화된 녹말풀은 시간이 경과하면 탁도(濁度)가 증가하고 겔(gel)화가 일어나며, 심하면 수분분리현상(syneresis)이 일어난다. 특히, 묽은 용액일 경우에는 탁도가 증가하여 불용성의 침전이 생성된다. 이러한 변화를 **녹말의 노화**(老化, retrogradation)라고 한다. 식품에 있어서 녹말의 노화는 효소작용을 받기 어려운 상태가 되어 소화성에 큰 영향을 주게 된다.

녹말의 노화에 영향을 주는 요인으로서 저장온도, 녹말의 농도, 녹말분자의 크기와 형태, 용액 중의 수소이온농도(pH) 등이 있다. 호화된 녹말의 저장온도가 4℃일 때 노화가 가장 빨리 일어난다. 일반적으로 온도가 낮을수록 노화속

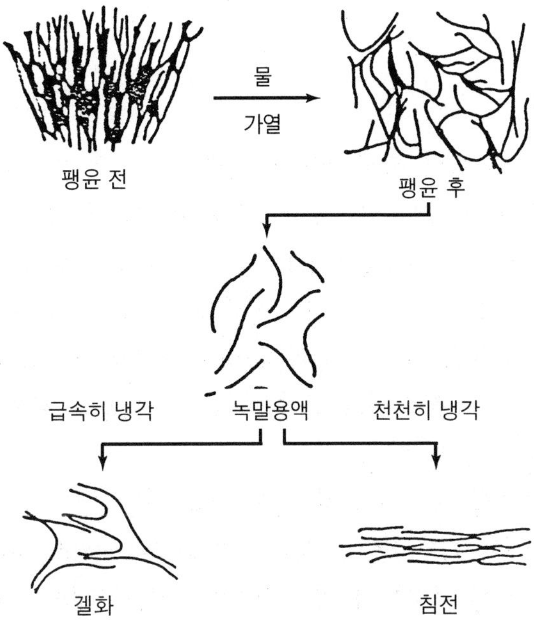

그림 3-4. 녹말의 팽윤, 호화, 노화의 모형도

도는 빨라진다. 그러나 60℃ 이상에서는 노화가 잘 일어나지 않으며, -10~-20℃에서는 노화속도가 늦어진다. 예를 들어 빵이나 밥 등 녹말식품을 냉장고의 냉장실에 두었을 경우, 녹말의 노화가 촉진되어 밥알이 딱딱해져 미각(味覺)이 나빠지는 것을 알 수 있다.

호화된 녹말은 수분이 10~15% 이하의 건조상태에서는 노화가 잘 일어나지 않으며, 30~60%에서 노화가 쉽게 일어난다. 그리고 pH 2에서 호화된 녹말풀의 노화속도가 가장 빠르다. 또한 아밀로오스 수용액은 중성 또는 산성에서 매우 불안정하여 노화가 쉽게 일어나며, 분자의 직쇄(linear chain) 부분이 길수록 노화가 일어나기 쉽다.

녹말을 알맞은 유도체로 변형하여 입체적인 장애를 갖는 구조를 도입하면 노화가 잘 일어나지 않는 녹말을 얻을 수 있다. 이와 같은 원리를 활용하면 식품의 냉장특성을 향상시킬 수 있다. 즉, 천연녹말을 그대로 이용하는 것보다는 천연녹말에 물리화학적 처리로 가공한 가공전분(加工澱粉)을 이용하면 품질유지가 쉬워지는 것은 이러한 이유 때문이다. 녹말의 팽윤, 호화현상과 노화현상의 모형은 그림 3-4에서 보는 바와 같다. 호화 후에 급속히 냉각시키면 겔을 형성하여 녹말의 노화를 방지할 수 있다.

3.3 지 질

1) 지질의 분류

지질(脂質, lipids)은 물에 녹지 않고 에테르(ether)와 같은 유기용매에 녹는 물질로서 지방산의 에스테르(ester)로 생체가 이용할 수 있는 성분을 말한다. 화학적인 구조에 따라 단순지질(simple lipids), 복합지질(compound lipids), 유도지질(derived lipids)로 구분한다. 지질(脂質)에는 유지를 포함하여 납(wax), 인지질(phospholipid), 스테롤(sterol), 탄화수소(hydrocarbon) 등을 포함한다. 그 구조는 탄수화물이나 단백질과는 달리 분자 단위로 반복되어 중합체를 이루고 있다.

유지(油脂)는 화학적으로 고급지방산의 트리글리세리드(triglyceride)를 말한다. 식품으로서 이용되는 천연유지는 글리세롤(glycerol) 한 분자에 3개의 지방산(fatty acid)이 에스테르 결합한 형태인 트리글리세리드가 주성분이지만, 이 중에는 다른 지질성분들도 들어 있다. 관습적으로 실온에서 액체상태인 기름을 유(油, oil)라고 하며, 고체상태의 기름을 지(脂, fat)라고 한다. 또한 기름을 공기 중에 방치하였을 때 표면에 고체상태의 피막을 형성하는지에 따라 건성유, 반건성유, 불건성유로 구분하기도 한다.

2) 유지의 성질

유지는 동물의 피하조직(皮下組織)이나 식물체의 종자에 많이 들어 있다. 유지자원의 이용은 가축의 부산물로 나오는 쇠기름이나 돼지기름을 제외하고는 주로 식물체의 종자에서 얻어지는 식물성 기름을 이용하고 있다.

식용유지의 원료가 되는 것은 주로 콩(大豆), 팜열매, 유채씨, 해바라기씨, 면실 등의 농산물이다. 유지 생산량의 약 80%는 식용으로 이용되며, 나머지는 공업용 원료 또는 사료로 이용되고 있다. 식용으로 이용되는 유지는 융점이 낮은 것이 유화(乳化)가 쉽게 일어나므로 소화흡수가 쉽고, 융점의 범위가 넓어야 유동성과 물에 씻기는 성질이 좋다.

가공기술의 발달에 따라 값싼 식물성 기름으로부터 코코아기름과 비슷한 대용유지(代用油脂)를 생산할 수 있다. 또한 여러 가지 용도에 알맞은 유지(油脂)와 지방산 유도체의 생산으로 공업원료로서의 활용이 많아지고 있다.

인체에서 합성하지 못하여 미량이지만 영양적으로 필요하여 음식 등으로 꼭 섭취해야 하는 지방산을 **필수지방산**(essential fatty acid)라고 한다. 여기에는 리놀레산(linoleic acid), 리놀렌산(linolenic acid), 아라키돈산(arachidonic acid) 등이 있다.

유지는 고칼로리원으로 1g당 9 kcal의 열량을 함유하고 있다. 또한 지용성 비타민의 용매역할을 하기 때문에 영양적으로 인체에 지용성 비타민을 공급하는 데 중요한 역할을 한다. 유지는 독특한 맛을 느끼게 하고, 섭취 후에 만복감을 주는 식품으로서 효과가 있다.

유지는 끓는점(boiling point)이 없어 일정한 온도로 올라가면 회색의 연기를 내면서 분해하기 시작하여 악취를 낸다. 또한 유지는 물에 녹지 않기 때문에 조리할 때 식품의 모양을 유지시켜 주며, 식품 속에 들어 있는 비타민이나 무기물의 손실을 막아 준다.

3) 유지의 산화

천연유지 중에 들어 있는 불포화지방산은 저장 또는 가공공정 중에 산소, 빛, 금속이온과 같은 여러 가지 환경요인에 의해 산화가 쉽게 일어나 과산화물(peroxide) 또는 저급화합물이 생성된다. 이 반응은 연쇄반응(chain reaction)으로서 분해생성물은 유지식품의 품질을 떨어뜨린다. 유지의 산화가 심하게 일어난 현상을 **산패**(酸敗, oxidative rancidity)라고 하며, 유지식품의 가공에서 문제가 된다.

유지가 많이 들어 있는 식품은 제조 또는 저장 중에 지방질 성분의 변화가 일어나므로 주의하여야 한다. 식용 유지나 지방질 식품은 지방분해효소(lipase)에 의하여 유리지방산이 생기는 산패가 발생하기도 하고, 자외선, 금속이온(Cu^{+2}, Fe^{+2}) 등의 촉매작용에 의한 자동산화(auto-oxidation)로 산패취(酸敗臭)가 일어나기도 한다.

특히 불포화지방산이 많이 들어 있는 유지는 산패가 쉽고, 이중결합 부분에서 중합이 일어나 점성이 증가한다. 그리고 향기가 나빠지며, 소화율이 떨어지므로 유지의 특성을 충분히 이해하고 용도에 따라 효율적으로 이용하여야 한다.

3.4 단백질

단백질은 C, H, O, N 외에 소량의 S, P 등으로 구성된 고분자 유기화합물이며, 질소를 16% 정도 함유한다. 육류, 생선 등 동물체에 많이 들어 있다. 식물성 단백질로는 곡류, 두류(豆類)에 비교적 많은 양이 들어 있다. 단백질의 구성단위는 아미노산으로, 식품의 맛과 영양가에 관계되는 중요한 성분이다.

단백질은 인체에서 합성할 수 없어서 반드시 음식으로 섭취해야 한다. 단백질을 구성하는 기본단위가 아미노산이며, 우리 몸의 조직을 유지하는 데 반드시 필요한 아미노산을 **필수아미노산**이라고 한다. 어른은 isoleucine, leucine, lysine, methionine, phenylalanine, tryptophan, threonine, valine 등 8가지, 그리고 어린이는 histidine이 추가되어 9가지가 있다.

생활수준의 향상으로 점차 동물성 단백질의 수요가 증가하고 있으나, 전통적인 발효식품의 원료로 이용되어 왔던 값싼 콩(大豆)의 활용에 관한 연구가 많이 이루어졌다. 동물성 단백질을 대체할 수 있는 여러 가지 콩 제품의 산업적 생산이 가능하게 되면서 단백질 자원의 이용이 확대되고 있다.

1) 단백질의 분류

단백질을 구성하고 있는 성분은 아미노산 외에 당 또는 지질의 함유 여부에 따라 크게 구분되며, 또한 용해성과 복합성분에 의해서도 분류된다. 즉, 구성성분이 아미노산만으로 되어 있는 단순단백질(simple protein), 아미노산 외에 당, 무기질, 색소 등을 함유하는 복합단백질(complex protein 또는 conjugated protein), 그리고 천연단백질이 분해되거나 변성되어 이루어진 유도단백질(derived protein)로 나눈다.

단순단백질(simple protein)에는 알부민(albumin), 글로불린(globulin), 프로라민(prolamine), 경단백질(硬蛋白質, scleroprotein), 히스톤(histone), 프로타민(protamine) 등이 있다.

복합단백질(conjugated protein)에는 핵단백질(nucleoprotein), 리포단백질(lipoprotein, 지질단백질), 인단백질(phosphoprotein), 색소단백질(chromoprotein), 당단백질(glycoprotein)이 있다.

유도단백질(derived protein)에는 1차 유도체인 프로타인(protamine), 메타포로테인(metaprotein), 변성단백질(응고단백질, coagulated protein)이 있고, 2차 유도체인 프로테오스(proteose), 펩톤(peptone), 펩티드(peptide) 등이 있다. 단백질 중에 생리활성을 가지고 있는 물질로서는 효소(enzyme), 호르몬(hormone), 인터페론(interferon), 항체(monoclonal antibody) 등이 포함된다.

2) 단백질의 구조

단백질의 구조(protein structure)는 1차 구조(primary structure), 2차 구조(secondary structure), 3차 구조(tertiary structure), 그리고 4차 구조(quaternary structure)로 구분한다.

단백질의 1차 구조(primary structure)는 그림 3-5에서 보는 바와 같이 펩티드(peptide) 결합의 아미노산 배열로 되어 있는 직선구조이다. 구성하고 있는 아미노산의 종류, 이온화량, 극성 또는 비극성기의 존재로부터 단백질의 물리적 성질을 결정짓는다.

단백질의 2차 구조(secondary structure)는 그림 3-6에서 보는 바와 같이 평면구조를 이룬다. 펩티드 사슬(peptide bond) 내에 C-N 결합은 어느 정도 이중결합의 성질을 가지게 되어 회전운동이 자유로이 되지 않아 단백질의 구조 형성이 가능한 형태로 만들어 준다. 2차 구조의 기본적인 형태는 펩티드 중의 carboxyl기와 amine기 사이의 수소결합으로 이루어져, 오른쪽으로 회전된 형태인 α-helix 결합과 평형인 펩티드사슬 사이에 수소결합에 의해 안정된 형태를 이루는 pleated sheets(β-sheet)로 되어 있다.

단백질의 3차 구조(tertiary structure)는 그림 3-7에서처럼 단백질 분자의 입체구조를 나타낸다. 알킬기(R-group) 사이의 상호작용에 의해 펩티드 사슬이 어떻게 휘어지거나 감기는지를 결정한다. 펩티드 사슬은 다시 이온결합, 수소결합, 소수결합(hydrophobic interaction) 등 여러 가지 결합에 의해 치밀한 구조로 포개져 안정된다. 또한 cysteine 잔기(殘基) 사이의 S-S결합(disulfide bond)은 단백질 구조를 안정화시키는 데 도움을 준다.

소수성인 R-group은 단백질 구조의 내부로 들어가려는 경향으로 인하여 외

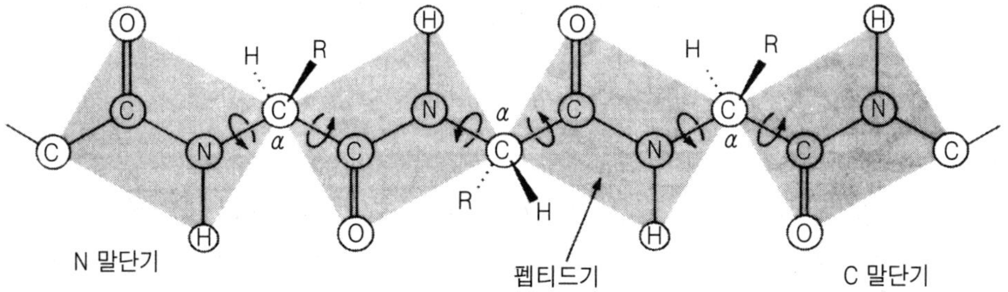

그림 3-5. 단백질의 1차 구조

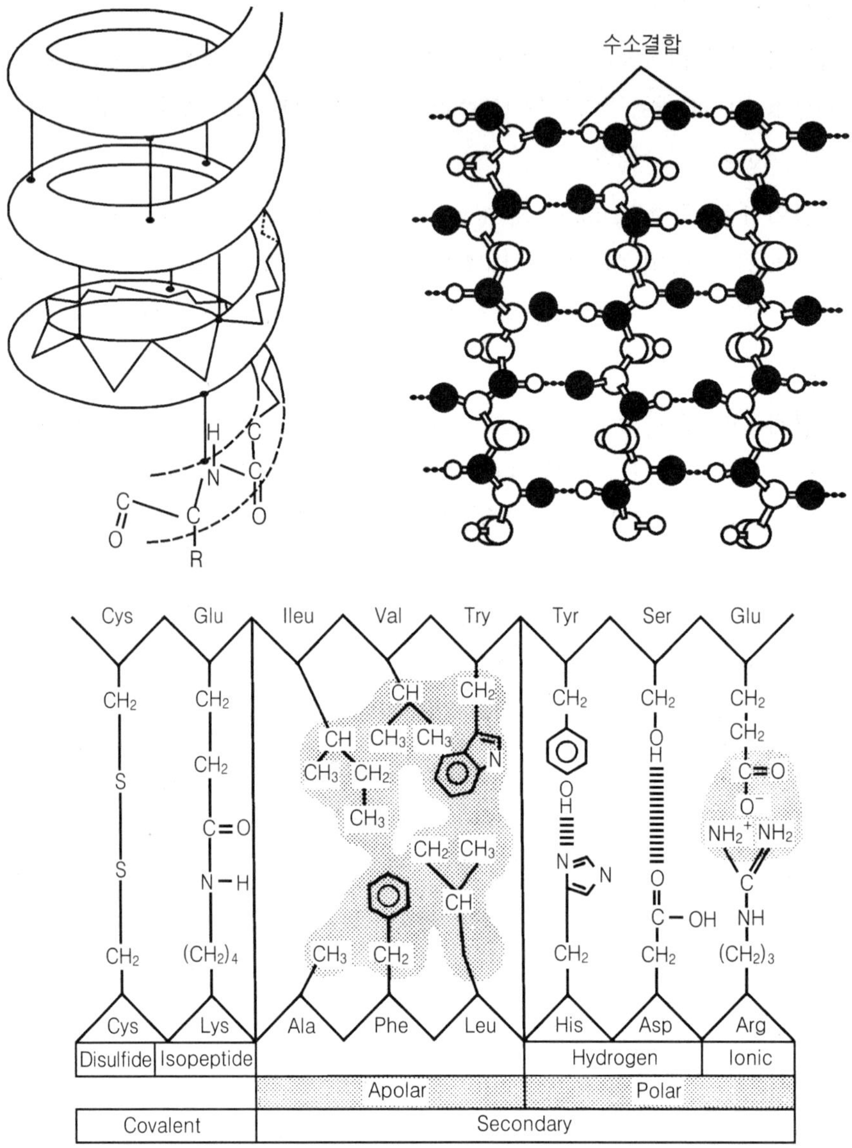

그림 3-6. 단백질의 2차 구조

부는 친수성 R-group으로 구성됨으로써 용해성을 갖게 된다. 단백질 구조 사이의 결합에너지는 3～7 kcal/mol로 약하기 때문에 열, pH, 이온강도, 용액의 극성 등의 환경의 변화에 따라 상호작용으로 단백질의 변화가 쉽게 일어날 수 있다.

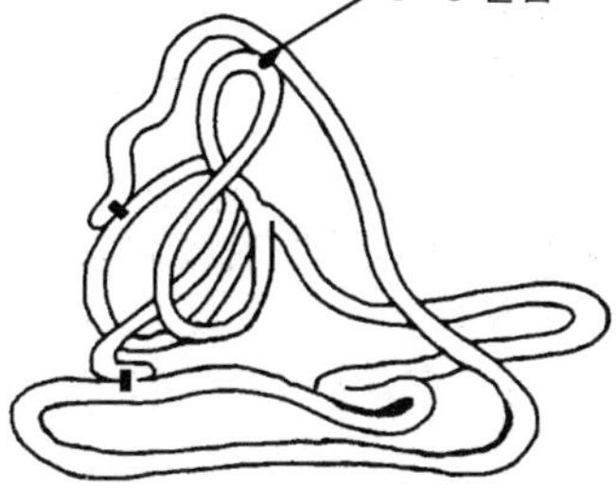

그림 3-7. 단백질의 3차 구조

그림 3-8. 단백질의 4차 구조

그림 3-8에서와 같이 각각의 펩티드가 모여 4차 구조(quarternary structure)를 형성한다. 생리적인 활성을 가진 단백질은 많은 경우 4차 구조에 기인되는 것으로 알려져 있다. 또한 단백질은 탄수화물, 지질 성분을 함유하고 있는 경우도 있으며, 이들은 정전기적 인력 또는 약한 상호결합으로 이루어져 있다.

단백질에 탄수화물을 함유하는 당단백질(glycoprotein)에는 항체(antibody)와 많은 종류의 효소(glucose oxidase, cellulase 등) 등이 있다. 지질단백질(lipoprotein)은 혈액 중에 지질을 전달하는 plasma에서 발견할 수 있다. 단백질에는 여러 가지의 기능을 가지고 있다.

예를 들면 생물체의 구조적 성분인 힘줄(tendon), 체온을 유지하는 머리카락, 대사활성을 조절하는 호르몬, 운동력을 갖는 근육, 반응의 촉매역할을 하는 효소 등이 있다.

3) 단백질의 변성

단백질은 아미노산의 펩티드(peptide) 결합으로 연결되어 있다. -S-S-(disulfide) 결합, α-helix 결합, β-결합, 랜덤코일(random coil) 구조로 공간배치를 하고 있다. 이러한 입체구조를 갖는 천연 단백질은 여러 가지 조건에 의해 구조의 변화를 일으키기 쉽다.

효소나 생리활성 단백질은 입체구조에 약간의 변화로도 활성이 크게 변화한다. 생리적 조건에서는 가역적으로 일어나는 경우가 많으나, 입체구조의 변화가 비가역적일 때를 **단백질의 변성**(denaturation of proteins)이라고 한다(그

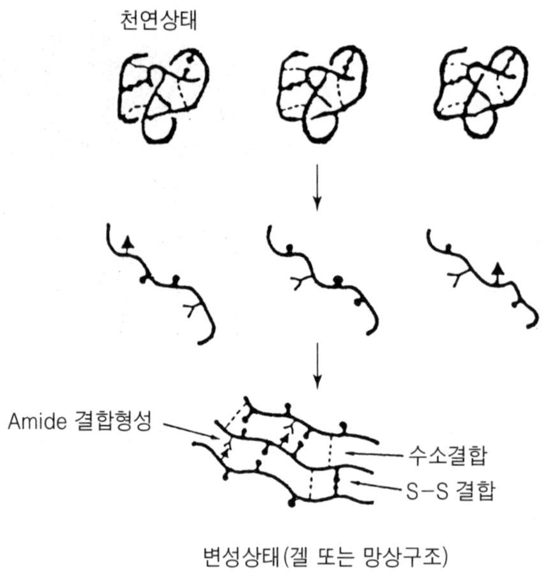

그림 3-9. 단백질의 변성과정

림 3-9). 단백질의 변성에는 생리활성, 물리적·화학적 성질의 변화가 따르게 된다. 단백질의 변성은 다음과 같은 여러 가지 요인에 의해 일어난다.

(1) 단백질 변성제의 사용

요소(urea)에 의한 -S-S- 결합의 절단, 산화제에 의한 -S-S- 결합의 형성, 알코올계 용매에 의한 변성, 산 또는 알칼리에 의한 변성 등은 단백질 변성제에 의한 단백질 변성의 대표적인 예이다.

(2) 물리적 요인에 의한 변성

단백질은 가열, 동결, 건조, 초음파, 가압처리 등 물리적인 요인에 의하여 변성이 일어난다. 예를 들면 가열에 의하여 단백질의 응고가 일어난다. 이와 같은 물리적 요인에 의하여 단백질은 다음과 같은 변화가 일어난다.

① 생리활성의 저하 : 효소를 포함하여 생리활성을 가지고 있는 단백질의 경우는 그의 활성이 떨어지거나, 또는 활성을 잃게 된다.

② 효소에 의한 분해성의 향상 : 변성이 일어나지 않은 천연 단백질에 비하여 변성 단백질은 구조적인 변화가 일어나므로 단백질 분해효소에 의한 분

해가 쉬워진다.

③ 물에 대한 용해성의 변화 : 알부민(albumin) 등 구상(球狀) 단백질의 용액을 변성시키면 내부에 있던 소수결합(疏水結合)이 노출된다. 이에 따라 용해성이 감소하거나 불용화가 일어난다.

④ 점성의 변화 : 구상 단백질의 변성에 있어서는 용해성이 감소되고, 겔화가 일어나는 경우가 있다. 응고의 중간과정에 반고체 상태로 되는 등 보통은 점성이 증가하는 예가 많다.

⑤ 아미노산 잔기(殘基)의 반응성 증대 : 단백질의 변성을 이용한 식품가공은 여러 가지가 있다. 예를 들어 진한 염류 용액에서는 단백질의 용해도가 감소하므로 고기를 삶을 때 처음부터 소금물에 끓이면 국물이 잘 우러나지 않는다. 고기를 삶은 후 소금을 넣으면 단백질의 침전이 일어나 국물을 맑게 할 수 있다. 또한 금속이온에 의해 단백질의 변성으로 응고되는 성질을 이용하여 두유(soy milk)에 응고제를 넣어 두부를 제조하기도 한다.

3.5 무기질

식품이나 생물체를 550~600℃에서 태우면 유기물은 완전히 산화되고, 재로 남는 부분을 회분(ash)이라고 한다. 재에 해당하는 무기물은 전체 구성성분 중에 약 4% 정도이지만, 미량으로 인체에 여러 가지 영양적인 역할을 한다. 무기물은 인체에 다음과 같은 기능을 가진다.

① 인체조직의 pH와 삼투압을 조절하며, 근육과 신경을 흥분하게 하는 효과가 있다.

② 유기물과 결합하여 체성분을 구성하며, 대사(metabolism)에 중요한 역할을 한다.

③ 난용성 염의 형태를 구성하여 체조직의 경도를 높여 준다.

다량으로 들어 있는 무기질에는 칼슘(Ca), 염소(Cl), 칼륨(K), 마그네슘(Mg), 나트륨(Na), 인(P), 황(S) 등이 있다. 미량무기물에는 철(Fe), 요오드(I), 구리(Cu), 아연(Zn), 셀레늄(Se), 망간(Mn), 몰리브덴(Mo), 코발트(Co), 크롬(Cr), 불소(F) 등이 있다.

3.6 비타민

식품에 들어 있는 유기화합물로 신체조직의 성장 및 회복과 더불어 정상적인 생리작용에 필수적인 미량 영양소이다. 그리고 우리가 섭취한 음식을 신체활동에 필요한 에너지로 변화시키는 많은 생화학적인 반응에 관여한다. 또한 생체기능을 유지하고, 새로운 인체조직을 이루는 데 필수적이다. 비타민이 계속하여 결핍되면 건강을 해치게 된다.

비타민은 기름에 녹는 지용성 비타민(fat-soluble vitamin)과 물에 녹는 수용성 비타민(water-soluble vitamin)으로 구분한다. 지용성 비타민에는 비타민 A(retinol), 비타민 D(calciferol), 비타민 E(tocopherol), 비타민 K(phylloquinone) 등이 있으며, 이는 isoprene에서 유도된 화합물이다.

지용성 비타민 중에 비타민 A는 mucopolysaccharide의 생합성에 관여한다. 식물 또는 미생물에 의해서는 생산되지 않고, 그의 전구물질인 β-carotene은 화학합성에 의해 생산되고 있다.

비타민 D는 체내 칼슘의 흡수를 촉진시켜 주며, 인산대사(phosphate metabolism)에 중요한 물질로 작용한다. 그리고 비타민 D_2는 ergosterol로부터 제조된다.

비타민 E는 생체 내의 역할에 대하여 확실히 해명되지는 않았으나, 고도불포화 지질에 대한 항산화 작용이 있는 것으로 알려져 있다. 이로 인하여 각종

표 3-1. 수용성 비타민의 종류와 역할

비타민 종류	역할(전구물질로 작용)
Thiamine(vitamin B_1)	Thiamine pyrophosphate
Riboflavin(vitamin B_2)	Flavin coenzymes(FAD, FMN)
Niotinic acid	Nicotinamide coenzymes(NAD, NADP)
Pantothenic acid(vitamin B_6)	Pyridoxal phosphate
Biotin	Biocytin
Folic acid	Tetrahydrofolate coenzymes
Cobalamine(vitamin B_{12})	Cobamide coenzymes
Lipoic acid	Lipoic reductases-transacetylase의 Prosthetic group
Myo-inositol	필수지방산(phosphatidyl inositol)
Ascorbic acid(vitamin C)	가수분해에 있어서 cofactor; tyrosine 산화
Carnitine	지방산전이 조효소

가공식품 및 건강식품에 많이 첨가하는 경향이 있다.

비타민 K는 혈액응고 단백질인 prothrombin의 합성에 필요한 것으로 알려져 있으며, 감귤의 껍질에 많이 들어 있다.

수용성 비타민에는 비타민 C(ascorbic acid), 비타민 B_1(thiamine), 비타민 B_2(riboflavin), 나이아신(niacin), 엽산(folic acid), 비오틴(biotin) 등이 있다. 일반적으로 표 3-1에서 보는 바와 같이 비타민은 조효소(보조효소, coenzyme)의 전구물질로 작용하는 경우가 많다. 많은 종류의 수용성 비타민은 질소를 함유하는 복합화합물이다. 예를 들어 비타민 B_{12}는 여러 가지 생물자원에서부터 전구물질을 분리힐 수 있다.

4. 식량자원

4.1 탄수화물 자원

탄수화물자원에는 고분자 당질(糖質)과 저분자 당질로 구분된다. 고분자 당질에는 식물체의 골격을 이루고 있는 셀룰로오스(cellulose), 헤미셀룰로오스(hemicellulose), 자일란(xylan), 펙틴(pectin), gum류 등과 저장물질로서의 녹말, 이눌린(inulin) 등이 있다. 곡류와 감자류(薯類) 등의 농산물은 대부분 저장물질로서 녹말을 함유하고 있으며, 이는 인류의 중요한 에너지원이 되고 있다.

포도당, 과당, 자당(sucrose) 등 저분자 당질의 이용은 감미자원으로서 벌꿀이 최초로 이용되기 시작하였다. 그 후에 사탕수수, 사탕무 등의 재배로 제당공업(製糖工業)의 발달을 가져왔다. 국내에서 생산되거나 또는 수입된 농산물 원료로서 산업적으로 활용되고 있는 탄수화물 자원에 있어서 제당공업을 제외하고는 주로 고분자 당질, 특히 녹말을 이용함으로써 녹말 제조공업과 녹말 이용공업, 주정공업(酒精工業) 등이 발달하게 되었다.

곡류(cereals)는 화본과에 속하는 작물로서 종자 중의 배유(endosperm)가 발달하여, 여기에 영양분인 녹말(澱粉, starch)을 저장한다. 중국에서는 피(barnyard millet), 기장 또는 조(millet), 맥류(麥類), 콩, 쌀을 오곡(五穀)이라고 한다. 그리고 수수(sorghum), 메밀(buckwheat), 팥, 깨 등은 잡곡(雜穀)

으로 구분한다. 서양에서는 밀, 보리, 귀리(oat) 등의 맥류와 옥수수, 쌀, 수수, 조 등을 곡류(穀類, cereal)에 포함시킨다.

우리나라에서는 쌀을 미곡(米穀)이라고 하고, 보리・밀・호밀・귀리 등을 맥류, 그리고 조・피・기장・수수・옥수수・메밀 등을 잡곡으로 구분하고 있다. 곡류 중에서 식품가공 원료로 중요한 작물은 쌀・밀・옥수수이다.

1) 쌀

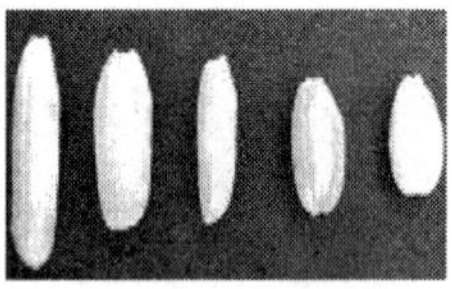

쌀(*Orzza sativa* var.)은 밀, 옥수수와 함께 세계 3대 곡물 중의 하나로 열대에서 온대지역에 이르기까지 재배되고 있다. 그 재배면적은 약 1억 4천만 ha, 총 생산량은 3억 9천만 톤 정도이다. 아시아 국가들은 주로 쌀을 주식으로 하고 있다. 쌀을 주식으로 하는 인구비율은 세계 인구의 약 40%에 이른다.

아시아에서는 '인도에서 기원전 약 3,800년대, 중국에서는 기원전 약 3,000년대에 벼가 재배되었다'고 추정하고 있다. 현재 재배하고 있는 품종은 우리가 먹고 있는 아밀로펙틴 함량이 많은 *japonica* 종, 아밀로오스 함량이 많은 남방계열의 *indica* 종, 그리고 중간 형태인 인도네시아의 *javanica* 종으로 나누어진다. 세계적인 생산량에서 *indica* 종이 대부분을 차지하며, *japonica* 종은 10%에 미치지 못한다.

미국에서는 쌀의 분류를 대부분 형태에 따라 구분하고 있다. 길이가 6 mm 이상인 long-grain rice, 5～5.9 mm인 medium-grain rice, 그리고 5 mm 이하인 short-grain rice로 나눈다. 미국의 쌀 생산량 중 70～80%를 차지하는 long-grain은 아밀로오스 함량이 많은 indica 종으로서 수프 제조와 제과용 등 주로 가공용으로 이용된다. Medium-grain(round rice)은 전체의 20～25%로서 주로 캘리포니아에서 생산된다. 우리가 먹고 있는 쌀과 취반 특성이 비슷하여 쌀 시장의 개방으로 우려를 나타내는 품종이다. 미국의 쌀 생산은 세계 생산량의 2% 미만이면서도 쌀을 주식으로 하지 않기 때문에 세계에서 가장 큰 쌀 수출국으로서의 잠재력을 가지고 있다.

중국 남부지방인 광동과 운남지방에 야생하는 벼로 겉은 검고 속은 투명하거나 유백색인 흑미(black/wild rice)가 전라도 지방에서 재배되어 일반쌀과 혼합하여 밥을 짓기도 한다.

또한 유전자조작에 의한 새로운 쌀 품종이 계속하여 개발되고 있다. 일본에서는 거대 배아미로서 하이미노리 등을 개발하여 건강식용, 당뇨병 및 신부전

환자의 식이요법에 이용하고 있다. 스위스에서는 야맹증 예방을 위한 Golden rice 품종이 개발되었다. 이밖에 특수미로서 유색미, 향미, 향찰, 찰벼 등이 개발되었다. 재배방법에서도 저농약, 무농약을 강조하는 친환경 농법으로 생산되는 오리농법쌀, 키토산쌀, 게르마늄쌀 등이 다양하게 생산되고 있다.

2) 보 리

보리에는 맥주맥(二條大麥, *Hordeum disticum*)과 쌀보리(六條大麥, H. *vulgare*)가 있다. 대부분 주정공업의 발효원료와 사료로 이용하지만, 맥주맥은 맥아를 만들어 엿이나 맥주의 제조에 이용하고 있다.

쌀보리의 경우 국내에서는 쌀 다음 가는 2번째의 주곡으로서, 오랫동안 우리 식생활에 널리 이용되어 왔다. 그러나 생활수준의 향상과 식생활의 변화 등으로 입식(粒食)으로서는 소비량이 매우 줄었다.

보리를 제분하기는 쉽지만, 보리에 들어 있는 탄닌(tannin) 성분에 의한 떫은맛과 flavon계 색소가 많이 들어 있다. 분식용으로 알맞지 않아 혼식용으로 일부 이용하고 있다. 건강에 대한 관심이 많아져 보리빵 제조용으로 제분이 일부 이루어지고 있다. 식용 이외로 사료용, 주정발효용 등으로 소비량이 증가하였으며, 특히 주정용으로 사용되는 보리는 연간 5만 톤 정도가 된다.

3) 밀

밀(wheat, *Triticum aestivum*)의 원산지는 중앙아시아 지방인 코카서스에서 이란의 북부에서 아프가니스탄 부근이라고 한다. 밀의 세계 생산량은 5억 5천만 톤에 이르며, 연간 380만 톤 정도를 국내에 수입하고 있다. 그림 3-10은 밀을 약 17배로 확대한 사진이며(a와 b), 이를 약 238배로 확대하였을 때는 그림의 (c)와 같이 단백질의 뼈대 사이에 녹말 입자들이 둘러싸여 있는 것을 볼 수 있다.

밀은 겉껍질(bran)을 제거하면 내부까지 부서지며, 밀알의 고랑이 깊어 도정하는 방법으로는 이를 제거할 수 없으므로 도정보다는 제분이 유리하다. 또한 입식(粒食)에 비하여 분식이 소화율을 높일 수 있다. 밀가루 단백질은 글루텐(gluten)을 형성하여(그림 3-11) 점성과 연성이 커지므로 제빵·제면 등에 이용할 수 있어서 이용범위가 넓어진다.

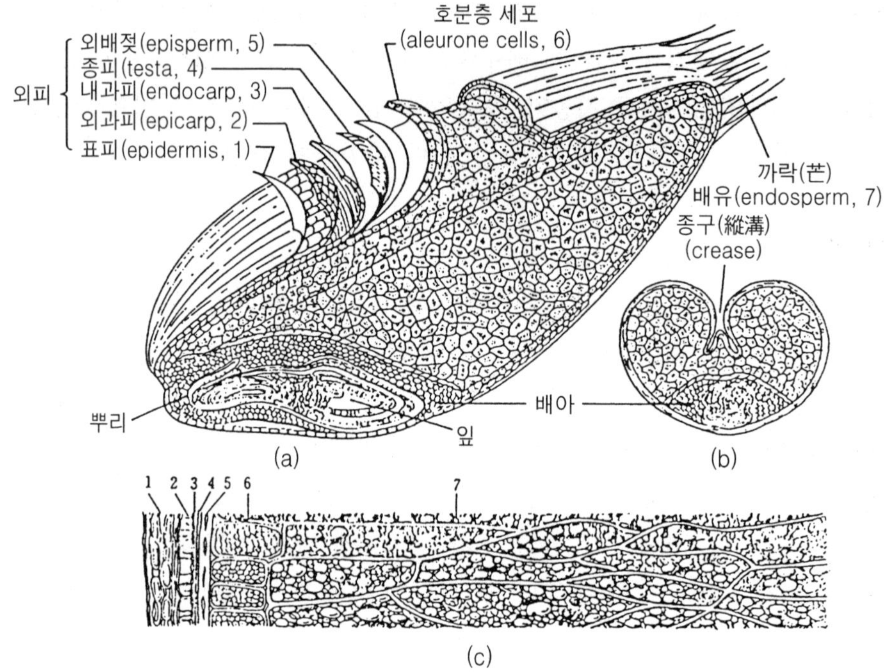

그림 3-10. 밀의 단면도

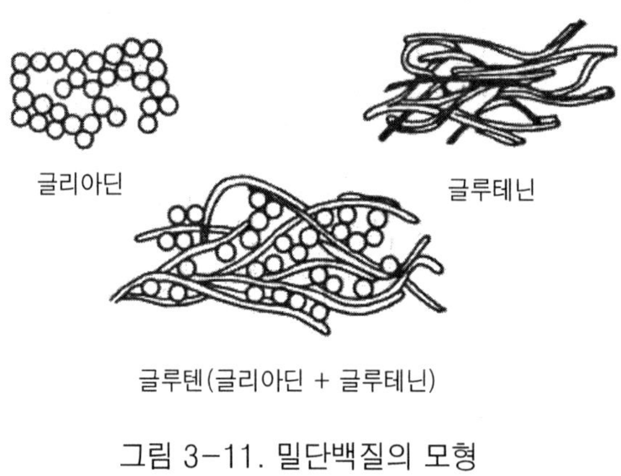

그림 3-11. 밀단백질의 모형

밀은 비교적 부스러지기 쉬운 하얀 배유 속의 세포에는 녹말 입자와 글루텐 입자가 있으며, 중심부로 갈수록 글루텐 입자가 적다. 배유부의 입질(粒質)은 보통 초자질, 중간질, 분상질로 나눈다.

4) 옥수수

옥수수의 주요 생산국가로는 미국, 중국, EU 등이며 약 7억 톤이 생산되고 있다. 옥수수 품종에는 재래종 옥수수인 pod(waxy) corn, 사료용으로 재배되는 dent corn, 식용으로 이용되는 sweet corn, 튀김용으로 이용되는 pop corn, 이외로 flint corn, soft corn 등이 있다. 각질상의 배유부(hor-myendosperm, 각질 녹말 부위) 층은 양옆에서 중앙으로 돌출되어 있다(그림 3-12). 이 부분은 대부분 녹말로 이루어져 있고, 글루텐도 섞여 있다.

알갱이의 윗부분, 배아와 각질 모양의 내배유(starch endosperm)는 왕관 녹말 부위(澱粉部)라고 부르며, 흰색의 녹말로 되어 있다. 이 2가지 부분이 옥수수 알갱이의 75%를 차지한다. 왕관 녹말 부위에는 대부분 녹말로 되어 있고, 10% 이하의 단백질과 미량의 지방과 무기물을 함유하고 있다. 배아(germ) 부분은 알갱이 중앙부에 자리잡고 있고, 단백질과 35% 정도의 지방을 함유한다.

식품가공용 또는 축산 사료용으로 옥수수의 수요가 계속 증가하고 있다. 국내에서 생산되는 옥수수는 주로 생식용으로 이용된다. 녹말제조용 등 가공용 옥수수는 전량 수입에 의존하고 있으며, 연간 9백만 톤 정도가 수입되고 있다.

5) 감자류

감자류(薯類)에는 고구마, 감자 등이 식량으로 이용된다. 고구마(sweet potato)는 제주, 전남, 경남 지방 등 우리나라의 남부지방에서 널리 재배되고

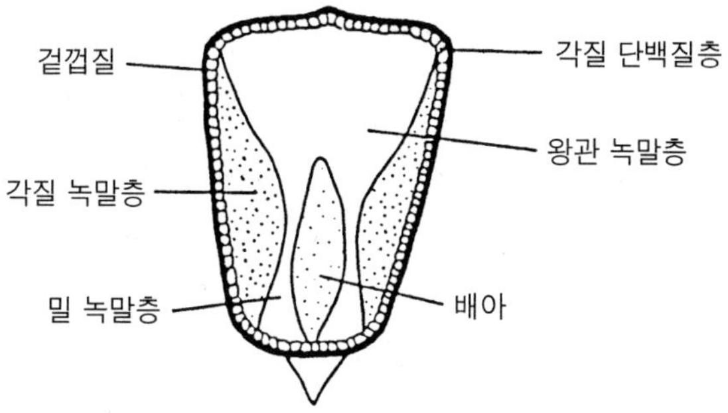

그림 3-12. 옥수수 종자

있다. 고구마의 세계 생산량은 1억 4천만 톤에 이르고 있으나, 국내에서는 생산량이 감소하여 30만 톤 정도가 생산된다.

고구마는 녹말을 생산하는 작물 중에서 단위 면적에 따른 수확량이 가장 많다. 재배관리가 간단하며, 노동력이 적게 들 뿐만 아니라 농약이나 비료 등이 적게 들어 생산비가 낮다. 태풍, 가뭄 등 기상조건의 변화에도 강한 특성을 가지고 있어서 오래 전부터 식용이나 녹말 제조, 주정원료 등 공업용 원료로서 이용되어 왔다. 고구마는 저장 중 무름병(軟腐病), 검은 무늬병(黑斑病) 등 미생물에 의한 부패가 쉽고, 저온에서 냉해를 받기 쉽다. 또한 저장 중에 고구마에 들어 있는 자체 효소에 의한 녹말의 당화가 쉽게 일어나, 녹말을 제조하는 경우 녹말수율을 떨어뜨린다.

감자(potato)는 남미 태평양 연안에서 안데스 고원에 분포하여 원주민의 주식으로 이용되었다. 세계 생산량은 3억 톤에 이르고 있으며, 국내에서는 주로 강원도와 제주도 등지에서 연간 65만 톤 정도가 생산된다. 재배시기에 따라 봄감자와 여름감자로 나눈다. 수분이 약 80%, 탄수화물이 16∼17%, 단백질이 2%, 그밖에 지방, 무기물로 되어 있는 알칼리성 식품이다. 생식용 이외로 감자칩, 튀긴감자, 녹말 등으로 가공된다.

4.2 유지자원

채유원료(採油原料)가 되는 유지자원은 식물의 종자나 과육(果肉), 또는 육상동물, 수산동물이다. 식물성 유지는 주로 유지의 채취를 목적으로 생산하여 유통된다. 이에 비하여 동물성 유지는 육제품 또는 유제품의 부산물로서 생기는 특징을 가지고 있다.

식물성 유지의 채유원료로서는 대두(콩), 유채, 면실(cottonseed), 낙화생(땅콩), 해바라기, 참깨 등이다. 이외로 코코넛기름(coconut oil)의 원료가 되는 야자, castor oil의 원료가 되는 피마자 등이 유량종자(油量種子, oilseeds)로 취급되고 있다. 이 중에서 제유공업의 원료로서 주로 이용되고 있는 대두, 유채, 팜나무(oil palm)의 특성을 살펴보면 다음과 같다.

1) 대 두

대두(콩, soybean, *Glycina maxima*)의 주생산지는 미국, 브라질, 중국, 아르헨티나 등으로 세계의 대두 생산량은 2억 톤 정도이다. 이 중에서 미국이

7,000만 톤 이상을 생산하고 있다. 세계 수출량에서 미국이 36%, 브라질이 38%, 아르헨티나가 18%의 비중을 차지하여, 이들 3국의 수출비중이 92%가 넘는다.

국내에서 생산되는 대두는 주로 콩나물, 두부, 장류 제조용으로 이용된다. 유지제조, 사료 등 공업용 원료가 되는 대두는 거의 전량 수입에 의존함으로써 연간 약 150만 톤 정도를 수입하고 있다. 농산물 수입자유화에 따라 국내산 대두의 국제경쟁력이 떨어져 수입량은 더욱 늘어날 전망이다. 다른 식물성 유지원료는 대개 유지 함량이 35~40%인데 비하여, 대두는 유지 함량이 20% 정도이다.

대두에는 40% 정도의 단백질을 함유하고 있어서 유지추출 후에 생기는 탈지박(탈지대두박, 脫脂粕)은 단백질 자원으로 이용되고 있다. 브라질의 대두 증산에 힘입어 다소 생산량이 증가할 것으로 기대된다. 유전자 변형으로 생산된 대두 수입이 늘어나고 있어서 소비자 사이에 안전성에 대한 논란이 되기도 한다.

2) 유 채

식물성 기름 중에서 유채기름은 세계 유지생산량의 13% 정도를 차지한다. 유럽과 캐나다에서 생산되는 유채(rape-seed, *Brassica oleifeira*) 품종은 에루크산(erucic acid) 함량이 적은 품종으로 개량되었다.

재래품종에 많이 들어 있는 에루크산은 인체에 유해할 수도 있다. 특히 탈지박에 들어 있는 glucosinolate는 자체 효소의 작용에 의하여 분해되면 독성물질을 생성하므로 가축사료로 이용할 수 없어 유기질 비료로 사용되고 있다. 따라서 에루크산 함량이 적은 개량품종은 식용유 제조원료로 이용되며, 재래품종에 비하여 지질과 단백질 함량이 다소 떨어진다. 개량품종의 유채탈지박은 대두박과 더불어 단백질 자원으로 활용이 기대된다. 그러나 유채재배는 단위 면적에 따른 경제성이 다른 작물에 비하여 떨어진다. 가격경쟁이 어려워 국내에서는 점차 생산량이 감소되고 있다.

3) 팜열매

팜유(palm oil)는 야자과에 속하는 다년생 식물인 팜나무(oil palm, *Elacis guineensis*)의 과실에서 얻어진다. 과실은 그림 3-13에서 보는 바와 같이 1개

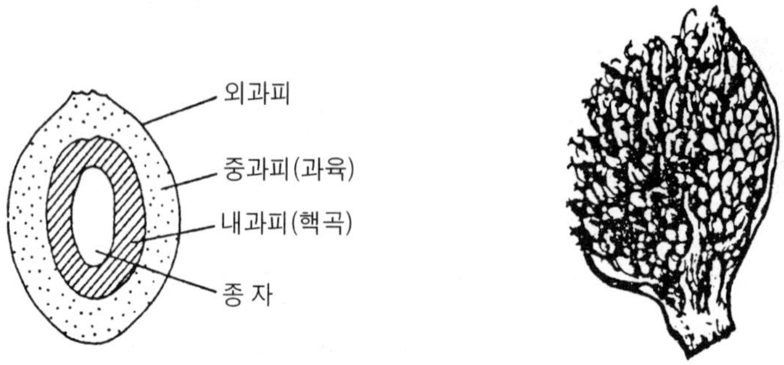

그림 3-13. 팜나무의 과실 단면도

표 3-2. 주요 유지 종류별 지방산 조성

지방산	팜유	올리브 기름	콩기름	유채 기름	해바라기 기름	땅콩 기름	면실유	옥수수 기름
12 : 0	0.2	-	-	-	-	-	-	-
14 : 0	1.1	-	0.1	-	0.2	0.1	0.9	-
16 : 0	44.0	13.7	11.0	3.9	6.8	11.6	24.7	12.2
16 : 1	0.1	1.2	0.1	0.2	0.1	0.2	0.7	0.1
18 : 0	4.5	2.5	4.0	1.9	4.7	3.1	2.3	2.2
18 : 1	39.2	71.1	23.4	64.1	18.6	46.5	17.6	27.5
18 : 2	10.1	10.0	53.2	18.7	63.7	31.4	53.3	57.0
18 : 3	0.4	0.6	7.8	9.2	0.5	-	0.3	0.9
20 : 0	0.4	0.9	0.3	0.6	0.4	1.5	1.0	0.1
20 : 1	-	-	-	1.0	-	1.4	-	-
22 : 0	-	-	0.1	0.2	-	3.0	-	-
포화지방산	50.3	17.1	15.4	6.8	12.1	20.3	28.2	14.5
불포화지방산	49.7	82.9	84.6	93.2	87.9	79.7	71.8	85.5
요오드가	53.3	79.9	132	111	127	94	108	124

당 직경 3~6 cm 내외의 계란 모양으로, 과육에는 45~50%의 기름이 들어 있다. 팜유는 주로 압착법(壓搾法)에 의하여 채유되어 정제한다. 종자의 배유에서 채취하는 팜핵유(palm kernel oil)는 팜유에 비하여 포화지방산 함량이 높다.

식물성 기름 중에서 팜유와 팜핵유는 세계 유지 생산량의 24% 정도를 차지한다. 특히 말레이시아 등지에서 팜유(palm oil)와 팜핵유를 2천만 톤 정도 생산하고 있어서 콩기름 다음으로 중요한 유지자원이 되고 있다. 과실의 생산량은 팜나무를 심은 후 3년부터 10년까지 계속 증가하여, 25년 동안 수확할 수 있다. 수확량이 11.3~27.5톤/ha로서 현재의 식물유지 원료 중에서 생산성이 가장 높은 것으로 알려져 있다.

팜유는 과육의 취급에 따라 다르지만, 자체 효소에 의한 가수분해로 유지의 품질이 떨어진다. 채유(採油) 원료로 유통되지 않고 생산지에서 채유하기 때문에 수입국가에서는 부산물 이용이 고려되고 있지 않다. 팜유의 지방산 조성을 보면 포화지방산과 불포화지방산이 절반씩 들어 있어, 일반적인 식물기름에 비하여 포화지방산 함량이 높다(표 3-2).

포화지방산은 심장질환을 일으키는 콜레스테롤의 혈중 농도를 높이기 때문에 일반적인 식물기름에 비하여 팜유를 비롯한 열대산 식물유의 높은 포화지방산 함량에 대하여 우려를 나타내고 있다. 따라서 포화지방산 함량이 낮은 품종으로 개량하려는 시도를 하고 있다. 말레이시아를 중심으로 팜유 생산량이 증가추세이다.

5. 원예식품

5.1 원예식품의 특성

원예식품은 크게 과일(fruits)과 채소(vegetables)로 구분된다. 이들은 식물성 식품으로서 많은 공통점을 가지고 있다. 과일과 채소의 여러 가지 특성을 이해함으로써 생산에서 소비까지의 알맞은 취급은 물론 가공이용에 활용할 필요가 있다. 원예식품의 특성은 다음과 같다.

1) 영양적 특성

원예식품은 그 성분에서 보면 수분함량이 높고, 단백질과 지질 함량이 매우 낮은 알칼리성 식품이다. 체내에 무기질과 비타민 공급원으로서 영양적으로 매우 중요하다. 과일과 채소에는 여러 가지 비타민이 들어 있다. 특히 비타민 C가 많고, 비타민 P와 비타민 A의 전구물질인 카로텐(carotene)이 많이 들어 있다. 또한 체내의 효소로 분해하기 어려운 물질인 섬유질, 펙틴질, 리그닌 등이 많이 들어 있어서 식이섬유

(dietary fiber)의 공급원이 되고 있다.

2) 식품적 특성

과일은 여러 가지 당분과 유기산이 알맞은 비율로 들어 있어서 기호성 식품의 성격이 강하다. 따라서 그의 소비량이나 가격은 소득과 관계가 깊으며, 소득증대와 더불어 소비량이 증가하고 있다. 이에 비하여 채소는 맛 성분 함량이 적고, 대부분 부식용 식품으로서의 역할을 하고 있다. 경기변동에 큰 영향을 받지 않고, 수요와 공급에 따라 가격이 결정되는 특징을 가지고 있다.

3) 상품적 특성

원예생산물은 같은 종류와 품종이라 하더라도 형태, 크기, 숙도(熟度), 성분 등이 다를 경우가 많아 공업제품과 달리 규격화가 어렵다. 또한 수분함량이 높기 때문에 수확 후 변질이 쉬워 과일과 채소의 생리에 알맞은 취급이 요구된다.

4) 생산적 특성

과일과 채소의 생산은 생산시기에 기후의 영향을 받는 경우가 많다. 생산이 지역적으로 한정되는 경우가 많으며, 수확이 계절적으로 집중된다. 따라서 대부분의 생산물이 지역적・시기적으로 편중되는 경향이 있다. 이와 같은 생산적인 특성으로 가격변동이 심할 뿐만 아니라 소비자에게는 소비기간이 짧고 종류가 한정되므로 이를 개선하기 위한 저장과 가공기술이 발달하였다. 특히, 채소의 경우 소비자는 신선도를 요구하고 있어서 시설원예의 발달은 물론 생산에서 소비까지의 신선도 유지를 위한 저장방법이 중요하다.

5) 생물적 특성

과일과 채소는 수확 후에도 수분함량이 높고 조직이 약하다. 살아 있는 생물체로서 생리활성이 지속되므로 저장조건에 따라 품질이 떨어지기 쉽다. 생체로 섭취하는 경우가 많아 영양적으로 중요하며, 이러한 이유로 과일과 채소를 생체식품(生體食品)이라고도 한다.

5.2 원예식품의 생리적 특성

육류와 어류는 유통과정에서 죽어 있는 상태로 취급하기 때문에 도살 후에 급속한 자기소화(自己消化, autodigestion, autolysis)와 부패가 진행된다. 이에 비하여, 과일과 채소는 수확 후에도 생명체로서 생활생리를 하므로 생존이 계속된다고 할 수 있다. 원예식품의 수확 후 생리현상과 이용특성을 살펴보면 다음과 같다.

1) 호흡작용

과일과 채소는 수확 후에도 생존을 위하여 호흡작용(respiration)을 계속한다. 호흡작용에서는 광합성 작용에 의해 저장물질로 축적된 탄수화물 등이 소비된다. 호기적 호흡(aerobic respiration)에서는 포도당에서 탄산가스와 물로 완전한 산화가 일어난다. 이에 비하여 혐기적 호흡(anaerobic respiration) 과정에서는 에탄올을 생성하며, 호흡열이 발생한다.

일반적으로 과일과 채소 중에서 표면적이 크고 중량이 가벼운 것은 호흡량이 크다. 같은 종류에서는 만생종(晩生種)에 비하여 조생종(早生種)이 호흡량이 크다. 수확 후 호흡에 미치는 환경적 요인은 여러 가지가 있다. 온도가 높을수록 호흡량이 커지므로 저온에서 저장하는 것이 좋다. 그러나 열대성 청과물은 매우 낮은 온도에서는 냉해(冷害)를 받기 쉽다. 따라서 각 과일에 따른 최적 저장온도를 설정하여 그 온도를 유지하는 것이 좋다.

습도는 과일과 채소의 숨구멍(氣孔)의 개폐에 영향을 주며, 건조상태에서는 일반적으로 호흡작용이 억제된다. 예를 들어 감귤은 껍질이 약간 건조한 듯한 상태에서 저장하는 것이 좋다. 그러나 고구마의 경우는 습도가 높을 때 오히려 호흡작용이 감소한다.

저장고 내의 공기의 조성도 호흡에 영향을 준다. 산소농도를 감소시키고, 탄산가스 농도를 높여 호흡량을 줄일 수 있다. 이와 같은 원리를 이용하여 과일

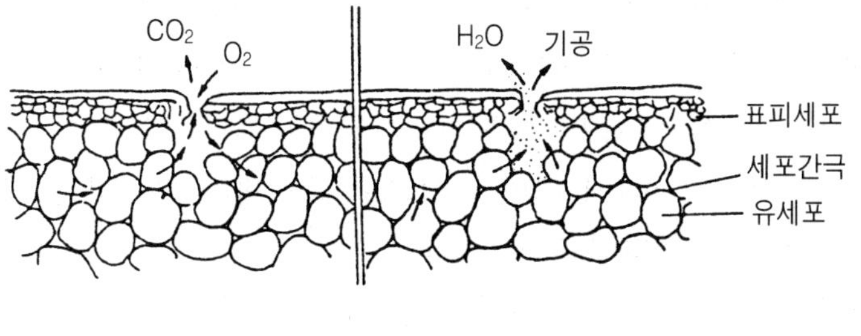

그림 3-14. 호흡작용과 증산작용의 모형도

과 채소를 저장하는 방법을 CA**저장**(controlled atmosphere storage)이라고 한다. 그리고 기계적인 진동이나 손상을 입은 과일과 채소는 호흡작용이 커지므로 수확 후 취급뿐만 아니라 저장에 주의해야 한다. 호흡작용과 증산작용에 의한 세포 내의 물질이동은 그림 3-14와 같다.

2) 증산작용

과일과 채소의 증산작용(transpiration)은 수확 후 저장할 때에 발생하는 수분손실을 말한다. 저장 중 증산작용으로 과일과 채소는 약 5%의 중량 감소를 가져오고, 표면의 빛깔이 없어져 상품가치가 떨어지게 된다.

덜 익은 과일과 채소는 알맞은 수확시기에 수확한 과일과 채소에 비하여 증산량이 크며, 온도가 높을수록 증산작용이 커진다. 저장온도가 높으면 단위용적 내에 함유하는 수증기의 함량이 증가한다. 그리고 수증기의 분자운동이 활발해지므로 수분이 조직 내에서 쉽게 빠져 나오게 된다. 따라서 세포액 콜로이드(colloid)의 점성이 떨어지고, 조직 내의 수분이동이 쉬워진다.

증산작용을 억제하기 위하여 저장에 알맞은 습도는 85～90%이며, 저장고 내의 바람의 속도도 증산작용에 영향을 준다. 이밖에도 기압, 물리적 손상을 입은 과일과 채소나 빛 등도 증산작용에 영향을 준다. 특히 빛은 숨구멍을 열리게 할 뿐만 아니라 식물체의 체온을 상승시켜 증산을 촉진한다.

3) 생장작용

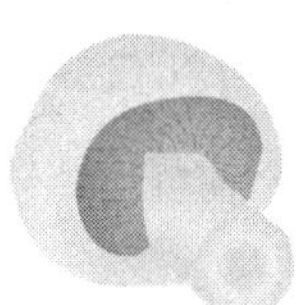

과일은 생장(growth)이 끝났을 때에 식품으로서 최고의 가치가 있으나, 채소는 생장과 비대(肥大)의 초기단계에 식품으로서 가치를 가지게 된다. 따라서 수확한 채소의 생장이 계속되면 조직의 경화(硬化)가 일어나고, 색깔이 나빠지며 풍미가 떨어지게 된다.

아스파라가스, 버섯 등에 들어 있는 섬유소에 리그닌(lignin)이 달라붙어 목질화(木質化)가 일어나거나 배추, 양배추 등의 섬유질화가 진행되는 일 등은 모두 계속적 생장에 의한 현상이라고 할 수 있다. 따라서 저장이나 유통과정에서 5℃ 이하로 보존하게 되면 생장작용을 억제할 수 있다. 이에 따라 저온유통체제(cold chain system)에 의한 유통으로 소비자가 요구하는 채소의 선도(鮮度)를 유지하려는 경향이 늘고 있다.

통조림 제조 등 가공원료로 사용되는 과일과 채소는 수확 직후 데치기

(blanching)를 하여 자체 효소를 불활성화시킴으로써 생물적인 변화를 멈출 수 있다. 고구마·감자 등의 감자류(薯類)나 무·당근 등의 구근류(球根類), 두류(豆類) 등의 채소가 발아하거나 뿌리가 생기는 발근현상(發根現象)은 차대적 생장(次代的 生長)이라고 한다. 계속적 생장이나 차대적 생장은 결과적으로 채소의 상품가치를 떨어뜨린다. 따라서 과일과 채소의 생리현상을 이해하고, 생산에서 소비까지 신선도를 유지할 수 있는 저장대책을 마련할 필요가 있다.

4) 후숙작용

수확 후에도 과일과 채소는 조직이 연화되거나 향기가 발생하고, 색깔이 변화하는 등의 생리적 현상이 일어난다. 이를 **후숙**(後熟 또는 追熟, after ripening)이라고 한다. 이 현상은 특히 에틸렌(ethylene, C_2H_4), 식물 호르몬(hormone) 등의 작용으로 과일과 채소에 존재하는 효소활성이 높아지고, 호흡작용이 커지게 된다.

또한 펙틴질이 가용화가 일어나 가스교환이 어려워지므로 혐기적 호흡이 진행되며, 에탄올과 유기산의 에스테르(ester)가 생성된다. 후숙은 저장고의 온도와 가스조성 등에 영향을 받는다. 바나나는 30℃에서, 서양배와 토마토 등은 20~25℃에서 후숙이 가장 잘 일어난다. 가스의 조성은 다른 생리적 현상과 비슷하며, 온도가 높을수록 촉진된다. 예를 들어 바나나, 아보카도, 감귤 등에 에틸렌을 1~100 ppm을 처리하면 후숙이 촉진된다.

5) 휴면작용

식물체는 좋지 않은 주위환경에 놓여 있을 때, 그 생명을 보존하기 위한 생리적 현상 중 대표적인 예가 **휴면**(休眠, rest)이다. 휴면에는 자발적 휴면(spontaneous rest)과 강제적 휴면(imposed rest)으로 나눈다. 자발적 휴면은 마늘, 양파 등 식물체의 생활주기(life cycle) 중에 일정 기간 휴면을 필요로 하는 것을 말한다. 그리고 식물체가 환경이 알맞지 않을 때 일어나는 휴면을 강제적 휴면이라고 한다. 휴면에 대한 작용기작(mechanism)은 아직까지 확실히 밝혀지지 않았다. 화학물질 중에 abscisic acid는 휴면작용을 촉진시키며, 지베렐린(gibberellin)은 휴면을 깨는 대표적인 물질로 알려져 있다.

이와 같은 호흡작용, 증산작용, 생장작용, 후숙작용, 휴면작용 등과 같은 과일과 채소의 생리적인 성질을 충분히 이해함으로써 식품으로서 이용되는 과일과 채소를 저장하거나 가공하는 데 그의 특성에 알맞게 활용할 수 있다.

5.3 원예식품의 가공특성

1) 원예식품의 성분과 가공특성

과일과 채소는 보통 75～90%의 수분, 3～24%의 환원당, 녹말, 섬유질 등의 탄수화물을 함유하고 있다. 단백질은 3.5% 이하, 지질은 0.5% 이하로 칼로리의 섭취원보다 무기질과 비타민의 공급원으로서 중요하다. 따라서 과일과 채소를 가공하는 경우, 가공공정 중에 되도록 성분 변화가 일어나지 않도록 주의해야 한다.

생식용으로 소비되는 과일의 품질은 겉보기뿐만 아니라 당과 산 함량의 비율인 당산비(糖酸比, Brix/acid ratio)에 의해 결정된다. 당산비는 맛을 결정하는 기준으로서 이용되기도 한다. 과일에 들어 있는 알맞은 비율의 환원당과 유기산은 과일이 기호성 식품의 성격을 띠게 한다. 예를 들어 온주밀감의 경우 당분이 11°Brix이고, 구연산 함량이 0.8～1.2%로서 당산비가 10～15가 되어 기호도가 높아지며, 이 값이 낮아질수록 신맛이 강하고, 높아질수록 단맛이 강해진다.

과일에는 포도당·과당 등 주로 환원당이 많고, 이밖에 자당(sucrose)이 들어 있다. 또한 과일의 종류에 따라 유기산의 종류와 함량에 차이가 있다. 감귤에는 구연산(citric acid)이 주로 들어 있으며, 포도에는 주석산(tartaric acid)이, 사과에는 사과산(malic acid)이 많이 들어 있어서 각각 다른 신맛을 느끼게 한다. 과일 중에 들어 있는 유기산은 가공공정 중에 제조용 기구의 부식을 가져올 우려가 있다. 가공용기는 스테인리스 스틸(stainless steel)로 제작된 용기를 사용할 필요가 있다.

과일과 채소에 들어 있는 향기성분은 GC(gas chromatography), LC(liquid chromatography), MS(mass spectroscopy) 등 분석기기의 발달로 많은 성분이 검출되어 해명되고 있다. 향기성분은 과일과 채소 가공품의 품질에 직접적인 영향을 주므로 가공공정 중에 필요 이상의 교반이나 가열 또는 오랜 시간의 가공조작 등을 피해야 한다.

과일과 채소의 색깔을 나타내는 주요 성분으로는 클로로필(chlorophyll), 카로티노이드(carotenoid), 플라보노이드(flavonoid) 등이 있다. 카로티노이드에는 carotene(감귤), xanthophyll(옥수수), lycopene(토마토), lutein(녹차) 등이 있다. 플라보노이드에는 anthocyanin(포도), hesperidin과 naringin(감귤) 등이 있다. 이와 같은 색소성분은 빛 또는 가열에 의하여 변색되는 경우가 많기 때문에 가공 중에 산화반응이 일어나지 않도록 주의해야 한다. 예를 들어 안토시안(anthocyan)은 열이나 pH에 대하여 매우 불안정하다. 클로로필은 과일과 채소를 절단하거나 분쇄할 때 색소가 용출되고, 산화반응이 쉽게 일어나 변색이 되는 경우가 있다.

과일과 채소에는 비타민 C, B_1, B_2 등이 많으며, 특히 황색과일에는 비타민 A와 P가 많다. 수용성 비타민은 원료를 물로 씻거나 침지(沈漬)하는 등의 가공조작으로 잃게 될 우려가 많다. 또한 자체 효소에 의해 산화반응이 일어나는 경우가 많으므로 원료를 데치기(blanching)하여 효소를 불활성화시킴으로써 산화작용을 방지할 수 있다. 그리고 비타민은 금속이온이나 알칼리에 약하므로 주의해야 한다.

과일에 많이 들어 있는 펙틴질은 미숙과일 때는 프로토펙틴(protopectin)으로 존재한다. 과일이 성숙함에 따라 수용성 펙틴(pectin)이 되고, 과숙(過熟)하게 되면 펙트산(pectic acid)이 되어 과일의 연화(軟化)가 일어난다. 이들 펙틴질은 젤리나 잼을 제조할 때에 매우 중요한 요소가 된다.

2) 갈변현상

과일과 채소에 들어 있는 산화효소(oxidase)는 저장 중에 영양가의 감소를 일으키거나, 효소적 갈변(enzymatic browning)을 일으킬 수 있다. 사과나 배의 껍질을 벗긴 다음 그대로 두면 공기와의 접촉으로 갈변이 일어나는데, 이는 polyphenol oxidase에 의한 효소적 갈변의 예이다. 이와 같은 현상은 과육 중에 들어 있는 폴리페놀성 물질인 chlorogenic acid, catechin, gallic acid 등이 산화효소에 의하여 산화중합되어 melanin과 같은 갈색물질이 생성되기 때문이다.

이에 비하여 비효소적 갈변(nonenzymatic browning)은 아미노산과 환원당이 함께 있는 경우 카르보닐(carbonyl) 반응에서 일어나는 당-아미노 반응(maillard 반응), 당과 유기산에 의한 갈변반응, 고온에서의 당의 탈수작용에 의해 일어나는 캐러멜화(caramelization) 등으로 구분된다. 이 중에서 maillard 반응은 일반적인 식품가공 중에 흔히 일어나는 갈변현상으로서 탈수, 산화작용에 의하여 melanoidin과 같은 색소물질이 생성되기 때문으로 알려져 있다.

과일과 채소에 들어 있는 비타민 C인 아스코르브산(ascorbic acid)은 산화반응을 억제하는 작용을 가지고 있어서 항산화보조제로 알려져 있다. 아스코르브산은 pH 2.0 이하에서는 매우 불안정하여 탈수반응에 의해 furfural이 생성됨에 따라 갈변이 일어난다. 효소적 갈변을 방지하는 방법으로는 가열처리에 의한 효소의 불활성화, 아황산처리, 항산화제의 첨가 등 여러 가지가 있다. 당의 진한 용액을 100℃ 이상으로 가열하면 당 분자가 enol화, 탈수, 개열(開裂), 중합 등의 복합적인 반응을 일으키고, 최종적으로 캐러멜 색소의 생성으로 갈변이 일어나므로 과일과 채소를 가공할 때에 주의해야 한다.

6. 축산식품

축산식품은 우유, 고기, 달걀 등을 원료로 한 식품이다. 우유는 착유 후 균질화(homogenization) 과정을 거쳐 살균하여 포장한 제품이다. 육류는 도살 후 주로 냉장유통이 이루어지고 있으나, 보존과 유통기간을 연장하기 위하여 냉동육으로 이용되기도 한다. 우유와 육류를 이용한 가공식품은 제 4장에서 설명하였다. 여기에서는 우유의 영양적 특성과 도살 후 육류의 생화학적 변화에 대하여 알아보자.

6.1 우 유

1) 우유의 역사

생물체가 생명활동을 위하여 외부에서 섭취해야 되는 모든 물질을 영양소(營養素, nutrient)라고 하며, 이 영양소를 공급해 주는 물질을 식품이라고 한다. 이상적인 식품은 운동, 성장, 대사, 정신활동, 번식 등의 모든 활동을 효율적으로 하는 데에 필요한 영양소들을 필요한 만큼 골고루 균형 있게 함유하고 있어야 한다. 그리고 맛있게 먹을 수 있어야 하고, 소화도 잘 되어야 한다.

1922년에 유프라테스(Euphrates) 계곡의 바비론(Babylon) 근처에 알우베이드(Al'Ubaid)에서 기원전 5천년경의 것으로 보이는 사원의 건물을 발굴하던 중, 기원전 3천5백년경의 것으로 보이는 조각된 작은 벽조각 화판을 발견하였다. 이 벽화판에는 외양간에 매어 있는 소와 사람이 젖을 짜는 모습, 승려가 젖을 거르고, 거른 젖을 그릇에 받는 모습이 새겨져 있었다.

성경에서 오늘날의 팔레스타인, 즉 가나안(Canaan)을 「젖과 꿀이 흐르는 땅」이라고 기록하고 있다. 기원전 600년경에 석가모니는 도를 터득하고 '나이란자나' 숲에서 선정에 들었을 때, '우르벨라' 촌장의 딸이 바치는 우유와 꿀로 만든 유미죽을 먹고 기력을 회복하였다고 하였다. 또한 인도의 베다(Veda) 경전에도 BC 2,000~3,000년에 우유에 대하여 기록하고 있다. 고대 이집트, 그리스, 로마에서도 우유와 치즈, 버터를 고급식품으로 널리 사용하였던 기록이 많다.

우유는 우리가 필요로 하는 거의 모든 영양소를 골고루 가지고 있다. 이에 따라 우유는 '가장 완전에 가까운 식품(most nearly complete food)'이라고 인정되고 있다. 우유는 영양적인 가치 외에도 치즈, 버터, 요구르트, 아이스크림, 분유, 연유 등 많은 제품으로 가공됨에 따라 우리의 건강과 영양을 지켜주는 동시에 우리의 식생활을 풍요하게 해주는 식품이다.

2) 우유의 영양

1960년대에 1년에 한 사람이 40 g 정도 소비하던 우유가 1970년부터 급속히 증가하여, 2002년에는 국민 1인당 연간 34.9 kg(유제품 전체로는 64 kg)의 우유를 소비하였다.

우유는 그 영양분의 이용이 거의 100%에 가까운 단백질 식품이다. 3.3%의 단백질, 3.4%의 지방, 4.7%의 유당, 0.7%의 회분을 함유하고 있다. 특히 유아기, 성장기, 임신기, 수유기 또는 노년기에 절대적으로 많은 양이 필요한 칼슘(Ca)의 가장 좋은 공급원이며, 단백질의 우수한 공급원이 되고 있다.

우유에는 여러 종류의 단백질이 들어 있다. 우유단백질의 82%를 차지하는 것은 카세인(casein)이다. 나머지 18%에 해당하는 단백질의 대부분은 유장단백질(whey protein)로서 lactalbumin과 lactoglobulin으로 구성되어 있다. 카제인(casein)은 α-casein, β-casein, γ-casein, κ-casein으로 구성되어 있다.

우리가 식품을 선택할 때에는 식품의 영양적인 가치 외에 색깔이나 냄새, 맛 또는 모양, 숙성도 등에 따라 선택하게 되는 경우가 많다. 이러한 점에서 우유와 우유가공 식품은 다음과 같은 여러 가지 장점이 있다.

① 먹기에 편하고 버리는 부분이 없다.

② 목적에 알맞은 성분을 가진 식품을 만들기가 쉽다.

③ 용기 내의 제품 전체가 균일하여 이용에 편하다.

④ 섭취 후 소화가 쉽고 빠르므로 노약자와 환자에게 좋은 식품이다.

⑤ 제품의 포장을 소비하기 편리하게 제조할 수 있다.

⑥ 제품이 다양하므로 식품을 선택하기가 쉽고, 기호성 식품으로서의 장점을 가지고 있다.

⑦ 요리 또는 가공할 때에 유제품은 다른 식품과 잘 어울린다.

⑧ 원료에서부터 가공, 유통, 소비에까지 위생적으로 처리하여 가공 및 유통되는 식품이다.

미국인은 총 비타민 B_2 섭취량의 50%를, 총 칼슘 섭취량의 75% 정도를 우유에서 얻고 있다. 다만 우유에는 인체의 요구량에 비하여 비타민 D, 철분 등이 부족하므로 우유를 많이 마시는 청소년과 노인의 경우에는 이들 영양소의 보충이 필요하다.

우유의 주성분인 단백질, 지방의 소화율은 각각 거의 100%에 가깝다. 그러나 우유의 주 탄수화물인 유당(lactose)은 한국인을 비롯한 동양인, 흑인의 경우 성인에서 유당 소화효소가 분비되지 않아서 때로는 유당 소화장애(milk intolerance symptom)에 의해 우유를 마시면 가스가 생기고, 설사가 나는 경우가 있다. 대부분 하루에 500 ml 정도는 아무런 지장이 없이 우유를 마실 수 있다. 요구르트의 유산균은 장내에서 유당을 소화하기 때문에 요구르트와 함께 마시면 유당 소화에 도움이 된다.

우유는 소화 이용률이 높고, 위와 장의 건강에 좋다. 먹기에 편리하여 모든 연령층의 사람에게 완전한 영양식품이다. 언제 어디에서나 갈증과 배고픔을 없애 주는 영양식품이다.

우유의 단백질에는 필요한 아미노산을 많이 가지고 있어서 심한 운동을 하는 사람에게도 좋은 음식이다. 어린이가 5세 전후가 되면 음식을 먹는 습성이 형성되기 시작한다. 체중에 비해 성장속도는 좀 떨어지지만, 뼈와 치아 등은 계속 성장하게 되므로 단백질, 칼슘, 인, 비타민 D 등을 충분히 섭취해야 한다. 그리고 근육의 발달이 빠르므로 단백질, 비타민, 무기물 등도 충분히 공급되어야 한다. 충분한 피 생산에도 이들 영양소가 잘 공급되어야 한다. 4~6살 어린이는 우유를 하루에 3컵(약 700 ml) 이상 마시는 것이 좋다.

6.2 육 류

식육(食肉)은 소, 돼지, 닭과 같은 축육의 골격근(骨格筋)과 지방조직, 그

리고 먹을 수 있는 내장을 말한다. 양질의 단백질을 함유하며 비타민 B군, 필수지방산과 무기질을 함유한 식품이다. 식육은 근육조직, 지방조직, 결합조직과 골격으로 구분되며, 식용으로 이용되는 부분은 주로 근육조직이다.

동물은 죽은 후 근육 속에 들어 있는 효소의 작용을 받아 근육의 조성과 성상에 여러 가지 변화가 일어나는 자기소화(autolysis)가 일어난다. 즉, 근육은 처음에는 부드러우나 시간이 지남에 따라 굳게 수축되는 **사후경직**(死後硬直, rigor mortis)이 일어나고, 점차 수축이 풀려 연화된 다음 미생물에 의하여 부패가 일어난다.

근육은 도살 직후에는 살아 있는 근육과 유사하여 근원섬유(筋原纖維)의 myosin과 actin의 대부분이 해리되어 부드러운 gel 상태로 존재한다. Myosin에 ATP(adenosine triphosphate)가 흡착되어 actin과의 결합이 방해를 받아 actomyosin의 양이 매우 적다. 그러나 도살 후에는 시간이 경과함에 따라 해당작용(解糖作用)이 일어나 glycogen이 분해되어 유산이 생긴다. 고기의 pH가 6.5 이하가 되면 ATP를 기질로 하는 산성 phosphatase가 활성화되어 ATP가 분해된다. 또한 myosin이 ATP를 잃어 actin과 결합하여 분자가 크고, 점도가 작은 actomyosin이 생성되므로 경직현상을 일으킨다.

사후경직이 최대로 일어나는 시간은 쇠고기의 경우 12～24시간이며, 돼지고기와 닭고기는 이보다 짧다. 온도가 높을수록 빨리 경직이 끝나는데(rigor off), 사후경직은 도살 전에 동물의 상태에 따라 차이가 나며, 그 지속시간도 달라진다.

사후경직 후 고기를 냉장온도(1～5℃)에서 보관하여 숙성시키면 카텝신(cathepsin)이라는 단백질 분해효소에 의하여 근육조직 및 결체조직의 자기소화가 이루어져 고기가 연해지면서 맛이 좋아진다. 파파야, 파인애플, 무화과, 참다래즙을 넣은 고기가 연해지는 것은 파파인(papain), 브로멜린(bromelin), 피신(ficin), 액티니딘(actinidin)과 같은 과일즙에 들어 있는 단백질 분해효소가 작용하기 때문이다.

제 4 장

가공식품

1970년대 이후 경제발전과 소득향상에 따라 우리들의 식생활에서 점차 가공식품의 소비가 늘어나고 있다. 이에 따라 주요 농수축산물 원료에 따른 가공식품의 종류와 특성, 이에 관련된 가공기술에 대하여 알아보자. 그러나 가공식품의 종류가 매우 다양하여 이를 모두 설명하기는 불가능하다. 따라서 크게 원료 및 용도에 따른 가공식품을 분류하고, 이에 따른 대표적인 식품에 대하여 설명하였다.

1. 가공식품의 분류

가공식품의 종류는 분류방법에 따라 다르다. 식품원료에 따른 가공식품의 분류는 표 4-1에서 보는 바와 같이 농산물 가공식품, 축산물 가공식품, 수산물 가공식품, 임산물 가공식품 등으로 구분한다. 그러나 식품원료의 복합적인 성질로, 이를 명확히 구분하기 어려워 가공원료의 주성분에 따라 탄수화물식품, 단백질식품, 유지식품, 원예식품, 기호식품, 즉석식품 등으로 구분하기도 한다.

그리고 식품에 사용된 가공방법에 따라 밀가루, 녹말과 같이 가공식품의 소재로서 가공이 이루어지는 1차 가공식품, 1차 가공에서 얻어진 밀가루를 이용하여 빵이나 라면을 제조하는 것과 같은 2차 가공식품으로 구분한다.

또한 식품가공방법에 따라 분류하기도 한다. **물리적 방법**으로는 식품원료를 도정, 분쇄, 추출, 여과, 압착, 체질, 농축, 증류, 건조, 진공, 가압 등 물리적인 변화를 주어 가공하는 것이다. 식품을 가공하기 위한 기초적인 이론인 각 단위조작(Unit Operation)은 식품공학에서 다룬다.

화학적 방법은 식품원료에 산 또는 알칼리 처리, 식염처리, 효소처리, 표백

표 4-1. 식품가공 원료에 따른 가공식품의 종류

종 류	원 료	가공식품
농산물 가공식품	곡 류 두 류 서 류 채 소 과 일 유 지 향신료 기 타	쌀, 밀가루, 국수, 라면, 술, 녹말, 물엿, 포도당, 식혜 두유, 두부, 콩나물, 간장, 된장 녹말, 물엿, 포도당, 당면 김치, 건조채소, 통조림, 절임 통조림, 잼, 주스, 시럽, 술, 퓨레, 케첩, 건조과실 식용유, 튀김기름, 마가린, 마요네즈, 쇼트닝 천연향신료, 조미료, 식초, 소스 녹차, 홍차, 커피, 코코아
축산물 가공식품	식 육 우 유 기 타	식육, 통조림, 훈연제품, 햄, 소시지, 베이컨 우유, 연유, 분유, 발효유, 버터, 치즈 벌꿀, 유지, 마요네즈
수산물 가공식품	어 류 갑각류 해조류 연체동물 기 타	건제품, 염장품, 젓갈, 어묵, 통조림, 어간장 염장 및 젓갈가공품, 어간장, 건제품 건제품, 염장품, 조미품, 한천, 알긴산, 카라기난 염장 및 젓갈가공품, 통조림, 건제품, 조미가공품 건제품, 젓갈, 건강보조식품
임산물 가공식품	버섯, 죽순, 산나물, 종 실, 약용식물	통조림, 건조제품, 술(리큐르)

등 가공방법이 이용된다. 미생물에 의한 방법으로는 미생물 또는 이들이 분비하는 효소작용을 이용한 것으로 절임, 알코올 발효, 산 발효, 젓갈 담금 등을 들 수 있다. 발효식품은 제 5장에서, 생화학적인 기술을 이용한 식품은 제 6장에서 별도로 다루었다.

식품산업은 식품원료의 수확, 수집, 저장, 가공, 포장, 판매, 소비 등 각 유통단계를 포함한다. 따라서 넓은 의미에서 식품산업은 식품가공업은 물론 식품원료의 수집, 중계업, 운수 보관업, 식품 제조기계 또는 용기와 포장 제조업, 외식산업, 식품의 도매업과 소매업을 포괄한다.

식품산업에 따른 분류로는 식품 소재산업, 식품 가공산업, 식품 유통산업으로 구분할 수 있다.

① 식품 소재산업 : 제분, 제당, 전분 및 전분당, 식품첨가물, 식품포장, 제과, 제빵, 제면, 라면 등

② 식품 가공산업 : 육가공, 유가공, 조미료, 조미식품, 음료, 주류, 수산가공식품, 냉동식품, 식용유지, 장류, 절임식품, 인삼제품, 건강보조식품, 연식품, 잼 및 통조림식품, 싹기른식품, 외식산업

③ 식품 유통산업 : 백화점, 슈퍼마켓, 편의점, 할인점 등

가공식품의 소비가 그 시대의 인구와 가족에 의한 요인, 경제 및 산업적 요인, 사회 및 문화적 요인 등에 의해 식품산업, 식생활문화, 식품 소비양식 등도 변화된다. 따라서 이러한 요인의 변화를 예측하여 보면 미래에 소비자가 원하는 가공식품의 발전방향을 알 수 있다.

2. 곡류 가공식품

2.1 곡류의 1차 가공

1) 쌀의 가공

(1) 도정

현미(玄米)는 그림 4-1에서 보는 바와 같이 과피, 종피, 호분층, 배유로 구성되어 있으며, 바깥쪽은 겉껍질이 붙어 있다. 쌀 조직은 배유 : 배아 : 외피 = 92 : 3 : 5의 비율로 되어 있다. 수확한 벼는 탈각(dehulling)하여 왕겨를 벗겨 내고, 현미의 바깥으로부터 과피, 종피, 외배유, 배아를 제거하여 배유부를 얻는 공정인 도정(搗精)을 통하여 백미(白米)를 얻는다.

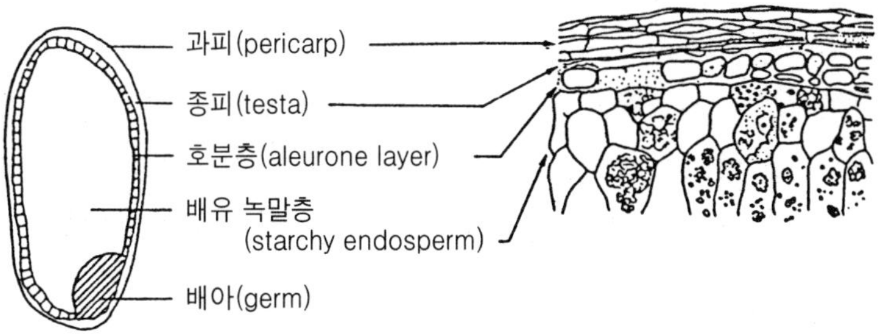

그림 4-1. 현미의 조직

쌀은 배유부가 비교적 단단하고, 바깥쪽은 조금 부드럽다. 바깥에서 호분층까지의 등겨층을 벗겨 내고 배유부를 남게 하는 조작을 도정이라고 하며, 쌀을 도정하는 경우는 정백(精白)이라고도 한다.

쌀, 보리 등 곡류를 도정하는 기계를 도정기라고 한다. 현미(玄米)의 등겨층을 제거하는 도정기를 정미기, 보리를 도정하는 기계를 정맥기라고 한다. 도정기에 의해 도정이 이루어지는 원리는 곡립 사이에 마찰(friction), 찰리(resultant tearing), 절삭(shaving 또는 tearing)과 충격(impact) 등의 작용에 의해 이루어진다.

배아에는 단백질, 지방, 비타민 B_1이 많이 들어 있어 식용미로 도정할 때는 영양적으로 중요한 호분층과 배아가 제거되므로 도정의 정도는 영양분과 소화율에 영향을 준다. 왕겨층을 제거한 현미를 도정하면 과피와 종피, 호분층, 배아가 제거된 백미(白米, polished rice)와 부산물로서 쌀겨(米糠, rice bran)를 얻게 된다. 쌀겨에 섞인 배아에는 18% 정도의 기름을 함유하고 있다.

쌀겨에서 헥산(hexane)으로 기름을 추출한 다음 탈검, 탈색, 탈취 공정을 거쳐 정제한 기름을 쌀겨기름(米糠油)라고 한다. 정제한 쌀겨기름에는 유리지방산 함량이 0.1% 이내이며, 불포화지방산이 80% 이상으로 땅콩기름과 비슷한 지방산 조성을 갖는다.

영양적인 측면을 고려하면 배아에 들어 있는 영양분을 백미 중에 그대로 유지할 필요가 있다. 배아가 쌀겨 속에 들어가는 것을 방지하여 도정한 쌀을 배아미(polished and embryo retaining rice)라고 한다.

도정이 끝나면 여러 가지 제강장치에 의해 쌀알과 겨를 분리한다. 또한 정선기를 사용하여 싸라기, 돌, 모래 등을 제거한 다음 포장하여 제품화한다. 일반 도정시설에 색채 선별기, 입형 분리기 등을 설치하여 착색립, 파쇄립, 싸라기 등을 제거한 완전미(head rice)의 생산을 통하여 브랜드쌀이 시판되고 있다.

정미를 씻을 때 발생하는 겨를 기계적으로 완전히 제거한 무세미(無洗米, bran grinding rice)가 일본 동양정미기제작소에서 개발되어 그 수요가 늘고 있다. 취반하는 경우 쌀을 씻지 않아도 되기 때문에 편의성을 부여할 뿐만 아니라 외식산업에서의 노동력을 줄일 수 있고, 환경오염을 방지할 수 있다. 무세미 제조에서 생기는 겨를 과립화하여 유기질비료로 이용한다. 국내에서는 백미를 씻은 후 원심 탈수하여 건조한 '씻어나온 쌀'로서 개발되었다.

(2) 쌀의 1차 가공

Indica type의 쌀은 부스러지기 쉽기 때문에 침지·증자하여 녹말을 호화시

킨 다음, 건조하여 표면을 강인하게 만드는 parboiling법이 있다. Parboiling법으로 처리하면 쌀알이 단단해져 탈곡이 잘 되며, 저장성이 향상된다. 이 방법은 수확한 벼를 침지하는 과정에서 발효가 일어나거나, 왕겨로부터 냄새 성분이나 황색색소가 옮겨지는 단점이 있다. 이러한 결점을 보완하기 위하여 진공장치를 이용하여 침지시간을 단축하여 만든 converted rice가 있다.

이외로 쌀을 가공한 제품으로서 알파미(α-米), 팽화미(puffed rice), 강화미(fortified rice), 즉석미(instant rice), 포장떡이나 제과용으로 이용하는 쌀가루 등이 있다.

강화미는 세척 도중에 손실되는 쌀의 영양분을 강화시킨 것으로, 정미에 비타민 B_1, B_2, 나이아신, 철 등을 용해한 용액을 분무시켜 1차 피막을 입히고, 단백질 등으로 2차 피막을 입혀 건조시킨 것을 백미와 200 : 1의 비율로 혼합한 것을 말한다.

백미나 현미 등에 상황버섯, 영지버섯, 아가리쿠스, 동충하초, 홍버섯 등 버섯균을 배양한 다양한 버섯쌀이 기능성 쌀로서 개발되었다. 그리고 활성비타민, DHA, 토코페롤, 칼슘, 올리고당, 인삼 등 유효물질을 코팅한 쌀 등이 있다.

α-화미 또는 즉석미(instant rice)는 백미를 물 또는 묽은 초산용액에 충분히 침지시킨 다음 증자하여 쌀 녹말을 호화시킨 후, 80~120℃의 열풍으로 8% 정도의 수분함량이 되도록 건조시킨 제품이다. 뜨거운 물을 가하거나 단시간 가열로 취반이 가능하기 때문에 야외용 또는 비상용으로 이용할 수 있다.

2) 곡류의 가공

보리쌀, 옥수수 등은 겉껍질, 호분층 등이 남아 있어서 소화가 잘 안 되고 맛이 좋지 않으므로 용도에 맞게 가공한다. 보리를 압편시켜 압맥(壓麥, rolled barley)으로 만들거나, 곡류를 잘게 부순 만할곡류(crushed cereals), 또는 팽윤시켜 만든 튀긴곡류(puffed cereals) 등으로 가공하여 곡물의 이용성을 높이거나 맛을 좋게 한다.

일반적으로 보리는 압편에 의해 가공한다. 옥수수・귀리 등은 만할곡류의 형태로, 그리고 쌀은 튀긴쌀(puffed rice) 형태로 가공한다.

압맥을 만들 경우는 정맥을 수분 14~16%로 조정한 후, 60~80℃의 수증기에 의한 간접가열 방식에 의해 연화시킨다. 증기분사실에서 포화증기 또는 260~300℃의 과열증기를 불어넣어 20~30%의 수분을 함유하도록 하여 유연성을 준 다음 압편 롤러를 거쳐 가공한다.

표 4-2. 보리를 이용한 주요 가공식품류

가공형태	1차 가공제품	2차 가공제품
도정, 기타 가공	정맥, 압맥, 백맥, 강화가공맥	쌀보리밥
제 분	보릿가루, 복합분	장류제품, 면류 등 분식제품, 빵
맥 아	장류, 단맥아	맥주, 주정, 물엿, 감주
배 초	볶은 보리, 볶은 보릿가루	보리차, 미싯가루

보리를 이용한 가공식품류는 표 4-2에서 보는 바와 같다. 그리고 밀은 1차 가공으로서 제분하며, 여기에서 얻어진 밀가루는 빵, 국수, 라면, 과자, 스낵식품 등으로 2차 가공한다.

2.2 쌀 가공식품

주식용으로 사용되는 쌀의 1인당 소비량은 1970년에 136.4 kg에서 1990년에는 120 kg으로 점차 줄어들면서, 1997년에는 97 kg으로 줄었다. 2002년에는 87 kg으로 줄었으며, 2003년에는 83.2 kg으로 계속 감소하는 경향을 보였으며, 밀가루의 소비량은 증가하였다.

쌀은 값이 비싸기 때문에 다른 곡류에 비하여 가공식품용 원료로 이용하는 비율이 낮았다. 그러나 1990년대 후반 이후 국내에서는 취반용 쌀의 소비량이 계속 줄었고, 쌀 재고량이 늘어나면서 저장시설의 한계와 고미화(古米化) 등으로 쌀을 이용한 가공식품에 적극적인 관심을 보이기 시작하였다.

비축미(備蓄米)로서 오래 저장하였던 쌀로서 취반용으로 맞지 않은 묵은쌀(古米) 등은 떡, 제과, 시리얼식품 등 가공식품의 제조에 사용하고 있다. 즉, 라면제조에 쌀가루(米粉)를 혼합하여 제품화하기 시작하였으며, 쌀을 이용한 과자 등 스낵식품이 많이 선보이고 있다. 그리고 탁주를 비롯한 민속주뿐만 아니라 맥주제조에도 쌀을 일부 이용하고 있다.

밥통조림은 백미와 물을 통에 넣고 100℃에서 20분간 가열하여 탈기한 다음 밀봉하여 113℃에서 80분간 가열살균하여 제조한다. 냉동쌀밥은 건조쌀밥이나 레토르트쌀밥에 비하여 밥알의 원형이 비교적 잘 보존되어 있다. 전자레인지나 열탕에서 10~20분 정도 데워 먹을 수 있어서 편의성을 갖는 제품으로 인기가 있다.

일본에서는 1987년에 쌀을 이용한 가공식품의 총 생산량은 14만 4천 톤으로, 이 중에 레토르트쌀밥, 냉동쌀밥 등 쌀밥류가 6만 6천 톤으로 전체 쌀가공식품의 46%를 차지하고 있다. 이 외는 포장떡, 스낵으로 많이 가공되고 있다. 냉동쌀밥은 건조쌀밥이나 레토르트쌀밥에 비하여 밥알의 원형이 비교적 잘 보존되어 있고, 전자레인지나 후라이팬으로 간편하게 데워 먹을 수 있어서 인기가 높다(표 4-3). 이후 레토르트밥은 비상식으로 이용에 한정되면서 급속히 감소하였고, 냉동필라프, 무균포장밥, 냉동밥류 등 가공밥의 전체 시장규모는 2003년에 38만 톤에 이를 정도로 성장하였다.

우리나라에서도 1996년부터 무균포장밥을 생산하기 시작하였으며, 죽 제품으로 40여 개 품목이 개발되었다. 그리고 쌀국수, 쌀냉면, 쌀쫄면 등도 시판되고 있다. 이 외에도 쌀라면, 증숙면, 즉석비빔국수 등의 면류와 뜨거운 물만 부어 5~7분 후에 먹을 수 있는 즉석 건조쌀밥, 스프가 첨가된 즉석고기덮밥, 즉석쌀죽 등이 있다. 음료로는 즉석 식혜, 쌀요구르트, 즉석 미싯가루가 있

표 4-3. 쌀 가공식품의 종류

종류별	구 분	제품 예
쌀밥류	레토르트쌀밥	팥밥, 흰밥, 오곡밥, 산채볶음밥
	쌀밥통조림	팥밥 등
	즉석쌀밥	컵라이스, 녹차밥 등
	알파화미	흰밥, 팥밥, 산채볶음밥, 오곡볶음밥 등
	냉동쌀밥	새우비빔밥, 중화볶음밥 등
	전자레인지용	새우비빔밥, 치킨라이스 등
가공미류	강화미 등	간단히 취반할 수 있는 현미, 새로운 비타민 강화미 등
포장떡미	포장 찹쌀떡	세절형, 판상형, 구형
당고류	당 고	냉동멥쌀당고, 진공포장당고 등
국수류	쌀국수	라이스누들, 생면, 건면 등
즉석 죽류	현미밀	미분, 죽통조림, 압편현미
	죽	흰죽, 현미죽, 야채죽
	이유식	쌀죽, 혼합죽 등
빵 류	쌀 빵	쌀빵, 크래커타입 등
스낵류	라이스스낵	현미크래커, 컨트리모닝 등
곡분류	곡 분	알파화미
주 류	와인형태의 술	라이스와인(rice wine) 등

으며, 현미플레이크, 청결미, 알파미분, 쌀고기 등도 주요 개발품목이다.

우리나라도 일본과 비슷한 관습과 식생활, 생활패턴을 이루고 있다. 앞으로 생활의 간편화 등 사회여건의 변화에 따라서 이와 유사한 형태의 제품 수요가 증가할 것으로 보인다.

2.3 밀가루 가공식품

밀을 제분한 밀가루는 단백질 함량에 따라 강력분·중력분·박력분으로 구분하며, 그 사용용도가 다르다(표 4-4). 우리나라의 경우 3/4이 중력분 밀가루이며, 나머지는 강력분과 박력분이 각각 절반 정도이다.

밀가루의 용도별 소비량에서 가정용 및 요식업소용은 점차 감소하고 있으나 제면, 제과, 제빵은 꾸준히 증가하여 전체 소비량의 60% 이상을 차지한다. 제분공업은 시설, 경영, 제품 등에서 그 역사가 50년 정도로 성장기에 있는 산업이라고 할 수 있다. 밀가루의 생산량 증가율은 4%에 불과하였으나, 제빵 및 제면공업의 성장률은 10% 이상으로 식품공업 전체를 비교할 때 빠른 성장세를 보이고 있다. 특히 라면은 북미, 동남아, 아프리카 등에 꾸준한 수출 신장세를 나타내고 있다.

우리나라의 제과 및 제빵공업은 가내수공업적 형태에서 시작되었다. 1960년대 들어서서 양적인 팽창으로 제과와 제빵으로 그 구분이 뚜렷해졌다. 이를 바탕으로 1970년대에는 종합식품업체로 발전한 도약기이었다. 이때까지 제과 및 제빵공업은 철저한 내수공업이었다. 1980년대 들어서면서부터 수입자유화 여파로 국제화시대를 맞아 일부 품목은 국제적인 경쟁체제를 가지게 되었다.

1980년대 초반까지 하더라도 식빵과 단과자류가 주종을 이루었다. 케이크의 경우도 버터크림 케이크의 선호도가 높아졌다. 그리고 보리빵, 옥수수빵, 건강빵 등과 더불어 케이크에 있어서도 당도가 낮고 크림 양이 적은 제품을 찾게 되었다. 또한 1980년대 후반기에는 수입자유화로 유럽식 제품이 국내에 보급

표 4-4. 단백질 함량에 따른 밀가루의 분류와 용도

종 류	글루텐 함량	용 도
강력분	13% 이상	마카로니, 식빵
중력분	10~13%	국 수
박력분	10% 미만	케이크, 튀김, 과자

되면서 한층 고급화되었다. 특히 다이어트식의 확대로 건강빵류를 비롯하여 바게뜨 등 프랑스빵과 페이스트리(pastry) 제품의 신장세가 두드러졌다. 이와 더불어 업계의 대부분이 외국 제과업체와 기술합작의 형태로 대형화, 고급화 되어 가고 있다.

대량 생산체제를 갖춘 국내 대기업은 제과부분에는 롯데, 해태, 동양, 크라운 등이며, 제빵 부분에는 삼립, 서울, 기린, 샤니 등이었다. 고려당, 독일빵집, 뉴욕제과 등 쇼윈도우 베이커리(show window bakery) 제과업체들이 즉석에서 생산하여 공급함으로써 신선한 제품을 소비자에게 전달한다는 목표로 대량 생산체제를 갖추었다.

제일제당이 뚜레주르라는 상호로 냉동 생지빵을 전문으로 하는 새로운 경영 방식의 프랜차이즈(franchise) 가맹사업을 전개하면서 IMF 이후에 고려당, 크라운베이커리의 부도로 구조조정 과정을 거쳤다. 패스트푸드점, 할인 유통점 내의 인스토어 베이커리, 샌드위치 전문점, 커피전문점, 편의점, 유사 프랜차이즈의 난립, 대기업의 기존 제과점 영역에 참여 등 다양한 형태로 변화가 일어나고 있다.

1) 제 빵

빵은 밀가루와 부재료를 넣고 반죽(dough)을 만들어 발효시켜 구운 것이다. 빵류에는 크게 빵과 케이크로 나눈다. 빵(bread)은 좋은 품질의 강력분 밀가루를 주로 사용한 반죽에 효모를 넣어 발효과정을 거치면서 밀단백질의 망상구조(network structure)를 만들어 씹히는 식감(食感)을 갖도록 한 제품이다.

이에 비하여 케이크(cake)는 박력분 밀가루를 주로 사용하여 계란단백질의 기포성과 함기성(含氣性)을 이용함으로써 스펀지 조직을 얻어 부드러운 식감을 갖는 제품이라고 할 수 있다.

빵은 원료, 제조방식, 모양, 굽는 방법 등에 의해 분류하기도 한다. 우리나라 식품공전에는 식빵, 케이크, 빵, 도넛(특수빵)으로 크게 구분한다(표 4-5).

또한 팽창원에 따라 분류하기도 한다. 효모를 사용한 것을 발효빵, 팽창제를 사용한 것을 무발효빵이라고 한다. 발효빵의 대표적인 것이 식빵이다. 그밖에 롤빵(식탁빵), 롤(roll)빵의 원료에 건포도를 넣어 만든 과자빵(burns) 등이 있다. 가열형태에 따라 오븐에 구운 빵, 기름에 튀긴 빵, 그리고 스팀에 찐 빵으로 구분한다.

무발효빵은 밀가루에 우유, 달걀 등과 팽창제를 넣고 여러 가지 방법으로 제조한다. 대표적인 것으로 러스크(rusk, 비스킷의 일종), 머핀, 도넛, 증기빵, 밤

표 4-5. 빵의 분류와 정의

분 류	정 의
식 빵	밀가루 또는 기타 곡분을 주원료로 하여 여기에 식염, 계란, 효모 등을 가하여 발효시킨 후 그대로 냉동시킨 것이나 구운 곳으로서, 대용식을 주목적으로 하는 것
케이크	밀가루, 곡분, 계란, 당류 등을 주원료로 하여 발효시키지 않고 굽거나 증숙한 것
빵	밀가루 또는 기타 곡분을 주원료로 하여 여기에 식품 또는 첨가물을 가하여 발효시키거나 발효하지 않고 냉동한 것, 구운 것 또는 증숙한 것으로서 식빵 및 케이크에 해당하지 않는 것
도 넛	밀가루 또는 기타 곡분을 주원료로 하여 여기에 식염, 효모, 팽창제 등을 가하여 발효 또는 팽창시킨 후 유탕처리 한 것

과자(중생류), 조리빵(샌드위치) 등이 있다. 케이크에는 butter type cake, foam type cake, chiffon cake 등이 있다.

2) 제 과

과자는 쌀가루, 밀가루 등의 곡분(穀粉)과 콩, 설탕, 유지 등을 주원료로 하여 달걀, 유제품, 조미료 등의 재료를 가하여 제조한 기호식품이다. 과자에는 한과, 양과자 등이 있다. 산업적으로 대량 생산되는 것은 양과자로서 수분함량에 따라 나누기도 한다.

한과는 곡물가루에 꿀, 엿, 설탕 등을 넣고 반죽하여 꽃모양, 물고기 모양 등의 판에 박아낸 다음 기름에 지지거나 조려서 만든 과자로 유밀과, 유과, 정과, 다식, 숙실과, 과편, 엿강정 등이 있다(표 4-6).

과자에는 당질과 지질 함량이 많고, 단백질이나 비타민은 적다. 그리고 양과자의 분류는 표 4-7에서 보는 바와 같다. 제과업의 경우 전국에 약 1,600개의 가공업체가 있으나 롯데, 해태, 동양, 크라운 등 4대기업이 70% 이상을 차지하고 있는 실정이다. 대표적인 제품으로는 비스킷, 초코파이, 캐러멜, 캔디, 초콜릿, 웨하스(wafer), 껌 등이 있다.

1983년 9월에 제분공업의 가동률 향상, 다양한 밀가루 가공제품에 대한 알맞은 원료공급, 원료 밀의 수입 다변화에 따른 제분기술의 확립 등을 포함한

표 4-6. 한과의 분류

종 류	정 의
강정 (유과)	찹쌀가루를 주원료로 하여 반죽, 건조, 유탕처리 후 조청 등을 가하여 곡류가공품, 깨 등의 식품을 입힌 것
유밀과	밀가루를 주 원료로 하여 참기름, 당류, 꿀 또는 주류 등을 첨가하고 반죽, 유탕처리한 후 당류 또는 꿀을 가하여 만든 것이나 이에 잣 등의 식품을 입힌 것
정 과	연근, 생강, 모과, 당근, 밤, 대추, 호두 등을 설탕이나 꿀에 조림 것
다 식	콩가루, 쌀가루, 송화가루 또는 녹말 등을 엿이나 꿀로 반죽하여 다식판에 박아낸 것
숙실과	과일을 익혀서 꿀에 조린 것으로 율람, 조란, 생강란 등이 있다
과 편	앵두, 모과, 살구 등의 과육에 꿀을 넣어 조려서 묵처럼 굳힌 후 네모지게 썬 것으로 젤리와 비슷하다
엿강정	물엿 또는 조청 등에 곡류, 볶은 콩, 유지식품, 땅콩 또는 건과류 등을 혼합하여 성형한 것

표 4-7. 양과자의 분류

Parisserie	케이크(cake)	초코케이크, 슈크림, 카스테라(hard type, soft type)
	파이(pie)	파이, 애플파이
	비스킷(biscuit)	쿠키, 크래커
	덴마크빵	버터와 설탕을 다량 넣어 효모에 의해 발효시킨 반죽(生地)을 잘라 성형한 다음 구운 것
	프랑스 빵케이크	
Confiserie	초콜릿(chocolate)	Bitter chocolate, Sweet chocolate, Covering chocolate
	캔디(candy)	드롭프스(drops), 버터스카치, 캬라멜, 유가, 껌
	과실과자	Dry fruits, 젤리
Glace	아이스크림, 샤벳	

밀가루의 자율화 조치가 이루어졌다. 이에 따라 다양한 품질의 밀가루 가공제품의 품질 향상과 발전이 이루어졌다. 비스킷 등 제과공업의 신장세와 제품의 품질 향상과 관련하여 박력분 밀가루의 소비가 늘고 있다. 제과 또는 제빵기계의 개선과 제조기술의 개발 등을 통하여 곡류 가공품의 품질 향상은 물론 소

비의 신장이 기대되고 있다.

3) 면 류

면류(麵類, noodles)는 밀단백질인 글루텐의 점탄성을 이용한 것이다. 중력분 밀가루에 물, 소금을 넣고 반죽하여 길고 가늘게 성형한다. 면류는 일반적으로 건면, 생면, 숙면, 냉동면, 즉석면, 파스타로 구분한다. 그리고 면류는 제조방법에 따라 밀가루 반죽을 길게 빼낸 신연면(伸延麵), 넓게 면대를 만들어 가늘게 절단한 선절면(線切麵), 작은 구멍으로 압출하여 만든 압출면(壓出麵)으로 구분하기도 한다.

이밖에 국수를 만든 후 기름에 튀긴 인스턴트식품으로서 개발된 라면이 있다. 압출면에는 녹말을 호화시켜 만든 전분면과 당면, 그리고 강력분 밀가루를 사용하여 호화시키지 않고 만든 마카로니(macaroni), 스파게티(spaghetti), 버미셀(vermicell), 누들(noodle) 등이 있다.

(1) 선절면

선절면은 생면(生麵) 또는 건면(乾麵) 형태로 제조한다. 건면은 밀가루 100에 대하여 물 30~35, 식염 1~3을 식염수로 가하여 반죽한 후 압연하여 1.8~3.8 mm로 가늘게 자르고, 수분함량이 14~15%가 되도록 건조시킨 다음 포장하여 제품화한다. 원료를 혼합할 때 소금을 3~4% 정도 첨가한다.

(2) 중화면

중화면을 제조할 때에는 탄산나트륨과 탄산칼륨의 주성분인 견수(梘水)를 밀가루의 2~3% 정도 첨가하는 것이 특징이다. 따라서 보통면의 반죽 pH가 6~7인데 비해 중화면은 pH 8~9로 알칼리성을 나타낸다.

(3) 압출면

압출면은 강력분 밀가루를 사용하는 것이 다른 면류와 다른 점이다. 마카로니가 대표적인 제품으로, 유럽과 미국에서 보편화된 식품이다. 밀가루에 부재료와 물을 가하여 반죽을 한 후, 금속판의 다이스(dice)를 통과시키면서 압출하여 회전 절단기(cutter)로 절단하여 제조한다.

(4) 라 면

라면은 다양한 제품의 개발로 계속하여 소비량이 증가하고 있으며, 일상생활에 보편화되었다. 라면을 제조할 때에는 밀가루 이외에 촉감과 인스턴트성을 위하여 달걀, 레시틴 등 여러 가지 첨가물을 사용한다. 제면 후에 고압수증기로 2분 정도 처리함으로써 밀가루 녹말을 호화시킨다. 그 다음 150~160℃의 기름 속에 2분 정도 통과시켜 튀기게 된다.

① 라면의 역사

1958년에 일본의 일청식품(日淸食品)에서 라면 개발이 시작되었다. 이후 수프를 별도로 첨가한 라면의 생산은 1961년 일본 명성식품(明星食品)에서 시작되었다.

국내에서의 라면 생산은 1963년 삼양식품에서 치킨라면이 선을 보인 이래, 1965년 롯데공업(현재 농심)에서 롯데라면이 생산되면서 활성화되었다. 뒤이어 신한제분의 닭표라면, 동방유량의 해표라면, 풍년식품의 아리랑라면 등이 생산되면서 치열한 경쟁을 벌였다.

1969년에 이르러 삼양과 농심만이 제면업계에 남아 있다가 1983년에 한국야쿠르트가, 그 뒤를 이어 청보(현재 오뚜기식품), 빙그레가 참여하였다. 시장확보를 위한 지나친 경쟁과 신제품 개발 및 연구에 주력하는 방향으로 바뀌고 있다.

라면은 조리의 간편성과 저렴한 가격으로 소비자의 눈길을 끌기 시작하였다. 정부의 혼분식 장려정책에 힘입어 간식대용 및 서민층의 주식 대체용으로 각광을 받기 시작하였다. 1963년도의 생산량이 100만 식에 불과하였으나, 1988년도에는 이미 33억 식을 상회하여 1인당 소비량이 80식에 이르는 제2의 식량으로 급속한 성장을 계속하여 왔다. 최근에는 세계 생산량의 10% 정도인 40억 식을 생산하고 있다.

② 면의 제조

제면의 주원료인 밀가루 투입 자동화, 혼합기 용량의 대형화, 납형 자동화, 포장의 고속 자동화, 롤링(rolling) 방법의 개선 등이 꾸준히 이루어져 왔다. 라면의 안정성에 영향을 주는 유탕공정(油湯工程)은 초기 직화식에서 간접가열식인 열교환 방식으로 바뀌었다. 새로운 기름의 회전율도 초기 18시간에서 6시간 이하로 단축시켜 산가(酸價)를 0.3 이하로 하고 있다.

증기가열로 인하여 면에 들어 있는 녹말의 호화가 이루어진다. 튀김기름으로서 초기에는 돼지기름과 참기름의 혼합물을 사용하였다. 이후 고소한 맛을 내기 위하여 쇠기름을 사용하여 오다가, 공업용 우지의 사용으로 인한 파동을 겪은 후로 1979년부터 팜유(palm oil)로 대체하여 사용하게 되었다.

라면을 기름에 튀기는 것은 조미 효과보다는 기름의 내부 침투를 적게 하는 것과 탈수를 목적으로 한다. 수분함량이 40~50%이었던 면이 끓는 기름가마를 통과하면 수분이 5% 정도가 된다. 이를 냉각시킨 후 포장하여 제품화한다.

③ 수프의 제조

수프를 제조할 때 육추출물의 분해방법을 초기에는 직화식 가열분해 방식에서 효소분해법으로 바뀌어 풍미의 손실이 적고 에너지의 소비가 줄었다. 또한 농축방법은 상압농축에서 진공농축으로, 그리고 회분식에서 연속식으로 자동화되고 있다. 점차 화학합성품의 사용량이 줄고 천연원료의 사용량이 증가하는 추세이다.

건조기술의 향상으로 직화식 열풍건조방식에서 진공건조 또는 분무건조방식으로 발전되었다. 풍미보존을 위하여 동결건조방법의 도입으로 수프에 사용한 원료의 색깔유지는 물론 조직감의 향상, 영양성분의 손실을 줄이는 등으로 라면품질의 향상을 보게 되었다.

1980년대 들어서는 라면의 끓여서만 먹는다는 고정관념을 깨고 끓은 물을 부어서 2~3분 만에 먹을 수 있는 용기면(컵라면)이 개발되었다. 이는 호화온도가 낮은 가공전분의 사용과 면의 굵기 조절 등을 통하여 호화온도를 낮추어 면의 복원성과 조직감의 향상으로 조리시간이 단축되었다.

(5) 당면(唐麵)

고구마 녹말은 밀가루와 같은 점성이 없다. 따라서 녹말 호화액을 가늘게 뽑아 얼린 다음, 천천히 녹이면서 물을 빼고 바람이 잘 통하는 곳에서 건조시켜 만든 제품이 당면이다.

3. 단백질 가공식품

식물성 단백질 식품원료의 대표적인 콩(大豆)은 대부분 제유원료(製油原料)로 사용되며, 탈지대두박은 주로 사료로 이용되고 있다. 그러나 동양에서는 옛날부터 다양한 대두가공식품을 만들어 먹었다. 발효식품으로는 간장, 된장,

납두(natto), 템페(tempeh), 수푸(sufu) 등이 있다. 비발효식품으로는 두유(豆乳, soy milk), 두부, 동결 건조두부, 압착두부, 튀긴두부, 유부(油腐), 콩나물, 채소용 콩, 볶은 콩(soynuts) 등이 있다.

대두를 식품으로 이용하는 비율은 세계적으로는 평균 10%인데 비하여 중국이 58%로 가장 높고, 한국이 23%, 일본이 17%이며, 미국은 1%에 불과하다. 대두는 좋은 단백질원으로서 뿐만 아니라 isoflavone 등 여러 가지 생리활성물질을 함유하고 있어서 가공식품 용도로 이용이 확대되고 있다.

템페는 인도네시아에서 껍질을 벗겨 삶은 콩에 *Rhizopus oligosporus* 균을 접종하여 발효시킨 제품이다. 납두는 일본에서, 그리고 수푸는 동남아시아 국가에서 콩을 이용한 발효식품으로 제조되고 있다. 또한 두유를 발효시켜 만든 치즈나 요구르트와 비슷한 대체 낙농제품을 만들기도 한다. 콩을 이용한 발효식품은 제5장에서 별도로 설명하였다. 그리고 식품원료 중에 단백질 함량이 많은 축산가공식품과 수산가공식품은 뒤에 설명하였다.

3.1 두부제품

두부(豆腐)는 가격이 싼 양질의 단백질 식품이다. 우리나라를 비롯하여 일본, 중국에서 널리 소비되고 있다. 수분함량이 80~88%로 부패하기 쉽기 때문에 제조 후 즉시 소비해야 하는 단점을 가지고 있다.

압착, 건조, 튀김 등에 의해 수분함량을 줄여 보존성이 향상되고, 독특한 조직을 갖는 다양한 두부제품을 만들 수 있다. 두부를 만들 때는 대두를 물에 충분히 불려 마쇄를 한 다음, 끓이고 나서 여과하여 불용성 성분을 제거한다. 여기에서 얻어진 두유(豆乳)에 응고제를 넣어 20~30분 동안 응고시킨 후 유청(whey)를 제거하기 위하여 압착한 것이다. 유청을 제거하지 않고 만든 두부가 연두부(soft tofu)이다.

응고제에는 염화칼슘, 황산칼슘, 글루코노락톤(glucono-δ-lactone) 등이 있다. 응고제로서 글루코노락톤을 사용하였을 경우, 단백질의 망상구조(網狀構造)가 균일하여 조직이 부드러우며, 보수력이 좋아 수율을 높일 수 있다. 그러나 조직이 너무 연하고, 응고제가 분해되면서 생기는 글루콘산 때문에 약간 신맛이 있는 단점이 있다.

이러한 단점을 보완하기 위하여 글루콘산 칼슘(calcium gluconate)을 사용하면 좋은 효과를 볼 수 있다. 황산칼슘과도 혼용이 가능하여 앞으로 이용 확

표 4-8. 두부 가공제품의 일반 성분(%)

제 품	수 분	단백질	지 방	탄수화물	회 분
두 부	88.0	6.7	3.5	1.9	0.6
튀긴두부(abrage)	44.0	20.4	31.4	2.8	1.4
동결 건조두부	10.4	58.8	26.4	7.0	2.6
유바(yuba)	8.7	57.6	24.1	11.9	3.0
압착두부	61.6	22.0	11.0	6.1	1.9
압착 건조두부	28.0	39.6	19.7	8.7	4.0

대가 기대된다. 두부 가공제품의 일반성분은 표 4-8에서 보는 바와 같으며, 그 종류에 대하여 알아보자.

1) 동결 건조두부

동결 건조두부는 응고제로 황산칼슘보다는 염화칼슘을 사용하여 일반 두부를 제조한 다음, 수분함량이 약 78%가 되도록 압착한다. -10～-20℃에서 동결하고, -3℃ 정도에서 약 3주간 유지시킨 후 건조시켜 제품화한 것으로, 동결비용이 많이 들고, 제조기간이 긴 것이 단점이다.

2) 압착두부

일반 두부를 여과포에 넣고 수분이 약 62%가 되도록 압착하여 탈수시킨 제품이 압착두부이다. 압착두부를 설탕용액에 침지하여 색상과 풍미를 부여하고 보존성을 개선시키기도 한다. 그리고 간장, 식용유, 향신료 등을 혼합한 조미액에 침지하여 조미 압착두부를 제조하기도 한다.

중국에서는 이를 더욱 압착시켜 조직을 단단하게 만든 두건(doufukan)을 제조한다. 여기에 간장, 기름 및 조미료에 담갔다가 건조시킨 배향건(wuhsianng kan) 두부도 제조한다.

3) 튀긴두부

튀긴두부는 두부를 얇게 절단한 다음, 식용유에 튀겨서 만든다. 색상은 황색을 띠고, 표면 조직이 견고하며, 지방 함량이 높다. 이것은 튀기는 과정에서 수분이 증발되어 제품의 보존기간이 길어진다. 이 외의 두부제품으로는 다음과 같은 것들이 있다.

① 두유를 건조시켜 분말화 하고, 응고제를 혼합하여 편의성을 부여한 인스턴트두부

② 두유를 가열할 때 표면에 생기는 얇은 막을 건져내어 건조시킨 유바(yuba)

③ 일본에서 제조되는 두유를 85~90℃로 가열한 뒤 응고제를 넣고 저어준 후, 20~30분간 방치하였다가 냉장하여 응고시킨 기누고시(kinugoshi) 두부

④ 두부를 발효시켜 만든 발효두부

⑤ *Actinomucor elegans*와 *Penicillium candidum*을 접종시켜 발효시킨 콩치즈(soybean cheese)

3.2 두 유

두유(豆乳, soybean milk)는 콩국 형태로 먹어 왔던 식품이다. 동물성 우유에 다량 들어 있는 락토오스(lactose)를 소화할 수 없는 데에서 생기는 알레르기성 체질인 유아의 대용식이나 우유의 대체용으로 소비가 늘어감에 따라 생산량이 많아지고 있다.

두유제조에 가장 문제가 되는 것은 콩 냄새이다. 향미성분 중에서 n-hexanol이 가장 크게 작용하는 것으로 보인다. 단백질 분자 속에 소수결합으로 둘러싸여 있어, 일반적인 정제방법으로 제거하기가 어렵다. 대두를 침지를 한 다음 마쇄할 때 대두 중에 있던 lipoxygenase가 대두유와 반응하여 여러 가지 산화생성물을 만든다.

이 중에서 냄새에 크게 관여하는 ethyl vinyl ketone 등이 생성되어, 이것이 두유 속에 0.5 ppm만 존재해도 콩의 비린 냄새가 나게 된다. 콩 냄새를 masking하거나 제거하기 위한 여러 가지 탈취법이 고안되었으나 완전하지 못하다. 입상(粒狀) 활성탄을 이용하거나, 미생물 효소처리에 의한 방법 등이 고안되어 일부 이용되고 있다.

두유에 CPP(casein phosphopeptide), DHA, taurin과 coline, nucleotide, 바나나 농축액, 검은콩, 검은 참깨, 칼슘, 녹차 등을 첨가한 다양한 제품이 생산되면서 소비가 늘었다. 특히 칼슘성분을 강화한 제품의 소비가 두드러졌다. 이외로 콩을 이용한 간장, 된장 등 발효식품은 제 5장에서 다루었다.

4. 유지 가공식품

세계 유지 생산량 약 1억 톤 중 약 80%가 콩기름, 팜유, 유채기름(rapeseed oil 또는 carola oil), 면실유 등의 식물성 기름이다. 유지 생산량의 80%가 식용유 또는 식품가공 원료로 이용되고 있다. 나머지 20% 정도는 가축사료, 비누제조, 지방산 유도체의 제조 등 유지이용 공업의 원료로 이용되고 있다.

국내의 유지 생산량은 4만 톤 정도로서, 이 중에서 90% 이상이 참기름, 유채기름, 쌀겨기름(米糠油), 들기름 등 식물성 기름이다. 국내 농업은 국제경쟁력을 잃어 대두와 팜유의 수입증가로 국내에서 유지원료의 생산이 위축되었으며, 특히 유채기름의 생산이 크게 감소하였다. 유지 수요가 매년 증가함에 따라 국내 자급률이 크게 떨어져 유지 총 수요량의 대부분을 수입한 원료에 의존하고 있다.

유지의 분류는 그림 4-2와 같이 구분한다. 용매추출법에 의한 대표적인 대두유의 제조공정도는 그림 4-3에서 보는 바와 같다. 유지원료로부터 전처리 공정을 거쳐 채유(採油)한 원료유지(crude oil)에는 유지의 주성분인 트리글리세리드(triglyceride) 외에 여러 가지 불순물이 들어 있다. 불순물로서는 수분, 흙이나 모래, 섬유질, 단백질, 탄수화물, 인지질, 유리지방산, 색소, 냄새물질 등이 있다. 이들 불순물을 제거하기 위한 유지의 정제에는 다음과 같은 방법이 이용된다.

① 여과 또는 원심분리에 의한 불용성 물질의 제거(전처리)
② 수화(hydration) 등에 의한 유지 중의 가용성 물질의 제거(탈 gum)

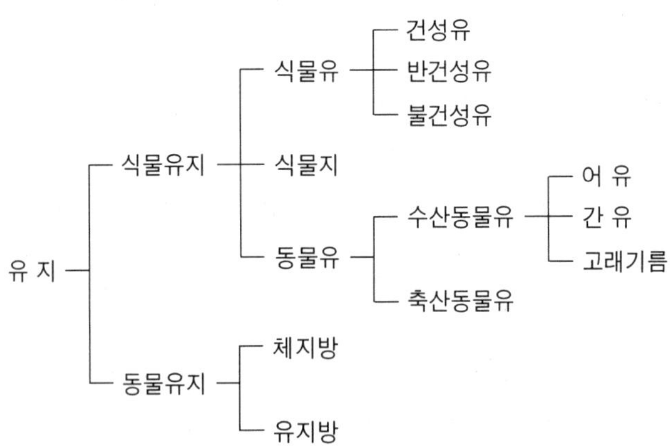

그림 4-2. 유지의 분류

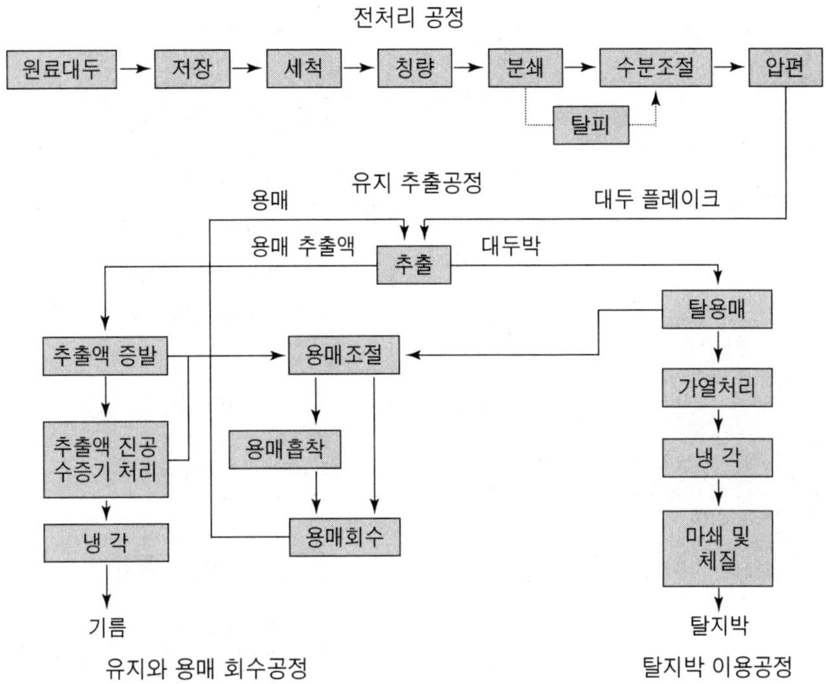

그림 4-3. 대두유 제조의 전처리 및 용매추출 공정도

③ 알칼리 또는 증류에 의한 유리지방산의 제거(탈산)
④ 흡착제, 화학처리 또는 열처리에 의한 색소물질의 제거(탈색)
⑤ 진공 수증기 증류에 의한 휘발성 물질의 제거(탈취)

유지는 여러 가지 변패요인에 의해 산화가 일어나며, 유지 가공식품의 변질이 일어난다. 이를 크게 리파아제(lipase)와 같은 효소작용에 한 생물학적 과정, 자동산화반응에 의해 유지가 분해되는 화학적 과정으로 나눌 수 있다. 유지 또는 유지를 사용한 가공식품의 안정성에 미치는 변동요인은 그림 4-4에서와 같이 종합할 수 있다. 유지의 산화에 관여하는 요인이 매우 다양하여 유지 가공식품의 변질을 방지하는 일이 결코 쉽지 않음을 알 수 있다.

정제가 끝난 기름은 튀김용 기름, 샐러드기름과 같이 식용유로 이용한다. 그리고 수소첨가(hydrogenation)에 의한 경화유(硬化油)의 제조, 에스테르교환반응(esterification)에 의하여 유지의 성질을 바꾸기도 하며, 분별법(fractionation)에 의하여 유지의 가공적성을 높인다. 이와 같이 제조한 가공유(加工油)를 이용하여 다음과 같은 유지 가공식품을 제조하여 그의 이용범위를 넓히고 있다.

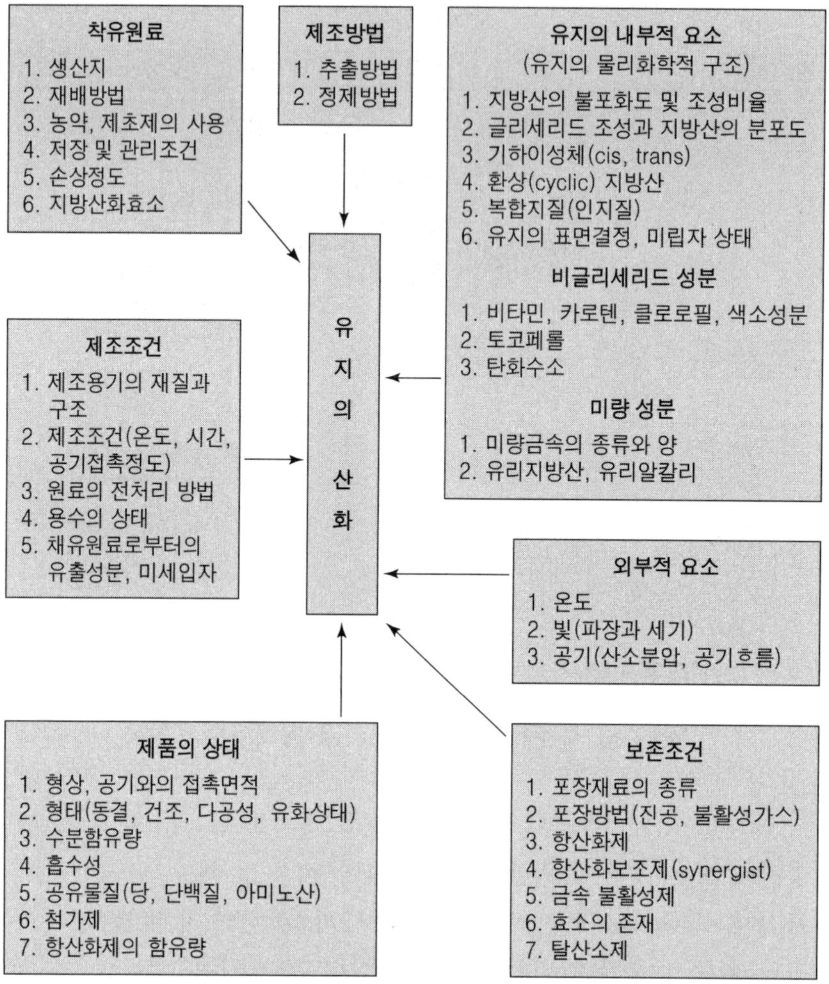

그림 4-4. 유지와 유지식품의 보존안정성에 영향을 주는 요인

1) 마가린

마가린(margarine)은 정제한 식용, 동식물성 유지, 식용 경화유, 또는 이들의 혼합물에 물 등을 가하여 유화, 급냉, 연합하여 버터와 비슷하게 만든 것이다. 즉, 식용 유지에 물과 첨가제를 가하여 유화시킨 후 급냉하여 숙성시켜 만든 가소성(plasticity)과 유동성을 갖는 버터 유사품이다.

마가린은 유지성분이 80% 이상, 수분 함량이 17% 이하이어야 한다. 미국 등지에서는 유지성분이 40%인 저칼로리 마가린도 시판되고 있다. 대표적인 마

표 4-9. 마가린의 원료

원 료	배합량	원 료	배합량
유 지	80～82%	보존료	0.01～0.05 %
수 분	16～20	산화 방지제(BHA 등)	0.01～0.02
우유 고형분	0～2	향 료	0.001～0.002
소 금	0～2	착색료(β-carotene 등)	0.06～0.1
유화제		비타민 A	1.5～3.0만 IU/450 g
Monoglyceride	0.2～0.5		
Lecithin	0.1～0.3		

가린 원료의 배합비율은 표 4-9에서 보는 바와 같다.

조리용이 아닌 테이블 마가린은 체온보다 약간 낮은 온도에서 완전히 녹아야 왁스(wax)같은 느낌을 갖지 않는다. 냉장고에 막 꺼낸 상태에서 빵에 바를 때 고르게 퍼지도록 하기 위하여 지방의 양을 줄이고, 유화제의 양을 약간 늘린 스프레드(spread)가 있다.

2) 쇼트닝

쇼트닝(shortening)은 '정제한 식용 동식물성 유지, 식용 경화유, 또는 이들의 혼합물을 급냉, 연합하여 가공한 크림 상태 또는 고형 상태'라고 정의하고 있다.

쇼트닝은 가소성 유지로 제과・제빵 등에 널리 이용된다. 밀가루반죽에 첨가하여 제과나 제빵에 조직이 연하고 잘 미끄러지도록 하여 제품이 바삭바삭하고 잘 부서지는 느낌이 들도록 하는 목적으로 사용한다. 원료유지로는 식물유지의 사용량이 많아지고 있으며, 이 중에서 팜유의 사용이 현저하게 증가하였다.

3) 마요네즈

마요네즈(mayonnaise)는 식용 식물유, 식초, 난황, 조미료, 향신료 등을 혼합하여 O/W(oil in water)형으로 유화시킨 점조한 반고형 상태의 제품이다(그림 4-5). 마요네즈의 성분은 수분이 12～16%, 조단백질이 2～3%, 조지방이 70～80%, 회분이 1～2%로 되어 있다. 원료 식용유로는 면실유, 옥수수기름, 콩기름 등이 쓰이는데, 국내에서는 콩기름이 가장 많이 사용되고 있다.

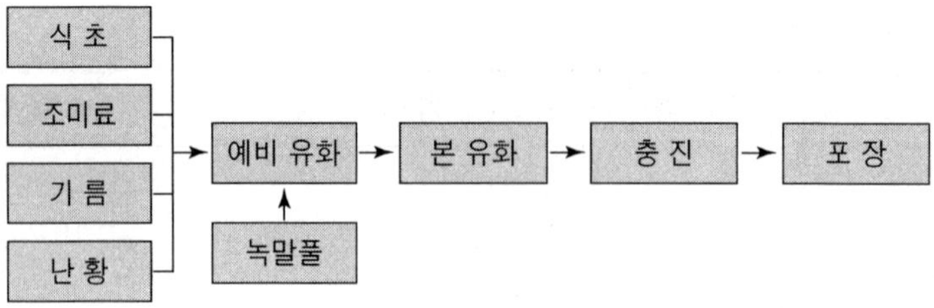

그림 4-5. 마요네즈, 샐러드 드레싱의 제조공정

마요네즈가 응고성과 점성을 나타내는 것은 난황에 의한 것이다. 목적에 따라서는 난황의 균일화를 위해 식염, 당류를 첨가하거나 살균처리를 한다. 또한 양조식초를 사용하여 pH를 3~4로 낮춤으로써 방부효과를 얻게 되며, 향신료로 겨자를 첨가하여 유화시킨다.

이에 비하여 샐러드 드레싱(salad dressing)은 마요네즈에 녹말, 유화제를 첨가한 것이다. 프렌치 드레싱(french dressing)은 마요네즈와 달리 난황을 첨가하지 않은 것이다. 마요네즈가 상품화되어 공업적으로 생산, 판매되기 시작한 것은 불과 60여 년 전에 불과하다. 그러나 국민소득의 증가와 더불어 식생활이 서구화됨에 따라 수요가 크게 신장하고 있다.

5. 원예 가공식품

5.1 주 스

과즙(과일주스, fruit juice)은 생과에 가장 가까운 풍미와 영양가가 있으며, 생활수준의 향상에 따라 점차 소비량이 증가하고 있다. 원료의 과즙을 종류에 따라 구분하는 경우도 있다. 청량음료를 포함한 주스의 분류는 표 4-10과 같다.

과일과 채소 음료는 분류하는 기준에 따라서 여러 가지로 나눌 수 있다. 원료 과일의 종류와 특성에 따라 과일주스와 채소주스로 크게 나누어지며, 한 가지 원료만을 사용하여 만드는 단일주스(single juice)와 몇 가지를 혼합하여 만드는 혼합주스(mixed juice)로 분류하기도 한다.

또한 과즙과 과육의 함량에 따라 천연과즙(과즙 100%), 과즙음료(과즙 60

표 4-10. 청량음료 분류표

- 청량음료
  - 탄산음료
    - 탄산수
    - 탄산음료
      - 과즙탄산음료 : 탐스, 써니텐, 윈디소다, 데미소다, 네오소다
      - 곡류탄산음료 : 맥콜, 보리텐, 보리보리
      - 우유탄산음료 : 밀키스, 암바사, 크리미
    - 착향탄산음료 : 사이다, 콜라, 미란다, 환타, 오란씨
  - 과채류음료
    - 천연과즙음료(과즙 95% 이상) : 델몬트주스, 프리미엄주스, 이브, 썬키스트훼미리주스
    - 과즙음료(50% 이상 95% 미만) : 델몬트스카시, 따봉, 과일촌
    - 희석과즙음료(과즙 10% 이상 50% 미만) : 델몬트드링크, 텐타임
    - 과육음료(과실퓨레 20% 이상) : 사각사각
    - 과립과즙음료(과즙 및 과실퓨레 15% 이상) : 쌕쌕, 봉봉, 하이송
    - 천연채소음료(채소즙 50% 이상 95% 미만) : 야채주스
    - 희석채소음료(채소즙 10% 이상 50% 미만) : 당근주스
    - 토마토주스(토마토즙 95% 이상)
    - 토마토혼합음료(토마토즙 50% 이상)
    - 토마토음료(토마토즙 50% 이상 95% 미만)
    - 천연과실 · 채소류 혼합음료(과즙 및 채소착즙 95% 이상) : 캐로플, 사과당근주스, 뷰티
  - 두유
    - 두유액(대두고형분 7%)
    - 두유액(대두고형분 6%) : 참두유, 베지밀, 삼육두유
    - 조제두유(대두고형분 4% 이상)
  - 유산균음료 – 유산균 또는 효모로 발효시켜 가공한 음료
  - 혼합음료
    - 착향음료(음용수에 당류와 첨가물만 가한 것)
    - 스포츠음료 : 마하쎄븐, 맥스파워, 게토레이, 포카리스웨트 등
    - 식혜 : 비락식혜, 잔치집식혜, 큰집식혜, 우리집식혜, 진가식혜 등
    - 수정과 : 비락수정과, 잔치집수정과 등
    - 식이섬유음료 : 화이브미니, 미에로화이바, 나폴레옹화이바 등
  - 분말청량음료
    - 분말청량음료
    - 비천연분말청량음료

- 다류
  - 침출차
  - 분말차
  - 추출차 – 액상추출차 : 캔홍차, 캔녹차, 캔우롱차
  - 과실차
  - 커피 – 액상커피 : 캔커피

먹는 샘물 – 삼다수, 풀무원샘물, 진로석수, 설악생수, 신덕샘물, 에비앙 등

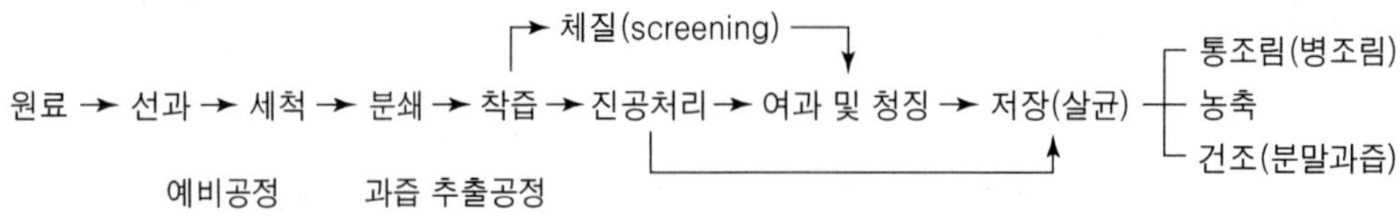

그림 4-6. 주스의 제조공정

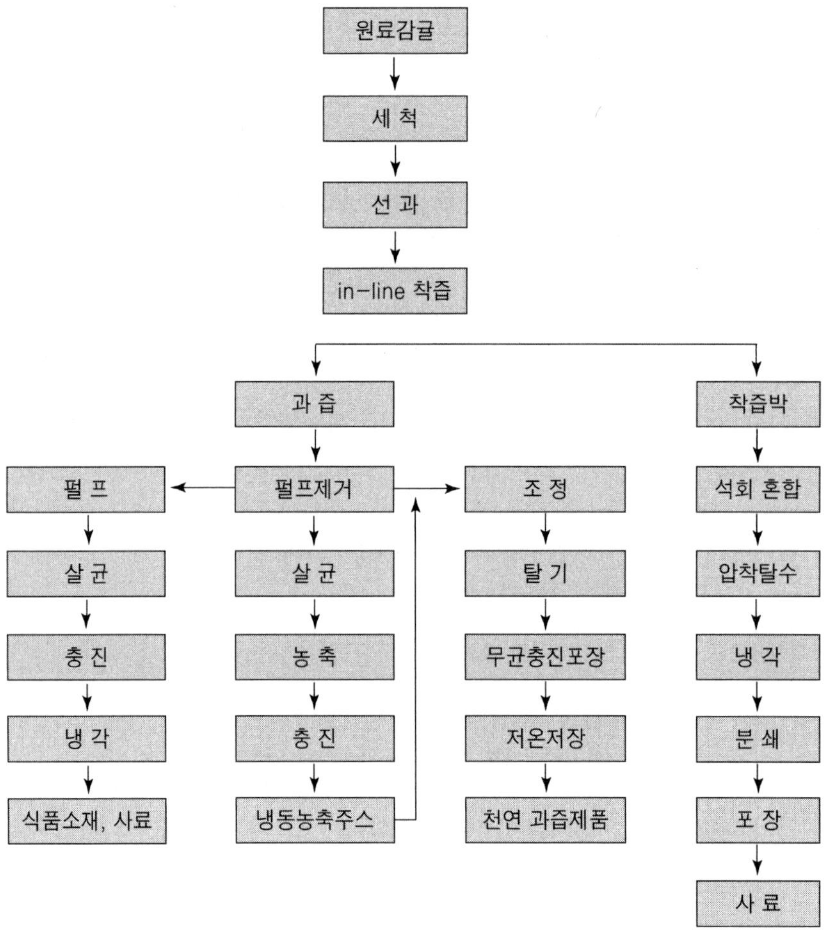

그림 4-7. 감귤과즙 제조공정

~90%), 과육음료(과즙 20~60%), 과즙함유 청량음료(과즙 10~50%)로 분류하는 방법도 있다. 그리고 과즙을 제조할 경우 농축, 환원, 배합 등의 여러 공정으로 이루어진다.

과일로부터 착즙한 천연과즙이나 과육을 농축시켜 만든 농축주스(concentrated juice), 농축하지 않은 상태의 착즙주스(single strength juice 또는 straight juice), 그리고 농축과즙을 당분과 유기산 등을 가하여 희석시켜 만든 환원주스(reconstituted juice), 여러 원료의 주스를 배합하여 조정한 다음 만든 배합주스(blended juice) 등으로 분류하고 있다.

일반적으로 주스를 제조하는 공정은 그림 4-6과 같은 순서에 의해 이루어진다. 또한 대표적인 과즙에 해당되는 감귤주스의 제조공정은 그림 4-7에서 보는 바와 같다. 원료 과일은 외관과 풍미가 좋은 것을 선택한다. 품종과 숙도(maturity)가 알맞아 신선한 향기가 있어야 한다. 미숙과와 부패과, 손상된 과일은 품질을 떨어뜨린다.

1) 전처리

선과(選果)를 끝낸 과일은 오물이나 껍질에 묻어 있는 약제와 부착되어 있는 미생물 등을 제거하기 위하여 깨끗한 물로 씻어낸다. 세척 후 과일의 종류에 따라서 착즙하기 전에 데치기(blanching)하여 효소를 불활성화(inactivation)시킴으로써 제조공정 중에 제품이 효소작용에 의한 변질을 방지하기도 한다.

2) 착 즙

착즙기에는 수압압착기, 리이머(reamer), 주스추출기(juice extracter), 원심분리식 착즙기, 회전형 착즙기, 압연식 착즙기 등 여러 가지가 있다. 착즙 중에

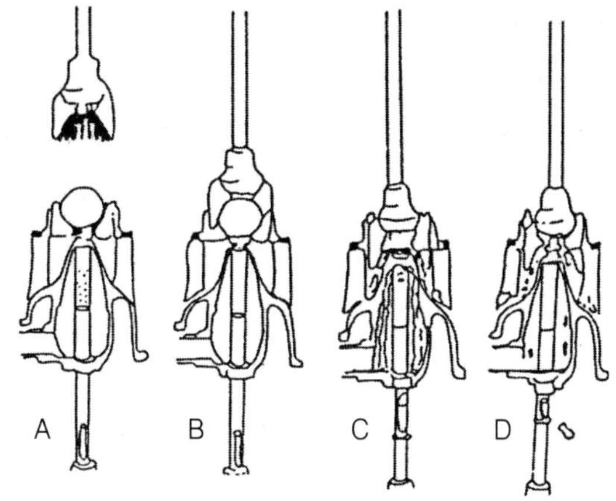

그림 4-8. 인라인(in-line)식 감귤착즙기

공기 중의 산소에 의한 산화를 방지하기 위하여 공기가 혼입되지 않도록 주의해야 한다. 감귤주스를 제조할 경우는 FMC사의 in-line식 착즙기(그림 4-8)를 사용하며, 온주밀감의 경우 압연식 착즙기가 이용되기도 한다.

3) 체 질

착즙이 끝나면 평면진동사, 원통회전사, 피니셔(finisher) 등을 사용하여 체질(篩別, screening)을 한다. 경우에 따라서는 원심분리기, 균질기(homogenizer) 등을 사용하여 펄프를 제거하고, 균질화하는 공정을 거치게 된다. 과즙을 체(screen)로 치는 것은 주로 불투명과즙의 제조에 많이 이용된다. 이 조작에 의해 과즙 중의 종자, 껍질의 절편 또는 입자가 큰 고형물을 제거하게 된다.

체질 후에 과즙 중에는 미세한 펄프, gum질, 단백질, 펙틴질을 콜로이드 상태로 유지시켜 불투명과즙의 혼탁한 성질과 더불어 과일의 향기와 색깔을 유지하고, 영양가의 감소를 방지할 수 있다. 투명한 과일주스를 제조할 경우, 원료에 따라서는 여과효율을 높이기 위하여 난백(egg albumin), 카세인(casein), 젤라틴(gelatin), 규조토 등의 여과보조제를 사용하기도 한다.

또한 펙틴 분해효소를 사용하여 청징하는 방법이 개발되어 실용화되고 있다. 효소제 사용에는 주로 *Aspergillus niger* 등의 사상균이 생산하는 효소인 pectinase, polygalacturonase 등을 0.05～0.1% 첨가하여 40～50℃로 가온한 과즙에 작용시키고 난 후, 여과기로 여과하여 투명과즙을 얻게 된다.

4) 탈 기

체질과 청징여과가 끝난 과즙에는 많은 양의 공기가 들어 있다. 감귤주스의 경우 제조공정 중에 사별이 끝났을 때, 과즙 1 L 중에 33～35 ml의 공기가 들어 있으므로 이를 제거하기 위하여 탈기(脫氣, exhausting)를 한다. 탈기방법에는 주스를 엷은 막상(膜相)으로 하여 진공관 속을 흘러내리게 하는 박막식(薄膜式) 방법과 진공관 속으로 분무시켜 탈기하는 분무식(噴霧式) 방법이 있다.

5) 살균과 포장

탈기가 끝난 과즙은 저장성을 높이기 위하여 가열살균, 여과살균, 방부제 첨가, 저온처리, 탄산가스 주입 등의 여러 가지 저장법이 실시되고 있다. 이 중에 가열살균법이 주로 이용된다. 가열에 의한 향기성분의 손실을 줄이기 위하여 산업적인 막여과법이 일부 이용하고 있다. 살균이 끝난 과즙은 바로 또는 유기산이나 당분을 첨가하여 배합한 다음 병조림, 통조림 등으로 무균적으로 살균된 용기에 포장하거나, 필요에 따라서는 저장한 다음 포장하여 상품화한다.

과일음료공업의 주원료는 감귤이다. 이 외에 사과, 복숭아, 포도, 토마토, 당근 등이 이용되고 있다. 과일음료공업은 100% 과즙음료의 소비가 증가하는 추세에 있으며, 점차 고품질화가 요구되고 있다. 따라서 음료제품의 품질을 향상시키기 위하여 원료에서부터 제조방법에 이르기까지 여러 가지 문제를 고려해야 한다.

5.2 통조림

'통조림(canning)은 양철관이나 유리병 등의 용기에 식품을 채우고 탈기, 밀봉한 후 가열살균하여 장기간 변패하지 않도록 만든 저장식품의 하나'이다.

원예식품뿐만 아니라 축산물, 수산물, 농산물 등 다양한 분야에 이용되고 있다. 통조림의 장점은 장기 보존이 가능하며, 운반이 편리하다. 그리고 바로 먹을 수 있도록 조리되었으며(ready to eat food), 풍미가 좋고 영양가 높으며, 비교적 값이 싼 위생식품이다.

1804년 Nicolas Appert에 의해 병조림이 창안된 이래, 1810년 Peter Durand가 양철관을 사용하여 실용성을 향상시켰다. 이후 여러 가지 통조림기계의 출현과 더불어 통조림산업의 급진전을 보게 되었다.

국내에서는 1892년 전남 완도에서 전복통조림이 제조된 것이 시초이다. 그 후에 수산물통조림 제조가 주도되어 왔으나, 1968년을 전후하여 구미지역에 양송이통조림이 수출되기 시작했다. 월남파병에 따른 급식용 김치 및 고추장 통조림 등의 수요증대로 수산물 중심에서 농산물 중심의 통조림 체제로 전환되었다.

통조림 제조에는 우선 가공원료를 데치기(blanching)하여 원료에 들어 있는 산화효소를 불활성화시키고 조직을 연화시킨다. 그리고 손질하거나 조리하여 양철통에 충진하여 탈기한 다음 밀봉기(seamer)로 밀봉하고, 가열살균하여 냉각시킨다(그림 4-9).

감귤통조림의 제조공정의 예는 그림 4-10에서 보는 바와 같다.

통조림 뚜껑에는 세 줄로 압인(押印)되어 제품의 품명, 제조회사, 제조년월

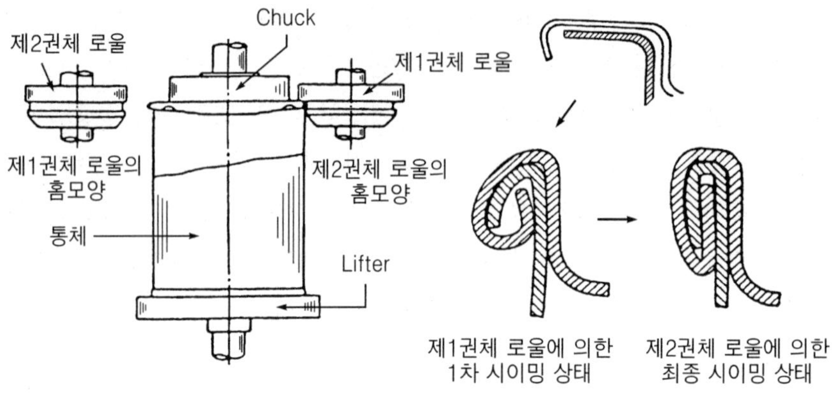

(a) 시이머의 구조 (b)

그림 4-9. 밀봉기의 구조와 밀봉부분의 모양

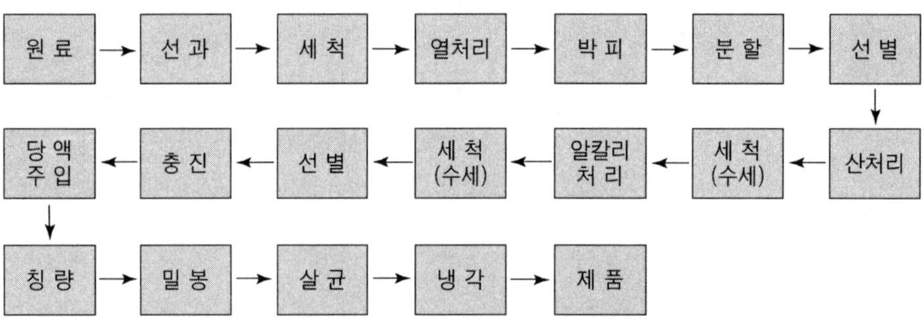

그림 4-10. 감귤통조림 제조공정

일이 표시되어 있다. 윗줄에는 제품의 품명으로서 처음 두 자는 원료의 종류를 나타내며, 다음 한 자는 조리방법을, 그리고 마지막 한 자는 크기와 모양을 나타낸다. 가운데 줄은 제조회사 이름을 기호로 나타낸다. 밑줄은 제조일자로 서기연호의 마지막 두 자리 숫자, 월수는 9월까지는 숫자 그대로, 10월은 0, 11월은 Y, 12월은 Z로 나타낸다. 넷째와 다섯째는 일수를 표시한다.

5.3 잼, 마멀레이드

젤리화 식품은 과일 중에 들어 있는 펙틴의 젤리화를 이용한 것이다. 젤리화에는 펙틴뿐만 아니라 유기산과 당분의 조합에 의해 이루어진다. 일반적으로

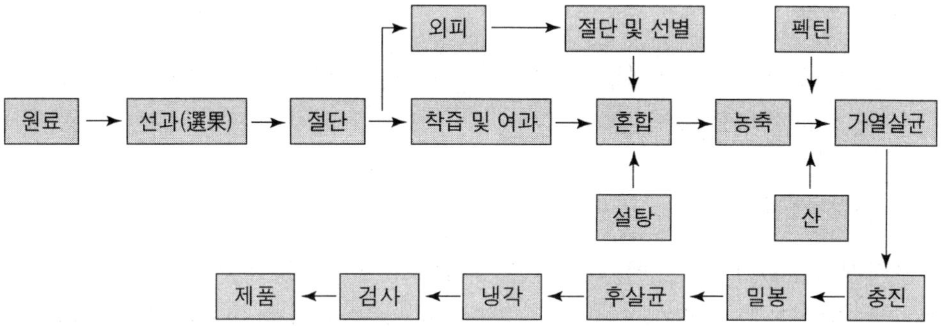

그림 4-11. 마멀레이드 제조공정

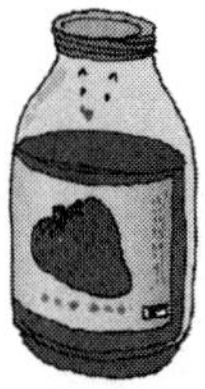

과일 중에는 젤리화에 충분한 당분이 들어 있지 않으므로 설탕을 첨가해 주어야 한다. 또한 펙틴과 유기산의 경우 충분히 들어 있는 과일이 많지만 과일의 종류, 품종, 숙도 등에 따라 부족할 때는 이를 첨가해 주어야 한다. 기호도, 젤리의 강도 등 제품의 품질을 고려하여 다음과 같은 성분 함량비가 되도록 과일이나 채소원료를 분쇄한 다음 설탕과 펙틴을 첨가하여 농축한다.

제품 100g 중에
pectin 함량 1.0～1.5%
유기산 함량(황산으로서) 0.3%(pH 3.46 내외)
당 함량 60～65%

대표적인 제조공정은 그림 4-11과 같으며, 젤리화 식품에는 다음과 같은 종류가 있다.

1) 젤 리

젤리(jelly)는 과즙(juice)에 설탕을 가한 후 농축한 것으로서 투명하고 빛깔이 있으며, 원료 과일 특유의 향기와 색깔을 갖는다. 절단할 때에 연하고 예리한 가장자리와 매끄럽고 빛나는 절단면을 형성한다.

2) 마멀레이드

마멀레이드(marmalade)는 젤리 속에 과일 또는 껍질의 절편을 넣은 것으로서 주로 감귤을 이용한다.

3) 잼

잼(jam)은 과육(fruit pulp)에 설탕을 가하여 끓인 다음 농축한 것으로, 알맞은 점조성(粘稠性)을 갖는다.

4) 프리저브

프리저브(preserve)는 잼과 유사한 제품이다. 진한 설탕용액에 과일을 절단하거나 그대로 넣고 끓여서 농축한 것으로서, 캐러멜화를 방지하여 과일의 형태를 보존하고 신선한 색을 띠어야 한다.

5) 과일버터

과일버터(fruit butter)는 체질한 과육에 설탕, 과즙, 향신료를 가한 후 반고체 상태로 농축한 것이다.

5.4 토마토 가공품

가공용 토마토는 적색색소인 리코펜(lycopene), 당, 비타민 C의 함량이 높고, 홍적색으로 육질까지 균일하게 성숙하고, 씨가 적고 신맛이 강하며, 과즙이 농후한 것이 좋다. 토마토의 가공에 있어서 가장 중요한 요소는 색깔로서 홍적색이 선명해야 한다.

가공제품을 만드는 데는 보통 증기로 가열처리하여 산화효소에 펙틴 분해효소를 불활성화시킨 다음, 펄퍼(pulper)에 의해 토마토퓌레를 만든 후(hot pulping) 농축하게 된다. 색깔이나 향기 등을 그대로 유지시켜 품질을 높이기 위하여 주로 진공농축기(vacuum evaporator)로 60℃ 이하에서 농축시킨다.

토마토 가공제품에는 여러 가지가 있으며, 그 종류는 다음과 같다.

1) 고형토마토

고형토마토(tomato solid pack)는 토마토를 원형 그대로 또는 2등분하여 용기에 충진한 후, 그대로 또는 조미액을 넣고 가열하여 살균한 제품이다.

2) 토마토주스

토마토주스(tomato juice)는 토마토를 파쇄·압착한 후 껍질과 종자 등을 제거하여 식염을 가하거나, 또는 그대로 용기에 충진, 포장한 제품이다.

3) 토마토퓨레

토마토퓌레(tomato puree)는 토마토 농축액 중에 가용성 고형물이 24% 미만인 것을 말한다. 고형물 함량에 따라 보통(common, 6.3% 이상), 중간(medium, 8.37% 이상), 진한(heavy, 12.0% 이상) 토마토퓌레로 구분하기도 한다.

4) 토마토페이스트

토마토페이스트(tomato paste)는 토마토퓌레를 농축하여 고형물이 24% 이상인 제품이다.

5) 토마토케첩

토마토케첩(tomato ketchup)은 농축 토마토에 식염, 향신료, 식초, 당류, 마늘 등을 가하여 조미한 것으로, 고형물이 25% 이상인 제품을 말한다. 이 외에 식염, 향신료, 식초, 당류 등을 가하여 조미한 토마토소스(tomato sauce, 고형물 9~25%), 고추의 매운맛을 가미한 칠리소스(chili sauce) 등이 있다.

5.5 건조식품

건조과실이나 건조채소는 오래 전부터 세계 각국에서 제조되어 왔던 가공식품의 하나이다. 건조식품은 식품 중의 수분을 감소시킴으로써 수분활성도(A_w)를 낮추어 미생물이나 효소작용에 의한 식품의 변질을 억제하는 방법이다.

부패가 쉽게 일어나 보존성이 약한 과일과 채소에 저장성을 부여하는 것 이외에도 건조에 의해 특유한 풍미를 부여하거나 생체식품과는 다른 식품을 제조한다는 의의도 갖는다. 건조식품의 장점을 살펴보면 다음과 같다.

① 저장성이 약한 과일과 채소의 경우 건조 후에 저장성을 갖게 되어 영양가, 무기물, 비타민의 손실을 줄일 수 있다.

② 미생물이나 효소에 의한 변질을 방지하여 저장성이 커진다.

③ 무게와 부피가 감소되어 취급과 수송이 편리하며, 저장비용이 적게 든다.

④ 품질의 계절적 변동이 적어 시장성이 좋다.

⑤ 스낵식품 등으로 이용할 수 있다.

이와 같은 이유로 건조과일과 건조채소의 제조가 증가하는 경향이다. 건조 중에 식품은 수축되며, 휘발성 성분의 손실이 일어나며, 갈변(browning reac-

표 4-11. 건조방법과 건조식품과의 관계

건조방법	적용식품	특 징
열풍건조 분무식	인스턴트커피, 분유, 분말유지, spice류, 조미료, 수프, 분말음료, 코코아 등	액상의 상태를 분립상으로 제조하는 방식으로서 인스턴트 식품에 많이 응용된다.
통기벨트식	마카로니, 스파게티, 건면, 건조채소, 유아식, 홍차, 애완용 사료, 분말사료 등	고형물의 건조에 주로 사용하며, 연속처리가 가능하다.
유동층식	인스턴트크림, 분말치즈, 분말주스, 소금, 밀가루, 착즙박(감귤, 사과) 등	분말상 식품의 건조에 응용되며, 조립기를 병용하여 이용하는 경우가 많다.
회전식	설탕, 포도당, 녹차, 홍차, 사료, 착즙박 등	분말상 식품에 주로 이용되며, 연속적으로 대량 처리에 유리하다.
기류식	밀가루, 분말전분, 코코아, 인스턴트크림, 어분(魚粉) 등	분말상 식품에 응용된다.
상자형 (케비넬형)	코코아, 분말젤리, 건조채소, 건조과일, 염장어류 등	정치식으로 가장 일반적인 형태로서 설치비가 적게 들고, 취급이 간단하다.
기 타 (터널, 드럼 롤러식 등)	채소, 과일, 엿, 감자 플레이크, 인스턴트소스 등	여러 가지 형태의 건조기가 있으며, 드럼건조기는 유동성이 좋지 않아 분무건조가 부적합 식품에 이용된다.
진공건조	분말주스, 분말커피, 글루텐, spice, 채소, 과일류, 분말된장, 분말연유 등	열에 의해 품질의 변화가 일어나기 쉬운 식품의 건조에 이용한다.
동결건조	인스턴트커피, 분말된장, 채소, 과일, spice류, 천연색소, 로얄젤리, 육류, 어패류 등	진공건조와 비슷하며, 고품질 유지를 요구하는 식품의 건조에 이용한다.

tion)이나 열에 의한 성분변화가 일어나 복원성이 나빠지게 된다.

건조방법은 자연건조와 인공건조로 구분되며, 건조방법과 건조식품과의 관계는 표 4-11에서 보는 바와 같다. 최근에는 식품의 복원성과 향미(香味)를 보존하기 위하여 인스턴트커피 등 기호식품에 동결 건조방식이 많이 이루어지고 있다.

건조제품의 대표적인 예로는 건포도(raisins), 건조 푸린(purine), 건조살구(apricot), 건사과, 건조바나나 등의 건조과일과 절간고구마, 무말랭이, 건당근, 건조양파 등의 건조채소 등 제품이 다양하다.

6. 기호식품

기호식품이란 생리적으로 필요한 영양소인 칼로리원이나 비타민 등의 섭취를 주목적으로 하는 것은 아니다. 그러나 오래 전부터 기호품으로서 우리의 일상생활에 친숙해 있는 식품이다. 식생활이 다양화함에 따라 각종 제품이 제조하여 시판되어, 식품가공 분야에서 중요한 위치를 차지하게 되었다.

기호식품에는 커피음료, 홍차와 녹차를 포함한 우리나라의 전통차, 인삼음료, 과즙음료, 청량음료(soft drink), 알코올음료, 이온음료, 과자, 조미료 등이 포함된다. 음료식품의 분류는 표 4-10을 참조한다.

커피, 차와 같은 기호음료의 원료에 공통되는 성분은 색깔과 풍미를 구성하는 탄닌과 흥분작용을 하는 푸린(purine)염기라고 할 수 있다. 푸린염기는 일반적인 식품에서는 볼 수 없는 성분으로 약간 쓴맛을 낸다. 카페인은 중추신경을 자극하여 흥분작용을 나타내며, 혈액순환을 도와 강심작용과 이뇨(利尿)작용을 하는 것으로 알려져 있다.

또한 차에 많이 들어 있는 탄닌은 몸 속의 알칼로이드, 니코틴, 중금속 등의 성분과 결합하여 불용화시킨다. 해독작용을 나타낼 뿐만 아니라 살균작용, 항암효과, 노화 억제효과, 소염작용, 지혈작용 등을 나타내어 기능성 식품의 소재로서 이용되기도 한다.

6.1 커 피

국내에 커피가 들어온 것은 100년이 조금 넘은 정도이다. 그러나 한국동란 이후 서구문명의 급속한 전파로 인해 대중 기호음료로서 자리를 굳히고 있다. 1960년 이후 커피를 마시는 인구가 급증하였고, 이를 계기로 하여 커피의 국산화가 이루어졌다.

1) 커피의 품종

커피는 커피나무(*Coffea arabica* 등) 과실의 종자로부터 얻어지며, 여기에는 많은 품종이 있다. 주로 아라비아 지방의 모카, 아프리카 지방의 리베리아, 브라질의 산토스, 자바 등 적도를 중심으로 남북 25° 범위에 있는 열대지방에서 생산된다. 기상조건과 토양조건에 따라 중남미에서 생산되는 양이 60%가 넘는다.

커피 품종은 50여 종으로 알려져 있다. 크게는 Arabica종, Robusta종, Liberica종과 리베리아종과 아라비아종을 교잡시킨 교배종(*C. canephora*)으로 나눌 수 있다. Arabica종이 세계 생산량의 75%를 차지하며, Liberica종은 1% 미만으로 매우 적다. 아라비아종은 에티오피아 원산으로서 2,000 m 고지까지 재배된다.

커피의 대표적인 품종으로 자메이카에서 생산되는 블루마운틴(blue mountain)은 산맥의 이름에서 유래되었으며, 신맛·단맛·쓴맛·감칠맛이 어우러져 최고의 맛을 만들어 낸다. 예멘과 에티오피아에서 생산되는 모카커피는 부드러운 신맛과 독특한 향미가 어우러진 고급 커피이다.

커피는 6.3～10.4 mm의 종핵(種核)으로서 조직도 매우 단단하다. 성숙한 과실을 3주일 정도 자연 건조하여 과피를 파쇄한다. 또는 물 속에서 겉껍질을 벗긴 후 과육을 2일 정도 부패시켜 종자를 빼내고, 수분함량이 9～11% 정도 되도록 건조시킨다. 종자를 탈각, 연마시켜 내과피와 종피를 제거하면 커피원두를 얻게 된다.

2) 커피의 가공

건조한 커피원두를 회전드럼형 열풍 배초기에 200～250℃에서 4～15분간 볶거나, 또는 급속 배초기에서 1.5～6분간 볶게 되면 클로로겐산(chlorogenic acid)을 주로 하는 탄닌이 산화 중합되어 특유한 색과 풍미를 갖게 되며, 수용성 성분이 증가하게 된다(표 4-12).

볶는 정도에 따라 커피 맛이 달라진다. 연하게 볶을 경우는 외관상 옅은 다갈색으로 신맛이 남게 되고, 강하게 볶을 경우는 흑갈색이 되면서 쓴맛이 강하

표 4-12. 커피원두와 볶은 커피의 성분 비교

성 분	커피원두	볶은 커피
수 분	8.26	0.36
지 질	11.42	8.30
당 질	8.18	1.84
단백질	10.86	12.03
카페인	1.10	1.03
섬유질	42.36	44.96
수용성 성분	14.06	26.28
무기질	3.79	5.17

게 된다. 중간 정도의 볶음은 알맞은 다갈색으로 신맛과 쓴맛이 조화되어 있다.

커피향은 500여 종 이상이 확인되었다. 이 중에 acetic acid, acetaldehyde, acetone, methyl-ethyl-acetaldehyde, acetyl diacetyl, acetyl propionyl, furfural, furyl alcohol, pyridine, pyrazine 염기, methyl mercaptan, furyl mercaptan 등이 들어 있다.

인스턴트커피(instant coffee)를 제조할 경우는 커피원두를 볶은 후 분쇄한 다음 150～180℃, 10～20 kg/cm^{2}의 고압에서 6～8단의 다단식 추출법에 의하여 1～2시간 추출하면 추출액의 농도가 20～30%가 된다. 이 추출액을 분무건조하거나, 동결 건조시켜 수분함량이 3% 정도가 되도록 만든 제품이다.

국내에서 생산되고 있는 인스턴트커피의 종류로는 냉동건조커피, 과립커피, 분무건조커피, 탈카페인커피 등이 있다. 배전두나 분쇄커피도 시판되고 있다. 카페인을 제거하기 위하여 methylene chloride, isopropyl chloride, ethylene chloride 등으로 추출하여 제조한다.

식생활의 서구화와 젊은 세대의 커피 음용의 증가로 소비가 계속적으로 증가할 것으로 예상된다. 커피산업에서 가장 큰 문제는 원료인 원두가 전량 외국에서 수입된다는 점이다. 앞으로의 소비추세도 쓰고 강한 맛을 내는 커피보다는 순하고 부드러운 맛을 선호하는 경향이 있으므로 좋은 원료의 안정적 공급에 대한 대책이 필요하다.

6.2 차

차(tea)에는 크게 녹차(green tea)와 홍차(black tea)로 구분된다. 차나무(*Theasinensis L.*)의 어린 잎(幼葉)을 원료로 하여 제조한다. 우리나라에 전래된 것은 신라 덕흥왕 3년(828년)으로, 당나라에서 종자를 가져다 지리산 일대에서 재배하였다고 한다. 차나무는 연평균 기온이 14℃ 이상이고 강수량이 1,400 mm 이상인 곳에서 잘 자란다. 배수가 잘 되고 보수력이 강한 산 중턱의 경사지가 재배지역으로 알맞다. 중국, 한국, 일본 등에서 생산되는 온대산(*Thea sinensis*)은 녹차용으로 이용한다. 인도, 스리랑카 등지에서 재배되는 열대산(*Thea assamica*)은 홍차 제조용으로 알맞다.

고려시대까지 차의 음용이 널리 보급되었으나, 조선시대에 이르러 차문화가 쇠퇴하였다. 1980년 이후 제주도, 전남 보성 등지에서 본격적으로 차나무 재배를 시작하였다. 1990년에는 200톤 정도 생산되었으나, 계속 생산량이 증가하여 1997년 이후에는 재배면적 1,500 ha에서 1,500톤 정도가 생산되었다. 합리적인 가격과 품질 향상이 뒤따른다면 수요는 증가할 것으로 기대되고 있다.

1) 차의 분류

차의 종류는 생산지와 채엽시기에 의해 구분하기도 하지만, 제조방법에 따라 분류한다. 차나무의 채엽시기에 따라 1번차, 2번차, 3번차, 4번차로 나누거나 또는 봄차, 여름차 등으로 구분하기도 한다. 이 외에도 색상에 따라 나누기도 하며, 체질(篩別, screening)에 따른 형태의 크기로 구분하기도 한다. 그리고 향미의 차이, 기계제품 또는 수제품(手製品) 등에 따라 나누기도 한다(그림 4-12).

녹차를 가공할 경우 중국식은 화열(火熱)에 의하여 제조한다. 일본식은 증기에 의해 가열함으로써 차잎에 들어 있는 효소를 불활성화시켜 고유의 녹색을 보존한다. 녹차는 발효시키지 않은 비발효차이다. 그러나 우롱차(烏龍茶)는 차 잎을 햇볕에 쪼여 약간 시들게 하여 산화작용으로 향기가 나도록 한 다음 볶은 반발효차에 속한다. 홍차는 차 잎을 시들게 하여 잘 문질러 잎 속의 산화효소 작용에 의해 잎 성분의 산화를 일으켜 말린 발효차이다. 흑차 등은

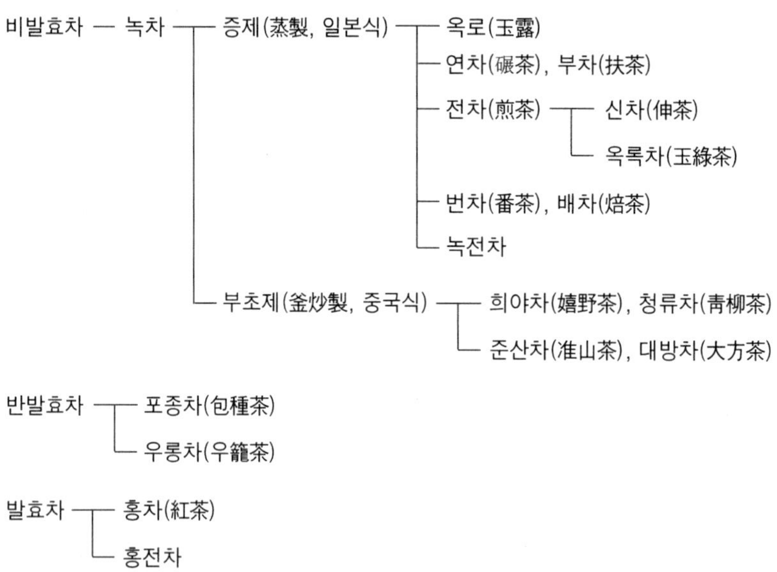

그림 4-12. 차의 종류

곰팡이에 의해 발효시킨 발효차에 해당된다. 발효차가 세계 소비량의 75% 정도를 차지한다.

2) 차의 성분

채엽시기가 늦어짐에 따라 탄닌과 카페인 함량은 증가한 다음, 약간 감소하는 경향이 있다. 단백질과 펙틴 함량은 감소하며, 가용성 성분은 증가한다. 각종 차의 화학성분은 매우 복잡하며, 아직까지 완전히 밝혀지지는 않았다.

차의 성분은 기상조건뿐만 아니라 품종, 시비관리 등에 따라 성분 함량이 달라진다. 녹차에는 특히 비타민 C가 많은데 비하여, 홍차에는 비타민 C가 거의 들어 있지 않다. 녹차는 탄닌의 쓰고, 떫은맛을 주체로 하여 카페인의 온화한 쓴맛, 유리 아미노산의 감칠맛과 당의 단맛 등이 조화를 이룬 특유의 구성패턴으로 독특한 맛과 향을 낸다.

차에 들어 있는 퓨린염기는 카페인, theophylline, theobromine 등이 알려져 있다. 중요한 성분은 카페인이며, theophylline은 차에서만 볼 수 있다. 차를 우린 물이 처음에는 맑았던 것이 시간이 지나면 혼탁하게 되는 것을 cream down 현상이라고 한다. 이는 카페인과 탄닌 성분이 결합하여 온도가 낮아짐으로써 석출되는 것으로 알려져 있다.

3) 차의 제조

녹차를 제조할 때는 제조방법에 따라 중국식인 배건차(焙乾茶)와 일본식인 증건차(蒸乾茶)로 구분된다. 대부분 대량 생산이 쉬운 증건차를 기계로 생산하고 있으며, 고소한 향보다 풋내가 짙은 증건차의 결점을 보완하기 위하여 볶은 현미를 섞은 현미차(玄米茶)가 많이 제조된다. 대만에서는 증건하여 제조한 녹차의 향을 돋우기 위하여 정향을 섞은 화차가 유명하다.

홍차를 제조할 때에는 산화효소(polyphenol oxidase)의 작용에 의해 카테킨류를 산화, 중합시켜 제조한다. 차나무 잎을 환기(換氣)시키면서 약간 건조하면 잎이 부드러워지면서 과실과 유사한 향기가 생기는 동시에 산화효소의 활성이 커지게 된다. 습도 95% 이상과 온도 20～25℃의 조건에서 1.5～3시간 발효시킨 후 예비 건조시킨 다음에 수분함량이 4～5%가 되도록 본 건조를 실시하여 제품화한다.

국내에서는 차의 생산량이 적어 주로 차를 재배하는 생산지에서는 열풍건조에 의하여 1차 가공을 한 다음 공장으로 운송하여 재제(refining) 가공을 실시한다. 그리고 녹차 또는 홍차를 추출한 후 캔음료로 제조하거나, 이를 농축한 다음 건조시켜 인스턴트차를 생산하기도 한다.

4) 차의 기능성

차에 들어 있는 폴리페놀 물질인 카테킨류는 모세혈관을 강인하게 하는 비타민 P의 효과, 항산화작용, 항균작용을 나타낸다고 한다. 이에 따라 차의 약리효과로서는 항암효과 뿐만 아니라 혈중 콜레스테롤 함량을 낮추어 고혈압 및 동맥경화 예방에 효과가 있으며, 혈당을 낮추어 당뇨병 억제에도 효과가 있는 것으로 알려져 있다.

이 외에도 노화억제, 알칼리성 체질 개선, 비만방지, 해독작용(중금속, 담배의 니코틴, 식중독 등), 충치예방 및 구취제거, 숙취제거, 피로회복, 항염 및 항균작용, 변비 및 천식방지, 강심, 이뇨작용 등에 대한 연구가 많이 이루어지고 있어 기호식품으로서의 소비가 늘어나고 있다.

이와 반대로 차는 치아 표면에 얼룩을 만들거나, 너무 많이 마시는 경우 식물성 식품에 들어 있는 철분의 흡수를 나쁘게 하여 빈혈이 생길 수도 있다. 빈혈 발병률이 높은 아이들에게는 차를 많이 마시지 말도록 하고 있다. 차 잎에는 중추신경을 자극하는 카페인이 많이 들어 있으나, 끓인 차에는 커피의 $\frac{1}{3}$ 정도라고 한다.

6.3 국산차

국산차로는 곡류, 뿌리, 껍질, 잎 또는 과실 등 원료의 형태에 따라 분류하기도 한다. 차나무잎을 원료로 하지 않기 때문에 대용차(代用茶)로 불리기도 한다. 인삼차, 율무차, 땅콩차, 두향차, 쌍화차, 칡차, 생강차, 유자차, 감귤차, 솔잎차, 매실차, 오미자차, 둥글레차, 치커리차 등이 소비되고 있다. 국산차는 다음과 같은 가공형태로 제품화하고 있다.

① 분말차 : 곡류 등을 가루로 만들어 더운물에 타서 마실 수 있게 만듦
② 진액(extract) : 생약재 등의 유효성분을 추출하여 농축
③ 인스턴트차 : 추출한 성분을 분무 건조하거나 과립화
④ 액상차 : 과일을 으깨거나 절단하여 과육이 함유되도록 하여 당액에 절임
⑤ 티백(tea bag)

⑥ 캔음료

대부분 제조방법이 단순하여 많은 종류의 대용차(代用茶)로서 개발되어 시판되고 있다. 앞으로 국산차에 있어서 생산 질서의 정립뿐만 아니라 품질 등 많은 면에서 개선이 이루어져야 할 것으로 보고 있다.

6.4 코코아 제품

코코아 제품의 원료가 되는 카카오 콩(cacao beans)은 브라질, 가나, 에콰도르 등의 적도 부근에서 재배되는 카카오나무(*Theobroma cacao*)에서 얻어진다(그림 4-13과 그림 4-14).

수령이 10년 이상이 된 성과수에는 70~80개의 과실을 수확한다. 과실 1개에서 25~30개의 종자가 나온다. 종자를 2~3일간 발효시킨 후 건조시키면 점질물이 제거되어 농담색을 띠게 된다. 카카오 콩에는 알칼로이드 성분인 theobromine($C_7H_8O_2N_4$)이 들어 있어서 이뇨작용과 흥분작용을 갖는다.

건조한 카카오 콩을 110~150℃에서 25~30분간 볶으면 탄닌이 산화 중합되어 쓰고, 떫은맛이 줄어들어 초콜릿색이 되며, 특유한 방향을 띠게 된다. 코코아 열매를 롤러 사이에 넣고 빻으면 끈적끈적한 액체인 초콜릿 매스(chocolate mass)가 된다.

이 속에는 노란색 지방인 코코아 버터가 53% 들어 있다. 이것을 압착하면 10~25%의 지방을 함유한 코코아 분말(cocoa powder)이 얻어지며, 코코아

그림 4-13. 카카오나무

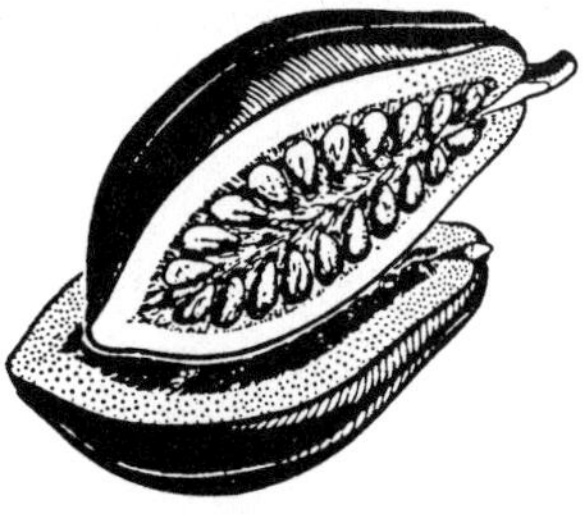

그림 4-14. 카카오 열매

음료의 원료가 된다. 카카오 페이스트(cacao paste)에 분유, 설탕, 카카오 버터, 유화제(주로 레시틴) 등을 넣고 혼합・성형하여 냉각시키면 초콜릿(chocolate)이 되며, 제과 등에 널리 이용되고 있다.

'White day'에 사용되는 white chocolate는 cacao를 전혀 사용하지 않는 제품으로서, 쓴맛이 없고 우유의 맛과 흰 색깔이 특징이다.

6.5 탄산음료

탄산음료는 일반적으로 설탕을 일정 양의 물에 용해시켜 향료를 첨가하고, 기호에 따라 산미료(酸味料) 또는 무기염류를 첨가하여 혼합한 다음 탄산가스를 주입한 음료이다. 알코올은 함유하지 않는다. 우리나라에서 주를 이루는 탄산음료로는 사이다, 콜라, 천연과즙 향기를 낸 감미 탄산음료로서 제조되고 있다(표 4-10 참조). 대표적인 탄산음료의 제조공정은 그림 4-15에서 보는 바와 같다.

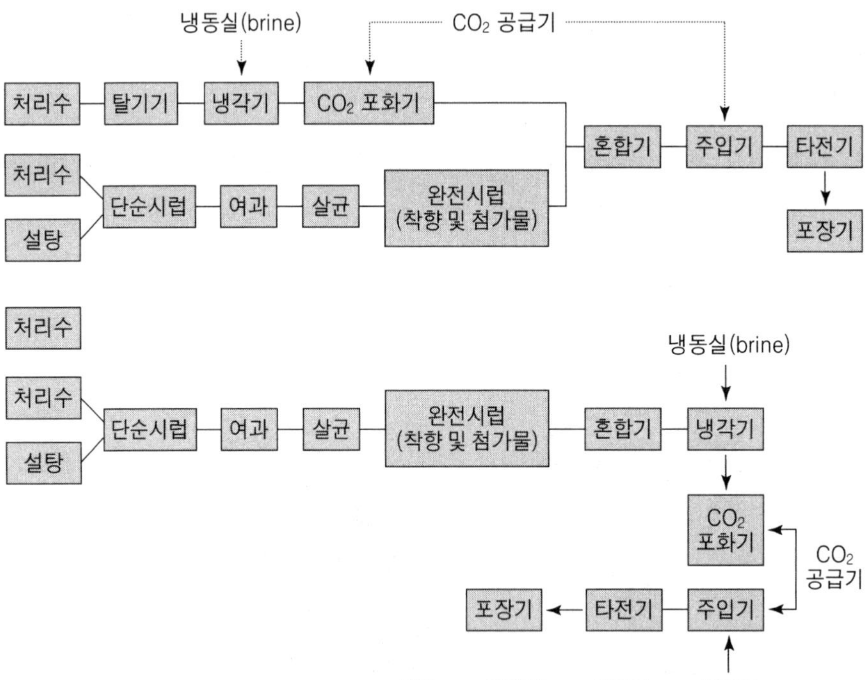

그림 4-15. 탄산음료의 제조공정도

감미료로는 설탕과 이성화당이 가장 많이 사용된다. 저칼로리용으로는 아스파탐, 스테비오사이드 등이 이용된다. 산미료에는 구연산이 가장 많이 사용되며, 이 외로 주석산, 사과산, 젖산, 인산 등이 사용된다.

탄산음료는 탄산가스를 함유하고 있어 상쾌한 기분을 주고, 소화를 돕는 등의 장점을 가지고 있다. 미생물의 발육을 억제하므로 장기간 저장하더라도 부패할 우려가 거의 없다. 탄산음료의 물 처리, 향 배합, 설탕용해, 산액(酸液) 및 첨가물의 조합기술과 이들의 선택이 탄산음료의 생명이라고 할 수 있다.

청량음료는 80% 이상이 물이기 때문에 품질에 영향을 주는 것은 물이라 할 수 있다. 상수도의 수질수준에 합격해야 함은 물론이고 탁도, 색깔, 맛, 냄새, 무기물, 유기물, 미생물 등의 함량에 유의하여야 한다. 청량음료에 사용하는 수질을 개량하기 위하여 응집침전법이나 여과에 의한 방법 등이 이용되고 있다.

6.6 이온음료

이온음료(sports beverage 또는 isotonic beverage)는 심한 운동을 한 다음 에너지와 수분을 보충해 준다는 의미에서 갈증 해소제로 개발되었다. 이온음료는 체액에 가까운 전해질 용액인 나트륨이온(Na^+), 칼륨이온(K^+), 칼슘이온(Ca^{2+}), 마그네슘이온(Mg^{2+}), 염화이온(Cl^-)을 포함하는 용액을 주성분으로 한다. 운동 후 수분과 무기물 손실로 올 수 있는 심한 갈증, 근무력증, 호흡곤란 등 여러 가지 이상증세를 해소하는 데 도움을 준다.

표 4-13. 대표적인 이온음료의 성분

포도당	32.104 wt%
설 탕	32.404
구연산	15.57
KH_2PO_4	5.76
NaCl	4.74
Sodium citrate	3.80
오렌지향	2.80
KCl	1.40
비타민 C	0.41
색 소	0.07

탄산가스 함량이 청량음료에 비하여 낮은 1～1.3%이며, 6～8%의 포도당과 120 mg/250 g 수준의 Na을 첨가한 제품이다. 첨가하는 당류는 포도당, maltodextrin, 설탕이 사용되며, 설탕은 흡수속도가 늦는 결점이 있다. 대표적인 이온음료의 배합 예는 표 4-13에서 보는 바와 같다.

6.7 먹는 샘물

일반적으로 좋은 물은 생명체에 유해한 물질이 들어 있지 않은 물, 미네랄 성분을 균형 있게 들어 있는 물, 약알칼리성인 물, 산소와 탄산가스가 충분히 녹아 있는 물, 경도가 너무 높지 않은 물을 말한다. 공업화, 도시화가 급속히 진행됨에 따라 수자원의 오염에 의한 수돗물의 불신과 국민소득 증가로 인한 생활수준 향상과 함께 건강에 대한 관심이 높아짐에 따라 생수(먹는 샘물, 보존음료수, 광천수)의 생산업체가 증가하고 있다. IBWA(International Bottled Water Association)에서는 먹는 물을 다음과 같이 구분하고 있다.

① 심층 용출수(artesian water) : 지하대수층에 저장되어 있는 물의 수위를 올려 용출된 물로 만든 병포장수를 말하며, 심층 용출수는 천연수로서 요구조건을 충족시키는 음용수

② 병포장 음용수(bottled water) : 음용수로 이용하거나, 다른 용도로 사용하기 위하여 판매할 수 있도록 용기에 담아 밀봉된 상태의 물

③ 탄산음용수(carbonated water) : 이산화탄소가 녹아 있는 병포장 음용수

④ 음용수(drinking water) : 승인된 수원으로부터 채수된 물을 여과(활성탄 혹은 입상), 오존처리 또는 이와 같은 효과를 갖는 살균처리 공정 등의 최소한의 처리를 한 병포장수

⑤ 불소함유수(fluoridated water) : 불소이온이 0.8 mg/L 이하인 불소화합물을 함유한 병포장수이다. 라벨에는 불소화합물이 자연적으로 포함되어 있는 것인지, 또는 인위적으로 첨가된 것인지에 대한 표시를 해야 한다.

생수는 기호음료는 아니지만 그의 시판되는 양이 늘어나면서 상업화에 이르게 되었다. 2004년을 기준으로 3,000억 원 정도의 시장규모를 형성하였으며, 2010년에는 두 배로 증가할 것으로 예측되고 있다.

생수는 용존 고형물의 총량이 500 ppm을 함유하는 병에 든 물이며, 천연광천수는 자연수의 요구에 따른 물이다. 포장광천수의 제조공정은 그림 4-16과 같다.

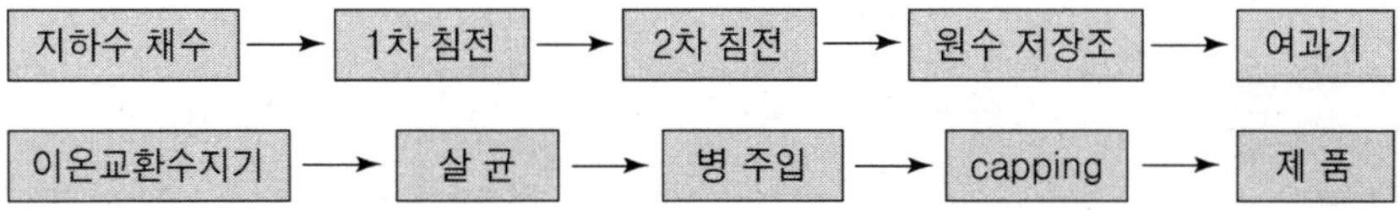

그림 4-16. 생수의 제조공정

원수(原水)는 지하 150 m 이상의 암반층 밑에 있는 물을 채수하여 침전조를 거쳐 원수탱크에 저장된다. 침전조에서는 살균, 여과 등 불순물의 제거과정을 점검하여야 한다. 원수 저장조에서는 채수지(採水地) 주변의 청결상태 및 오염방지 여부를 확인하여야 한다. 원수에는 미생물이 거의 없지만 주위 토양에서 오염이 가능하기 때문에 제조공정 중에 살균을 한다. 살균방법에는 UV 살균, 오존살균, 염소소독, 이산화염소 소독, 가열살균 등이 이용된다.

이 외로 10% 미만의 과즙을 함유하거나, 또는 과즙을 첨가하지 않고 산미료, 감미료, 향료, 착색료로 조정한 음료인 과즙함유 음료 등이 시판되고 있다. 최근에는 첨가물 양을 줄여 물에 가까운 미음료(微飮料, near water) 제품이 인기를 끌고 있다.

7. 인스턴트 식품

식생활의 편의성을 추구하는 소비자의 요구에 따라 인스턴트성을 부여한 가공식품이 늘어나고 있다. 인스턴트 식품의 종류에는 용도에 따라서 주식, 부식, 기호식으로 나눌 수 있다.

인스턴트라면, 찌기만 하면 되는 만두, 피자(pizza), 햄버거, 시리얼 식품 등은 주식으로 이용된다. 최소가공으로 손질한 채소, 육류, 냉동식품은 주로 부식으로 이용된다. 그리고 커피, 차, 탄산음료, 과일주스와 채소주스, 과자, 스낵식품은 주로 기호식으로 이용된다. 인스턴트 식품의 가공형태는 통조림, 냉동식품, 건조식품, 튀김식품 등 여러 가지이다. 여기에서는 스낵식품, 시리얼 식품에 대하여 알아보자.

7.1 스낵식품

스낵(snack)이란 넓은 의미에서 가벼운 식사(light, casu-al 또는 hurried

meal), 도시락, 간식 등을 뜻한다. 하루 세 끼의 주식 이외의 가볍게 먹을 수 있는 것은 모두 스낵의 범주에 속한다. 좁은 의미에서는 과자의 한 종류로서 비교적 비중이 가볍고, 가격이 싸고 부담 없이 먹을 수 있는 것을 통칭해서 쓰이고 있다.

우리나라에서도 옛날부터 제사용, 간식용, 손님 접대용, 술안주용 등의 목적으로 약과, 강정 등 현재의 과자와 비슷한 식품을 만들어 왔다. 해방 이후에 가내공업 또는 소규모 영세기업으로 제과업이 시작되었다. 1960년대에 들어서서 몇몇 비교적 큰 자본을 갖춘 회사가 대량 생산체제를 갖추고 제품을 다양화하는 성장기를 거쳐, 1970년대에는 급속한 경제발전과 함께 도약기를 맞이하였다.

스낵식품은 이 시기에 생겨 꾸준한 발전을 거쳐, 1980년대에 들어서서 제과업이 양적 성장에서 질적 성장으로 전환하는 성숙기를 맞고 있다. 현대적 개념에서의 스낵은 미국에서부터 일본을 거쳐 들어왔다. 팝콘(pop corn), 감자칩(potato chip) 등이 그 시초라고 할 수 있다.

우리나라는 소맥분을 주원료로 한 스낵이 최초로 도입되어, 1971년에 개발된 '새우깡'이 효시라 할 수 있다. 이후 여러 회사에서 매년 경쟁적으로 다양한 상품을 내놓아 소비자의 욕구를 충족시키고 있으며, 시장경쟁도 점차 치열해지고 있다. 특히 1980년대 중반 이후 쌀을 이용한 미과(米菓) 계통의 스낵과 식사대용의 시리얼(cereal) 제품의 성장은 주목할 만하다.

스낵식품은 여러 가지로 구분 또는 분류되고 있으나, 일반적으로 사용원료에 의한 분류와 가공방법에 의한 분류로 나눌 수 있다.

1) 사용원료에 의한 분류

제품의 골격을 형성하는 주원료에 의한 분류와 제품의 맛, 향미, 색깔 등의 특징을 부여하기 위하여 사용하는 특정 원료에 의한 분류로 나눌 수 있다.

주원료에 의한 분류로는 소맥스낵, 옥수수스낵, 감자스낵 등으로 구분할 수 있다. 특정 원료로서는 새우, 고구마, 감자, 양파 등의 농수산물을 단품 위주로 사용한 스낵제품, 혼합된 농수산 원료를 사용한 스낵제품, 그리고 각종 육류, 생선의 추출물(extract)이나 조합된 조미분말(seasoning powder)로 조리하여 맛의 특징을 부여한 제품들이 있다. 밀가루를 주원료로 사용한 스낵제품은 전체의 약 60%를 차지하는 주종 상품군(商品群)으로 밀가루의 담백한 맛 때문에 다른 원료들과의 맛 조화가 잘 이루어져 다양한 제품을 만들 수 있다.

옥수수를 주원료로 하는 스낵은 스낵식품의 약 20%를 차지하고 있으며, 앞으로 지속적인 성장이 예상된다. 옥수수스낵은 옥수수의 특유한 강한 맛이 있기 때문에 옥수수의 맛과 부합되는 부원료 및 조미원료의 개발이 옥수수스낵의 발전에 영향을 미칠 것이다. 옥수수 스낵제품의 대표적인 것은 옥수수 플레이크(corn flake), 옥수수칩(corn chips), 팽화옥수수(puffed corn) 등이 있다.

이 외로 감자를 주원료로 하는 스낵제품은 구미에서는 큰 시장을 가지고 있다. 그러나 우리나라에서는 시장 여건이 성숙하지 못하였지만, 가공용 감자의 재배가 늘어나고, 수요가 커짐에 따라 제품이 늘어날 것으로 보인다. 이 외로는 쌀을 주원료로 하는 제품이 과자, 시리얼(cereal) 등의 형태로 인기를 끌고 있다.

2) 제조공정에 의한 분류

단순히 외형적 · 기계적으로 분류하는 방법과 제조기술의 기술적 수준의 차이, 그리고 원료로부터 제품에 이르기까지의 가공방법의 차이를 고려하여 세대(generation)로 구분하는 방법이 활용되기도 한다.

(1) 압연성형 스낵

압연성형 스낵(rolling snack)은 스팀을 가하여 반죽을 호화시킨 것을 이용하는 방법과 호화시키지 않은 반죽을 이용하는 방법으로 구분된다. 원료를 혼합기에서 혼합하여 반죽을 만들고, 롤러(roller)에서 얇은 형태의 쉬트(sheet)를 뽑아 원하는 형태로 절단하여 생지(生地)를 만든다. 이 반죽을 일정한 수분함량이 되도록 건조시켜 볶거나 기름에 튀겨 팽창시킨 것으로, 우리나라의 스낵이 대부분 이 범주에 속한다.

(2) 압출성형 스낵

압출성형 스낵(extruded snack)은 압출기(extruder)를 통해 혼합, 압출, 성형시킨 제품으로 비교적 공정이 간단하다. 복잡한 형태도 쉽게 가공할 수 있기 때문에 소비자 욕구의 다양화, 개성화에 따라 계속 발전할 것으로 예상된다.

예를 들어 감자칩은 생감자를 원료로 탈피, 수세하여 0.8～1.6 mm 두께로 절단한다. 유탕공정에서는 처음에는 176～190℃, 나중에는 148～174℃로 조절된 기름에 튀겨 소금이나 조미료 등으로 맛을 부여한 제품으로 비교적 단순한 제조공정을 갖고 있다. 성형 포테토 칩(fabricated potato chip)은 감자가루를 이용하여 반죽, 압연한 후 튀겨 제품화한다.

이 외로 sheet를 여러 겹으로 뽑아 접합시켜 입체 모양을 한 입체스낵과 미과(米菓), nut류, 육건조 가공품(jerky) 등이 있다.

7.2 시리얼 식품

생활의 간편화 경향으로 빵식과 더불어 점차 우유에 시리얼을 넣어 아침식사 대용으로 이용하고 있다. 시리얼(cereal) 식품은 이와 같은 용도로 제조한 식품으로서, 이 중에서 조식(朝食) 시리얼(morning cereal 또는 ready to eat cereal)은 옥수수, 쌀, 밀, 보리, 귀리 등의 곡류를 기본원료로 설탕, 시럽, 꿀 등을 첨가하여 가공한 제품이다.

녹말을 호화시키는 형태보다는 덱스트린화(dextrinization) 시킨 형태로 가공하며, 기본적으로 우유를 부어 아침식사를 대용하는 것을 말한다. 형태는 압편형(플레이크, flake), 팝형(pop), 도너츠형, 막대기형, 컬형(curl) 등이 있다.

미국 가정에서는 아침식사의 30% 정도가 시리얼로 이용하고 있으며, 매년 증가추세를 보이고 있다. 1인당 소비량은 각국의 마케팅의 중요한 지표가 되고 있다. 영국, 호주와 뉴질랜드는 연평균 1인당 5.6 kg, 미국은 5.0 kg으로 소비가 많다. 우리나라는 일본보다도 적은 양이 소비되고 있으나, 신장세로 볼 때 성장 가능성이 큰 상품으로 인식되고 있다.

일반적으로 사람들은 전래되는 음식, 기호성, 관습, 풍토 등을 지키려는 보수적인 경향이 강하다. 이러한 이유로 식생활의 변화는 갑자기 일어나는 것은 아니라 할지라도 다음과 같은 요인들로 인하여 바뀌어가고 있다.

즉, 여성의 사회참여 기회확대에 따라 가사에 소비하는 시간을 단축시키려는 데 따른 인스턴트 식품의 소비증대와 외식산업의 급속한 성장을 하고 있다. 건강에 대한 관심이 커짐에 따라 건강지향(健康志向), 영양의 균형을 지향, 다이어트 지향, 간편성 지향 등에 따라 식품의 소비패턴을 형성하고 있다. 또한 어린이들이 우유를 거부감 없이 받아들이고 있어서 시리얼 식품의 수요 증가는 더욱 커질 것으로 예상되고 있다.

8. 기능성 가공식품

인간은 보람 있고 건강한 삶에 중요한 가치를 부여하게 되었다. 건강에 대한 관심과 일상생활에 있어서 안정화 지향이 중요한 인간의 욕구변화라고 할 수 있다. 성인병이 식생활 변화가 주원인으로 생각되고 있다. 이런 질병은 식품을 가지고 해결할 수 있다는 생각에서 **건강식품**(health food)이 생겨나게 되었다.

건강식품은 '식품에 보통 들어 있는 성분 중 인체에 좋은 부분을 적극적으로 활용하는 것을 목적으로 제조된 화학적 합성품 등을 함유하지 않는 식품'으로 정의하고, 다음과 같은 5가지로 분류하고 있다.

① 특정 성분을 추출, 농축, 정제, 혼합 등의 방법으로 제조·가공한 건강보조식품

② 특정 용도에 제공할 목적으로 제조·가공한 특수영양식품

③ 인삼에 전통적 동식물 생약원료를 혼합한 인삼 제품류

④ 전통적 식습관에 관련한 다류(茶類)

⑤ 단순 가공하여 만든 건강을 표방하는 기타 식품류

따라서 건강식품은 영양성분을 보급하거나, 또는 특별한 보건의 용도에 알맞은 것으로서 판매되는 식품으로 캡슐이나 정제와 같은 의약품에 가까운 형태를 가진 식품으로 인식되고 있다.

농약오염, 첨가물의 해로움, 화학비료 등에 의한 식품의 2차 오염에 대한 우려로 천연 무공해식품(자연식품)에 대한 수요를 증가시키고 있다. 건강식품에 대한 분류는 명확히 구분되지는 않았으나, 일본에서와 같이 그림 4-17과 같이 나눌 수 있다.

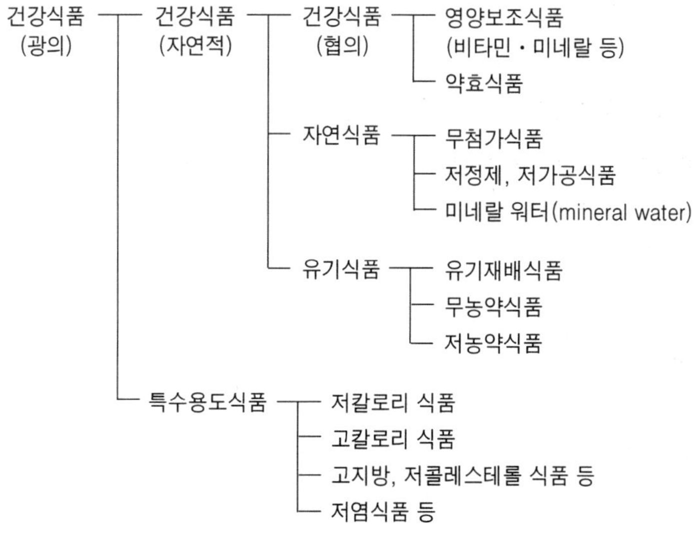

그림 4-17. 건강식품의 분류

건강식품은 각 국가마다 독특한 상황을 고려하여 다양한 방식으로 정의되고 있다. 식품의 건강증진 효과에 대한 과학적 분석보다는 소비자들의 식품에 대한 시각이 건강식품을 정의하는 데 중요한 요소가 되고 있다. 따라서 '소비자들이 다른 식품에 비하여 건강증진 효과를 크게 얻을 것으로 예상하는 식품'으로 정의될 수 있다.

1) 강화식품

강화식품은 비타민, 미네랄, 필수아미노산을 보강할 목적으로 강화시킨 식품을 뜻한다. 특별용도 식품은 유아용, 어린이용, 임산부용, 병자용 등 특별한 용도에 맞도록 제조·판매되는 식품이다. 이들 중 병자용 식품에는 저칼로리 식품, 저나트륨 식품, 저단백질 식품, 고단백질 식품, 알레르기가 없는 식품 등과 여러 성분 또는 식품들을 목적에 맞게 조합한 당뇨병식, 성인 비만증식 등이 사용되고 있다.

2) 건강보조식품

건강보조식품은 '신체의 육체적·생리적 측면에서 유용성을 기대하여 섭취할 목적으로 식품원료에 들어 있는 특정 성분을 그대로 원료로 하거나, 이들에 들어 있는 특정 성분을 분리 또는 추출, 농축, 혼합 등의 방법으로 가공·제조한 식품'이라고 할 수 있다.

우리나라에는 식품공전에 특수영양식품과 건강보조식품이 있다. 특수영양식품에는 이유식, 식이섬유 가공식품 및 조제분유가 있다. 건강보조식품에는 다음과 같은 24개 식품군을 들 수 있다.

(1) 정제어유 가공식품 : EPA(eicosapentaenic acid) 및 DHEA(dehydro-epiandrosterone) 함유식품
(2) 로얄젤리 가공식품
(3) 효모식품
(4) 화분 가공식품
(5) 스쿠알렌 식품
(6) 효소식품
(7) 유산균 함유식품
(8) 조류(藻類)식품 : 클로렐라 식품
(9) 감마 리놀렌산 식품

(10) 배아 가공식품
(11) 레시틴(lecithin) 가공식품
(12) 옥타코사놀 식품
(13) 알콕시글리세롤 식품
(14) 포도씨유 식품
(15) 식물추출물 발효식품
(16) 류코다당 단백식품
(17) 엽록소 함유식품
(18) 버섯 가공식품
(19) 알로에 식품
(20) 매실추출물 식품
(21) 자라 가공식품
(22) 베타-카로틴 식품
(23) 키토산 가공식품
(24) 프로폴리스 추출물 가공식품

일본의 경우 식품의 기능을 다음과 같이 분류하여 3차 기능에 해당하는 생체 조절기능을 갖는 식품을 **기능성 식품**으로 설정하고 있으나, 좁은 의미에서 건강식품 중 약효식품에 해당한다고 볼 수 있다. 미국에서는 이와 유사한 개념으로 맞춤식품(designer food)이 사용되고 있다.

1차 기능 : 영양기능
2차 기능 : 감각기능
3차 기능 : 생체 조절기능(기능성 식품)

① 생체리듬의 조절 : 신경계 조절식품, 섭취기능 조절식품, 흡수기능 조절식품
② 생체방어(면역강화) 기능 : 면역부활식품, 알레르기 감소식품 등
③ 질병예방 기능 : 고혈압 방지식품, 당뇨병 방지식품, 항종양식품 등
④ 질병회복 기능 : 콜레스테롤 억제식품, 조혈기능 조절식품 등
⑤ 노화억제 기능 : 과산화지질 생성 억제식품

3) 식이섬유

식이섬유(dietary fibre)는 사람의 장내 효소에 의해 분해되기 어려운 식물체에서 유래된 중요한 성분이다. 예전에는 식이섬유에 대한 관심이 적었다. 그

러나 육류와 지방질 식품을 대량 섭취하는 서구식 식생활이 비만증이나 성인병을 유발함으로써 이를 방지해 보려는 건강에 대한 관심이 커짐에 따라 많은 연구와 더불어 실용화가 이루어졌다.

식이섬유의 섭취는 장 기능의 여러 가지 생리작용을 나타낸다. 혈중 콜레스테롤과 당 농도를 줄일 수 있는 것으로 알려져 있어서, 다양한 질병의 치료와 예방효과를 지니고 있는 것으로 알려지고 있다. 이에 따라 섬유질 섭취를 늘리려는 경향이 커졌다. 이를 위해 농업 부산물 중에 다량 들어 있는 식이섬유를 추출하여 과자, 빵, 스낵식품 또는 시리얼 식품에 첨가하고 있다.

제품의 색상을 고려하여 정제된 섬유소를 이용하고자 할 때는 목재(톱밥)를 이용하며, 이외로 귀리(oat), 밀기울 등을 이용한다. 식이섬유는 식물 세포벽을 구성하고 있는 섬유소, β-glucan, 펙틴질, 헤미셀룰로오스, 리그닌, inulin, algal polysaccharide 등을 포함하는 난소화성 탄수화물(unavailable carbohydrate)로서 '인간의 소화효소로서 소화되지 않는 다당류를 주체로 한 고분자

표 4-14. 대표적인 식품 중에 섬유질 함량(가식부 100 g 중의 g수)

식품류	수 분	섬유질	식품류	수 분	섬유질
빵 류			과일과 채소		
혼합곡류	38.2	6.3	사 과	83.9	2.2
오트밀(oat meal)	36.7	3.9	바나나	74.3	1.6
밀가루	37.0	3.5	오렌지	86.8	2.4
			오렌지 주스	88.1	0.2
과자, 케이크류			딸 기	91.6	2.6
초콜릿 케이크	33.3	2.2	콩 통조림	93.3	1.3
초콜릿 칩 쿠키	4.0	2.7	당 근	87.8	3.2
오트밀 쿠키	5.7	2.9	토마토	94.0	1.3
밀가루 크래커	6.0	8.0	상 추	94.9	1.7
시리얼 식품			스낵식품		
밀기울 플레이크	2.9	18.8	옥수수 칩		4.4
옥수수 플레이크	2.8	2.0	팝콘(pop corn)		15.1
오트 플레이크	3.1	3.0	감자 칩	2.5	4.8
팽화 밀가루제품	1.5	1.5	Pretzels(크래커)		2.5
쌀가루 제품	2.4	1.2			

성분의 총체'라고 할 수 있다.

대표적인 식품 중에 들어 있는 식이섬유의 함량은 표 4-14와 같다. 섬유질은 과일과 채소에 많이 들어 있다. 곡류를 원료로 하는 가공식품의 경우는 식용섬유를 첨가하여 제조함으로써 제품 중에 섬유질 함량을 높이고 있다.

우리나라와 일본에 있어서는 건강식품은 흔히 약용성분이나 유용성분이 많이 함유된 식품(약효식품) 또는 그의 농축액, 천연 무공해식품(자연식품)을 의미하는 경우가 많다. 그러나 서구에서는 식용섬유를 첨가한 저칼로리식품(diet food)을 말하는 경우가 많다. 이는 관습이나 인식의 차이에서 오는 것으로서 오랫동안 내려온 식생활의 차이가 가져온 결과라고 할 수 있다.

일반적으로 동양인은 채식을 주로 하여 왔기 때문에 섬유질 부족으로 인한 생리적 이상현상은 잘 일어나지 않았다. 그러나 젊은 세대에서 점차 식생활이 서구식으로 바꾸어지면서 이에 대한 영양학적인 관심이 높아지고 있다.

따라서 이에 부응하여 곡류의 가공부산물을 분쇄하거나 식용섬유를 추출하여 스낵식품, 쿠키, 빵, 시리얼 식품 등에 제품의 종류에 따라 다르나, 밀가루를 기준으로 12% 이내에서 첨가한다. 이보다 많은 양을 첨가하였을 경우는 외관이 좋지 못할 뿐만 아니라 물성이 나빠져서 제품의 품질이 떨어진다. 감귤주스를 제조할 때에 생기는 감귤가공 부산물도 중요한 섬유질원이나, 많은 양을 첨가하면 제품에 쓴맛과 변향(變香)을 줄 수 있어서 사용에 제한을 받고 있다.

식이섬유를 가공식품에 첨가하면 식이섬유의 화학적 성분에 따라 차이가 있다. 일반적으로 다른 성분에 비해 미생물 또는 효소에 의한 분해가 어렵거나 이루어지지 않고, 가공식품에 있어서는 보수력(water holding capacity)을 높여 물성을 좋게 해준다. 또한 섬유질을 섭취하게 되면 장내에서 담즙산(bile acid)을 흡수하여 배설시키는 역할을 한다. 양이온 교환능력이 있어서 무기물과 전해질과 결합하여 배설시켜 전체적으로 건강에 영향을 미치는 것으로 알려져 있다.

9. 축산 가공식품

축산 가공식품은 우유, 고기, 달걀 등을 원료로 가공한 식품이다. 고기의 가공품으로는 통조림 · 햄 · 소시지 · 베이컨 등이 있다. 우유나 양유(羊乳)의 가공품으로는 연유 · 분유 · 버터 · 치즈 · 요구르트 · 아이스크림 등이 있으며, 달걀의 가공품으로 건조란(乾燥卵) · 마요네즈 등이 있다.

9.1 유가공식품

1) 요구르트

러시아 출신의 미생물학자로서 노벨상 수장자인 메치니코프(Elie Metchnikoff, 1845～1916)는 '대부분의 사람들이 누릴 수 있는 수명보다 일찍 죽는다'고 말하고, 발효유를 늘 많이 먹는 불가리아 사람들 중에 장수자가 많다는 사실을 예로 들었다. 발효유를 많이 섭취하면 100년 이상까지 젊고 활동적이며, 건강한 삶을 영위할 수 있다고 하였다.

장수하기 위하여 요구르트를 늘 많이 먹도록 권장함으로써 요구르트는 세계적으로 널리 알려지게 되었다. 오늘날에도 그 소비량이 세계적으로 계속 증가하는 중요한 발효유제품이 되었다.

발효유제품에는 유산균(lactic acid bacteria)만을 이용하여 우유를 발효시킨 요구르트(yogurt), 발효버터밀크 등과 유산균, 효모를 함께 접종하여 발효시켜 만든 케피어, 쿠미스 등이 있다. 오늘날 요구르트는 대부분이 균질화된 전지우유, 부분 탈지된 우유, 또는 탈지유와 탈지분유 등을 원료로 사용하고 있다.

요구르트는 원료우유를 살균처리 한 다음, 1～2종의 유산균을 접종하고 알맞은 온도에서 배양하여 만들고 있다. 또한 감미료, 과실 등을 첨가하여 먹기 좋고 향미가 좋은 과실요구르트도 만들어진다. 첨가되는 과실의 종류에 따라 다양한 종류의 과실요구르트가 만들어지고 있다. 이 외에도 액상요구르트, 냉동 과실요구르트 등이 만들어지고 있다.

요구르트의 영양가치는 우유와 첨가된 과실의 영양가를 합친 것과 같다. 요구르트는 이들 영양가치 외에 유산균을 체내에 공급함으로써 유산균에 의한 건강증진 효과를 얻을 수 있는 영양식품으로서 현대인이 가장 많은 관심을 보이고 있는 발효유제품이다.

요구르트의 발효에는 더모필러스(*L. thermophilus*) 유산균과 불가리쿠스(*L. bulgaricus*) 유산균이 널리 사용되고 있다. 그리고 건강증진 효과가 높은 고기능성의 애시도필러스(*L. acidophilus*) 유산균과 비피더스(*Bifidobacterium*)균을 첨가하여 만들어지는 요구르트가 많이 나오고 있다. 더욱이 설탕 대신에 올리고당을 넣어서 에너지 섭취량을 줄이고, 건강증진 효과를 향상시킨 제품이 있다. 섬유소를 첨가하거나 인체에 부족하기 쉬운 철분이나 비타민 등을 첨가시켜서 만든 고기능성 요구르트가 많이 만들어지고 있다.

이들 유산균은 요구르트 특유의 향미를 만들어 준다. 유당(lactose)으로부터 유산(lactic acid)이 만들어져서 요구르트를 산성화하여 청량감을 주고 저장성을 증진시켜 준다. 더욱이 요구르트 유산균은 위암과 직장암 등을 예방해 주는 효과가 있다. 혈중의 콜레스테롤을 감소시켜 준다. 그리고 B군의 비타민을 생산하며, 장 내용물을 산성화시켜 요구르트에 많은 칼슘의 섭취를 촉진시키는 것으로 알려져 있다.

또한 유산균들은 우유의 단백질과 지방 등을 부분적으로 미리 소화시켜서 소화가 더 잘 되도록 한다. 유당을 분해시켜 유당 소화가 잘 안 되는 사람에게 유당 소화 문제를 해결해 주는 중요한 발효유제품이다. 따라서 우유를 먹으면 가스가 생기고, 속이 불편한 사람도 요구르트를 먹거나 우유와 함께 요구르트를 먹으면 속이 편해지고, 우유를 잘 소화시키는 것이 보통이다. 더욱이 요구르트에 살아 있는 유산균들은 여름철에 식품을 통하여 전염되는 유해미생물의 생육을 억제하는 능력이 있어서, 여름철에 우리의 식품위생을 지키는 데에도 효과가 좋은 것으로 알려지고 있다.

요구르트는 가지고 있는 영양분 자체도 중요하지만, 요구르트에 들어 있는 유산균이 우리에게 주는 이로운 점을 최대로 이용할 수 있어야 한다. 따라서 요구르트는 내산성, 내담즙성 등과 건강증진 효과가 높은 좋은 유산균을 선발하여 사용하는 것이 매우 중요하다. 가능한 유산균이 오래 살아 있도록 요구르트를 저장하는 일이 중요하다.

신선한 요구르트는 냉장고에 저장하여야 한다. 일반적으로 1주일 이내에 소비하는 것이 활력이 왕성한 유산균을 잘 이용할 수 있는 방법이다. 냉장고에서 시간이 더 지나면 대부분 산이 많이 생성되어 신맛이 강해지고 조직이 나빠진다. 그리고 유산균이 많이 죽어 가게 되므로 가능한 한 1주일 내에 소비하는 것이 좋다.

여러 가지 요구르트 중에 특히 과실요구르트는 그 소비가 세계적으로 급속히 증가하고 있는 발효유제품이다. 더욱이 요구르트는 대부분 탈지유로 만들어지고 있어서 에너지 섭취를 줄여 준다. 그리고 건강증진 효과가 좋은 유산균이 살아 있으며, 비타민이 풍부하고 풍미가 좋은 과실이 첨가되기 때문에 훌륭한 건강 영양식품으로서 알려지고 있다.

2) 치 즈

치즈(cheese)는 구약성경에도 기록되어 있을 정도로 식품 중에 가장 오래되고 중요한 발효유제품이다. 세계적으로 지역, 제조방법, 원료에 따라 1,000여 종 이상의 치즈가 알려져 있고, 그 종류가 다양하다.

세계적으로 많이 만들어지고 있는 20여 종의 치즈가 세계 치즈 생산량의 60% 이상을 차지하고 있다. 세계의 치즈 생산량 중에 약 50%를 유럽에서 생산하고 있으며, 북미 대륙에서 23%를 생산하고 있다. 세계적인 치즈 생산국은 덴마크, 네덜란드, 독일, 프랑스, 스위스, 뉴질랜드, 호주 등이다. 네덜란드가 가장 큰 치즈 수출국이며, 주로 에담(Edam)치즈와 구다(Gouda)치즈를 수출하고 있다.

한국인이 치즈의 맛을 본 것은 한국전쟁으로 미군이 주둔하기 시작하면서부터이다. 이후 미군으로부터 유출되는 치즈 중 가공체다(Chedder)치즈는 매우 많은 양에 이르렀다. 이는 한국 유가공업체의 치즈 생산을 지연시킨 중요한 요인이 되었다. 그 동안 국내 유가공업체들이 외국의 기술을 도입하여 주로 가공치즈를 생산하고 있다.

품질, 다양성, 가격에서 경쟁력을 확보하지 못하는 국내 치즈시장은 외국의 치즈가 점차 시장을 확대해 나가고 있으며, 수입량도 지속적으로 증가하고 있다. 한국의 치즈제조 업체와 제품으로는 남양유업(로젠하임치즈), 매일유업(치즈피아, 칼슘치즈), 서울우유(프르네치즈) 등이 있다.

치즈는 주로 우유로 만들지만 염소젖, 양젖 등으로도 만들어진다. 치즈제조에 사용되는 우유 및 유제품에는 전지우유(whole milk), 탈지유, 부분 탈지유, 크림, 버터밀크, 유청(whey) 등이 있다. 탈지분유 또는 전지분유도 새로운 공정으로 치즈원료로 사용하는 경향이 있다. 치즈는 이들 원료를 유산균으로 발효시키면서 우유를 응고시키는 단백질 분해효소인 렌넷(rennet, chymosin)을 사용하여 우유단백질인 casein을 응고시켜서 커드(curd)를 만든다. 이 커드를 자르고 압착하여 치즈덩어리로 만든 다음에 일정 온도에서 서서히 숙성시켜서 얻어진 유제품이다.

그러나 숙성시키지 않고 먹는 치즈도 있다. 우유가 응고되어 커드를 만들 때에 우유 중에 있는 지방은 커드와 함께 응고되어 치즈가 된다. 따라서 치즈 고형물 중에는 우유단백질과 우유지방이 절반씩 들어 있다.

(1) 치즈의 종류와 성분

치즈의 종류는 1,000여 종으로 많은 이유는 각 지역에서 전통적으로 치즈의 제조가 발전하였기 때문이다. 따라서 사용하는 원료와 제조방법이 다양화되면서 많은 종류의 치즈가 생겨났다. 치즈의 종류는 그 원산지, 원료유의 종류, 외관, 물리적 성질, 화학적 조성, 발효의 여부, 사용한 미생물의 종류 등에 따라 분류할 수 있으며, 제조공정의 특성에 따라 나눈다.

치즈의 성분은 원료와 수분 함량에 따라 크게 차이가 난다. 수분이 많은 연질치즈(soft cheese)는 고형물 함량이 적고, 저장성도 나빠 오래 두면 쉽게 부패하는 경향이 있다. 수분함량이 적은 반경질(semi-hard cheese) 또는 경질치즈(hard cheese)들은 고형물 함량이 많고, 저장성도 좋아서 오래 저장할 수 있다. 전지우유로 만든 치즈일 경우, 치즈 고형물은 단백질과 유지방이 각각 절반씩이다.

(2) 치즈의 제조법

치즈의 종류가 많으므로 치즈의 제조공정은 이에 따라 매우 다양하다. 세계적으로 가장 많이 소비되고 있는 체다치즈의 제조방법은 다음과 같다.

① 원료유 처리
② 유산발효와 커드 형성
③ 커드의 가공
④ 치즈의 형성
⑤ 치즈의 숙성

치즈를 제조하는 데 각 공정이 중요하다. 가장 중요한 것은 원료유의 선택과 처리라고 할 수 있다. 치즈는 발효식품이므로 발효에 이용되는 미생물의 왕성한 생장을 억제하는 물질이 오염되지 않은 신선한 원료유(原料乳)를 선택해야 한다. 원료유는 반드시 살균하여 사용함으로써 유산균이 잘 자라고 식중독 미생물이 오염되지 않는 치즈를 만들도록 해야 한다.

준비된 원료우유를 치즈조(cheese vat)에 넣고 온도를 32℃로 잘 맞춘 다음에 *Lactococcus lactis*(락티스 유산구균), *L. cremoris*(크레모리스 유산구균) 등의 유산균 스타터(lactic acid bacteria starter)를 1～2% 첨가하여 발효가 일어나도록 한다. 이 때에 치즈의 종류에 따라 안나토(Annato)씨 추출액을 넣어 치즈에 황색을 내주기도 한다.

스타터를 첨가한 다음 약 2시간 후에 우유의 산 함량이 0.18～0.22% 정도 되었을 때, 우유 응고효소인 렌넷을 알맞게 첨가하여 신속히 잘 혼합한 다음 정치하여 커드를 형성되도록 한다.

커드가 단단히 잘 형성되었을 때, 스테인리스 철사로 된 치즈칼을 사용하여 치즈조의 커드를 0.5～2.0 cm 크기로 자른다. 커드를 고르게 자르면 커드가 응축하게 되며, 커드 내부에 있던 유청(whey)이 분출된다. 커드가 단단하게 되며, 이 때에 서서히 온도를 올려서 38℃ 정도가 되도록 하면서 커드의 형성을 촉진시킨다.

커드에서 유청이 충분히 빠지고 단단해지면 유청을 치즈조에서 빼낸다. 커드를 모아서 치즈틀에 넣어 압착하여 치즈모양을 만든다. 체다치즈를 만들 때에는 체다링을 실시한다. 소금치기는 커드에 식용소금을 섞어 넣는 방법과 압착한 치즈를 소금물에 담그는 방법이 있으며, 치즈의 종류에 따라 다르다.

생치즈는 냉장온도와 같은 낮은 온도에 1~3개월 두어 숙성시키게 된다. 숙성방법과 숙성기간도 치즈 종류에 따라 여러 가지 방법이 사용되고 있다. 치즈는 숙성기간 중에 치즈제조에 사용한 유산균 스타터와 효소 등에 의해 단백질과 지방이 분해되고 풍미물질이 생성된다. 치즈의 종류에 따라 카테지치즈와 같이 숙성시키지 않고 먹는 것도 있다.

3) 아이스크림

아이스크림은 우유 또는 유지방, 무지유고형분(無脂乳固形分)에 설탕, 달걀, 안정제(젤라틴 등), 향료, 색소 등을 넣고 휘저어서 얼린 빙과이다. 100 g 당 열량이 200 kcal 정도로 간식, 디저트, 환자식, 유아식 등으로 이용된다.

충분히 동결시킨 것을 하드 아이스크림이라 한다. 제품의 모양과 포장용기, 가공원료, 가공법에 따라 제품의 종류가 다양하다. 소프트 아이스크림은 충분히 동결되지 않은 부드러운 제품이다.

향료를 사용한 단순한 것은 플레인 아이스크림, 달걀노른자의 함유량이 많은 것은 프렌치(French) 아이스크림 또는 커스터드(custard) 아이스크림, 과일, 초콜릿, 커피, 양주 등을 첨가한 것을 풍미 아이스크림이라고 한다.

9.2 육가공식품

육가공은 고기를 소금에 절이거나 훈연, 건조, 열처리, 또는 고기를 갈아서 모양을 변형시키는 등 본래 고기의 성질이나 형상, 상태를 변화시키는 공정을 말한다. 육가공품에는 햄, 베이컨, 소시지 등이 있다. 고기의 부위를 그대로 이용하여 가공처리 할 경우 햄으로, 고기를 일단 분쇄할 경우 소시지로 구분하고 있다.

1) 햄

햄(ham)이란 넓적다리 살을 가리키는 말이며, 대표적인 육제품으로서 돼지

고기를 소금에 절여 훈연하거나 삶아 만든 독특한 풍미와 방부성(防腐性)을 가진 가공식품이다. 햄의 어원은 중국에서 비롯된 것으로, 그 이름과 만드는 방법이 중앙아시아를 거쳐 유럽으로 전해진 것으로 알려져 있다. 로마시대에는 햄이 원정군 휴대용 식량으로 이용되었다. 이것이 유럽에서 가내공업적으로 발달하여 오늘에 와서 대규모 공장생산으로 발전하였다.

(1) 제조법

제조법은 햄의 종류에 관계없이 모두 비슷하다.

① 필요한 부분의 돼지고기를 알맞은 크기로 모양을 다듬는다. 혈액, 액즙 등 부패의 원인이 되는 것을 제거하기 위하여 고기 양의 2~4%의 소금과 질산칼륨을 고기 표면 전체에 문질러서 약 5일간 5℃ 정도의 한랭한 장소에 쌓아 둔다.

② 소금에 절인다. 소금에 절이는 방법에는 염수법과 건염법이 있다. 염수법은 주로 본레스(bornless) 햄이나 로스트햄에 쓰이는 방법으로서, 아질산 및 질산의 나트륨 또는 칼륨염과 같은 발색제와 설탕 등을 가한 소금물에 담그는 방법이다. 건염법은 프레스햄 등에 주로 쓰이는데, 발색제를 가한 소금을 직접 뿌리는 방법이다.

③ 조리한다. 본레스 햄이나 로스트햄의 경우 소금에 절인 고기를 면포로 싸고 면사로 묶어서 원통형의 금속제 망에 넣어서 훈연한다. 프레스햄에 사용하는 고기는 잘게 갈아서 조미료, 식품첨가물, 향신료, 녹말 등을 섞어서 반죽한다.

④ 케이싱(소 창자 또는 셀로판)에 넣고 그 양끝을 묶은 후 끈으로 감아서 훈연(smoking)한다. 훈연은 벚나무나 참나무 같은 단단하고 수지(resin)분이 적은 나무를 불완전 연소시켜서 그 연기를 쐬는 것이다. 많이 쓰이는 인공 케이싱은 연기를 통하지 않고, 미리 연기의 추출물(extract)을 섞어 훈연을 생략하는 액훈법이 많이 이용된다.

⑤ 훈연 후 70℃에서 2~3시간 가열하여 고기 속의 유해미생물을 없앤 후 냉각시켜서 끈을 다시 매면 제품이 된다.

(2) 햄의 종류

① 레귤러 햄(regular ham) : 돼지의 뒷다리 뼈를 그대로 두어 정형하고, 염지 및 훈연한 것을 말한다. 원료육의 정형방법에 따라 롱컷 스타일(long cut style)과 쇼트컷 스타일이 있고, 껍질 벗기기(剝皮)를 한 것과 그렇지 않은 것이 있다. 일반적으로 장기간 염지(鹽漬)하여 훈연처리만 하는 것이 보통이다. 국내에 시판되고 있는 것은 훈연 후 가열처리를 하는 경우가 대부분이다.

② 본레스 햄(boneless ham) : 돼지의 뒷다리를 정형하여 뼈를 제거하고, 염지(鹽漬)한 후 케이싱에 포장하거나 롤링(rolling)하여 훈연, 가열한 제품이다.

이 밖에 본레스 햄과 같은 방법으로 가공한 로스트햄(등심살), 숄더햄(어깨살), 벨리햄(삼겹살), 그리고 여러 가지 고기 부스러기를 모아서 만든 락스햄(lachs ham) 등이 있다. 프레스햄은 일본에서 만들기 시작한 독특한 제품으로, 돼지고기 외에 쇠고기, 양고기, 토끼고기, 닭고기 등을 섞어서 만든다. 본레스 햄의 경우 훈연하지 않고 가열방법만으로 만든 것을 보일드햄(boiled ham)이라고 한다.

표 4-15. 햄의 분류

열처리	훈연, 건조	제품명
가열햄	· Cooked ham : 특정 부위의 고기를 염지 후 모울더에 넣어 정형하고 열처리한 햄 · Smoked ham : 염지 후 고기를 무정형 상태로 훈연을 하고 열처리한 햄	· Cooked ham, Shoulder ham, 후지햄 · Bone in ham, 본레스햄, 숄더햄, 피크닉햄, 카슬러햄, 쿠겔햄, 등심햄, 안심햄, 베이컨
비가열햄 (raw ham)	· Dry cured smoked ham : 건염 후 저온에서 장시간 훈연을 하며, 건조 숙성시킨 햄 · Dry cured ham : 건염 후 훈연처리 없이 장시간 숙성시킨 햄. 이태리 북부지방, 스위스, 스페인 등지에서 주로 생산	· 본인햄, Nuss ham, Lachs ham · Prosciutto, 파마햄, 산다니엘햄, Coppa, Coppata, Baguette, Bündner fleisch

가열처리 조건, 훈연, 건조, 숙성, 분쇄 정도, 피나 간 등 부산물의 이용, 충전재(케이싱, 천연장, 모울더, 캔)의 재료와 크기에 따라 분류하기도 한다(표 4-15).

(3) 성분과 영양

햄의 주성분은 단백질과 지방으로, 단백질에는 필수아미노산이 골고루 들어 있어서 영양가가 높다. 지방도 양질이지만 비타민의 함유량은 적다. 햄을 선택하는 기준으로는 제품에 기재된 중량, 제조 연월일, 사용한 첨가물 등을 확인해야 한다. 10℃ 이하의 냉장 케이스에 들어 있는 것이 바람직하다.

손가락으로 눌러 탄력이 있는 것이 좋고, 표면에 곰팡이나 점액이 붙어 있지 않는 것이어야 한다. 보존료가 사용되지만 보존성은 그리 좋지 않다. 그러나 통째로 냉장고에 보관하면 한 달 정도 견딘다. 얇게 썰어 놓은 것은 보존기간이 짧다. 냉채, 샌드위치 등 날로 먹는 데는 로스트햄, 락스햄, 프레스햄이 알맞다.

바비큐에는 두껍게 썬 로스트햄이나 프레스햄이 좋다. 또한 본레스 햄을 두껍게 썰어서 햄스테이크를 만들기도 한다. 프레스햄은 감미료나 조미료를 많이 사용하였기 때문에 볶거나 끓이는 요리에는 음식 전체에 단맛이나 그 밖의 맛이 옮아가는 경우가 있으므로 주의해야 한다.

2) 소시지

돼지고기나 쇠고기 등의 여러 가지 육류를 그냥 또는 염장(curing)한 뒤 곱게 갈아 동물의 창자 또는 인공 케이싱(casing)에 채워 삶거나 훈연처리 한 가공식품이다.

어원은 라틴어의 염장(salsus)이라는 설과 암돼지(sau)와 양념(sage)의 합성어라는 설이 있다. 소시지는 햄이나 말린 고기보다 가공도가 높은 식품으로, BC 9세기경에 쓴 호메로스(오디세이)에 병사들이 고기반죽을 창자에 채워 먹었다는 기록이 가장 오래된 기록이다.

4세기경에는 일반 서민이 이와 같이 맛있는 것을 먹는다는 것이 사치로 여겨 금지령을 내리기도 했다. 십자군 전쟁에 출정한 병사들 가운데 보석이나 직물과 함께 소시지를 가지고 간 것으로 되어 있다. 일반화된 것을 1,300년 무렵 유럽에서이고, 현재는 대표적인 고기 가공품으로 일컬어진다.

(1) 종류와 제조법

원료는 주로 돼지고기로 사용하지만 쇠고기, 양고기 외에 간, 선지 등도 이용한다. 부재료로 치즈, 그린피스, 피망, 달걀, 우유를 사용하기도 한다. 원료고기를 3～4 cm로 모나게 썰어 소금과 발색제로 질산염 또는 아질산염을 첨가하여 하루 동안 큐어링(curing) 한다. 이것을 갈아 조미료나 부재료를 넣어 케이싱에 넣어 삶거나 훈연, 건조 등의 가공을 한다.

① 더메스틱 소시지(domestic sausage) : 수분이 50% 이상 함유한 가정용 소시지

② 생소시지(fresh sausage) : 거칠게 간 고기에 조미료, 향신료를 첨가하여 혼합한 것을 처리된 돼지 또는 양의 소장에 충진한 소시지

③ 훈연 소시지(smoked sausage) : 조미, 세절(細切)한 것을 통기성 케이싱(casing)에 충전한 후에 향이 나도록 훈연하여 더운물에 삶은 소시지

④ 쿡트 소시지(cooked sausage) : 간, 혈액, 혀 등을 원료로 하여 통기성이나 비통기성 케이싱에 충전하여 더운물에 삶아 가공한 소시지

⑤ 드라이 소시지(dry sausage) : 수분을 25～35%로 조절한 소시지

⑥ 살라미 소시지(salami sausage) : 쇠고기, 돼지고기, 돼지기름과 조미료를 조합해 케이싱에 채워 3개월 정도 천천히 건조시켜 만든 소시지

⑦ 모타델라(mortadella) : 단기간의 건조로 반건조 상태로 된 것을 더운물에 삶은 것으로, 수분이 남아 있어 부드럽다.

⑧ 세르브렛(cervelat) : 일반 살라미 소시지보다 지방이나 식육입자가 미세하다.

⑨ 스모크 살라미 : 살라미 소시지를 훈연시킨 것

가열처리 조건, 훈연, 건조, 숙성, 분쇄 정도, 피나 간 등 부산물의 이용, 충전재(케이싱, 천연장, 모울더, 캔)의 재료와 크기에 따라 분류하기도 한다(표 4-16).

(2) 영 양

단백질은 13～14%(살라미 소시지, 드라이 소시지 등은 15～25%)이며, 햄에 비해 지방이 많이 사용되므로 고칼로리 식품이다. 종류에 따라 원재료가 다르므로 영양가도 차이가 있다. 염분은 살라미 소시지가 4%에 가깝고, 비엔나 소시지는 2～3%이다.

표 4-16. 소시지의 분류

<table>
<tr><th colspan="4">분 류</th><th>제품명</th></tr>
<tr><td rowspan="8">가열 소시지</td><td rowspan="5">Scalded sausage</td><td rowspan="2">같은 고기를 양장이나 돈장, 또는 같은 직경의 콜라겐이나 인조 케이싱에 충전한 제품</td><td>유화형 소시지 (emulsion type sausage)</td><td>비엔나, Frankfurter, Hot dog, Strassburger, Münchener white sausage, Bock wrust</td></tr>
<tr><td>조분쇄형 소시지 (coarse ground sausage)</td><td>Polish sausage, Regensbüger</td></tr>
<tr><td rowspan="3">같은 고기를 양장이나 돈장보다 직경이 큰 케이싱에 충전한 제품</td><td>유화형 소시지</td><td>Lyoner, Bologner, Gelbwrust meat loaf</td></tr>
<tr><td>조분쇄형 소시지 (press ham류)</td><td>Beer sausage, Jagd wrust Tiroler sausage, Krakauer, 미트로프</td></tr>
<tr><td>육괴가 보이는 소시지 (press ham류)</td><td>Beer ham, 미트파이, 이태리 Mortadella</td></tr>
<tr><td rowspan="3">부산물 소시지</td><td colspan="2">간소시지 : 간 함량이 10～30% 정도로 빵에 발라 먹는 소시지</td><td>Braunschweiger, Pülzer 간소시지, Liver pate</td></tr>
<tr><td colspan="2">피소시지</td><td>Türinger 피소시지, 검은 소시지 순대</td></tr>
<tr><td colspan="2">젤리소시지 : 돼지고기나 돼지머리고기를 삶은 후 따로 삶아서 갈은 돼지피와 함께 섞어서 케이싱에 충전한 후 열처리한 제품</td><td>Head cheese, 편육 press sack, Sülz, Comed beef, Comed pork</td></tr>
<tr><td rowspan="3">비가열 소시지</td><td>Flesh sausage</td><td colspan="2">양장이나 돈장에 충전하여 바로 불에 굽거나 후라이팬에서 익히는 제품으로, 발색제를 첨가하지 않은 제품</td><td>Nülnberger grill sausage, Tiroler, 그릴소시지, 튀링거 그릴소시지</td></tr>
<tr><td rowspan="2">Dry sausage</td><td>유화형 소시지</td><td>유산균 발효 소시지</td><td>Salami, Pepperoni, Landjüger, Summer sausage, Chorizo Cabanossi</td></tr>
<tr><td>조분쇄형 소시지</td><td>곰팡이 발효 소시지</td><td>Salametti, 살라미(이태리, 헝가리, 스위스, 불란서 살마니)</td></tr>
</table>

3) 품질과 조리

소시지에는 대개 제조 연월일, 보존방법, 제조 회사명, 사용한 고기의 종류 및 첨가물의 기재를 의무화하고 있다. 따라서 소시지를 살 때는 이들이 분명하게 기록되어 있는 것을 골라야 한다.

자른 것을 분별하는 일은 햄보다는 곤란하다. 그러나 보통의 더메스틱 소시지인 경우는 잡다한 고기가 적은 것이 맛이 있으므로 빛깔로 판별하는 것이 좋다. 잡다한 고기가 많은 것일수록 인공색소를 많이 사용하므로 빛깔이 진하다. 이에 대하여 돼지고기가 많이 든 것은 깨끗한 연분홍색이며, 빛깔도 선명하다.

또한 잡다한 고기가 많을수록 맛을 은폐(masking)하기 위하여 인공감미료를 넣는 경우가 많다. 이런 것을 삶으면 국물 전체가 달착지근해져서 좋지 않으므로 주의할 필요가 있다. 소시지를 먹을 경우 케이싱 그대로 먹을 수 있는 것은 먹기 전에 그대로 뜨거운 물에 넣어 표면살균을 한다. 대형 소시지는 칼로 자른 면이 균에 오염되기 쉬우므로 한 번 자르면 매일 1장씩이라도 잘라서 절단면이 오래 가지 않도록 해야 한다.

이 외의 육가공품으로는 베이컨(bacon)이 있다. 돼지의 복부육(삼겹살) 또는 기타 부위를 염지(鹽漬)한 후 훈연(smoking)하거나 열처리 한 것으로 수분 60% 이하, 조지방 40% 이하의 제품이다.

10. 수산 가공식품

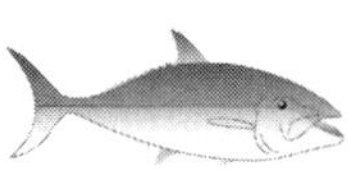

수산물이 풍부한 우리나라는 수산물의 가공 및 저장방법도 다양하게 발달하였다. 수산 가공식품에는 냉동품, 건제품, 염장품, 통조림 등과 같이 주로 저장성을 높이기 위하여 제조한 제품과 연제품, 훈제품, 젓갈, 조미가공품과 같이 맛을 증진시키기 위하여 제조한 제품으로 구분된다.

1) 소건품(素乾品)

어패류와 해조류를 원형 그대로 건조한 마른 오징어, 마른 미역, 마른 김이 대표적인 예이다.

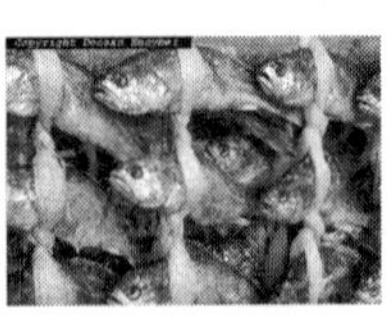

2) 염건품(鹽乾品)

어패류를 소금에 절이고 건조하여 저장성을 높인 것이다. 참조기를 소금에 절여 햇볕에 말린 굴비가 있고, 고등어에 소금을 뿌리고 물기를 제거한 고등어자반이 있다.

염장(鹽藏)은 소금의 삼투작용(osmosis)으로 식품의 수분활성도(A_w)를 낮추고, 염류농도에 의하여 미생물의 원형질 분리(plasmolysis)가 일어나 생육이 억제되는 것으로 보인다. 이 외에도 단백질 분해효소의 저해작용, 산소의 용해도 감소, 미생물에 대한 Cl^- 이온의 작용, 미생물이 CO_2에 대하여 예민한 작용을 하게 함으로써 저장성을 부여하는 것으로 알려져 있다.

염장방법에는 물간법(鹽水法)과 마른간법(乾鹽法)이 있다. 물간법과 마른간법의 장단점은 서로 반대이다. 물간법의 장점은 다음과 같은 점을 들 수 있다.

① 소금의 삼투가 균일하여 제품의 품질을 일정하게 할 수 있다.
② 염장 중 공기접촉이 없어서 지방의 산화가 적다.
③ 지나친 탈수가 없어서 외관, 풍미, 수율이 좋다.
④ 짠맛을 조절하기 쉬우며, 간이 고루 베인다.

그러나 다음과 같은 단점을 들 수 있다.

① 염류농도를 일정하게 하기 위하여 수시로 교반해야 한다.
② 마른간법에 비하여 소금의 사용량이 많다.
③ 염장용기가 새지 않아야 한다.

이와 같은 단점을 보완하기 위하여 물간법과 마른간법을 변형한 개량 물간법, 개량 마른간법, 그리고 변압염장법, 염수 주사법, 압착염장법 등이 이용된다.

3) 자건품(煮乾品)

마른 멸치, 마른 해삼, 마른 전복 등이 있다. 선도가 좋은 멸치를 끓은 소금물(5～10%)에 넣고 끓인 다음 건조한 제품이다. 지방 함량이 높은 경우 건조가 잘 이루어지지 않기 때문에 소금물에 삶아 용출법에 의해 지방을 일부 제거한 다음 건조한 제품이다.

4) 동건품(凍乾品)

원료를 얼린 후 말린 제품이다. 강원도 산간지방에서 겨울철 해풍을 이용하여 명태를 동결과 해동을 반복하면서 햇볕에 건조시킨 황태가 대표적인 예이다.

5) 수산 훈제품

소금에 절여 짠맛을 들인 후 훈연실에서 부분적인 건조와 나무에 들어 있는 방부(防腐) 물질의 침투가 일어나 저장성을 갖도록 한 제품이다. 훈연으로 저장성과 독특한 풍미를 갖도록 한 제품으로 냉훈청어, 온훈고등어 등이 있다.

수지(樹脂, resin) 성분이 적은 활엽수, 톱밥 등을 불완전 연소시켜 건조와 더불어 훈연성분이 베이도록 한다. 나무의 불완전 연소로 생기는 연기 성분에는 200여 종의 화합물이 들어 있다. 중요한 성분으로는 formaldehyde, acetaldehyde, furfuraldehyde, acetone, diacetyl, methyl alcohol, ethyl alcohol, acetic acid, cresol, 2-methoxy phenol 등이다. 훈연에는 다음과 같은 방법이 이용된다.

① 냉훈법(冷燻法, cold smoking) : 10～30℃에서 1～3주일 훈연하여 수분 함량을 20～45%로 감소시켜 장기저장을 목적으로 하는 방법이다. 소시지, 햄, 베이컨, 청어, 연어, 방어, 대구, 고등어 등에 이용한다.

② 온훈법(溫燻法, hot smoking) : 30～50℃에서 1～3일 훈연하는 방법(온훈법)과 50～80℃에서 4～5시간 훈연하는 방법(열훈법)으로 구분된다. 훈연온도가 높기 때문에 발색이 좋고 풍미가 있다. 저장성이 좋지 않아 냉장, 통조림, 포장 등 다른 보조수단을 써야 한다.

③ 액훈법(液燻法, liquid smoking) : 목재를 건류(乾溜)할 때 얻어지는 목초액(木醋液, wood vinegar)에 알코올, 붕산, 명반, 색소 등을 배합하고, 경우에 따라서는 조미료, 향신료를 함께 배합하여 소금에 절일 때 훈연액에 담가 연기 성분을 침투시키는 방법이다.

④ 배훈법(roast smoking) : 95～120℃에서 2～4시간 훈연처리 하여 바로 먹을 수 있는 상태로 만드는 훈연법으로 저장성이 없다.

이 외에 훈연액법(smoke solution method)과 전훈법(電燻法)이 있다.

6) 어묵제품

연제품이라고도 하며, 명태 · 민어 · 날치 · 전갱이와 같은 비교적 조직이 단단한 생선살을 으깨고, 소금과 같이 갈아 조미료를 넣고 찌거나 볶아서 응고시켜 점탄성을 부여한 제품이다. 여기에는 판어묵, 부들어묵, 튀김어묵, 마어묵 등이 있다. 이 밖에 연제품에 지방, 조미료, 향신료 등을 첨가하여 만든 어육소시지, 어육햄 등이 있다.

7) 젓 갈

어패류의 육, 내장 등에 많은 양의 소금을 첨가하여 숙성시킨 제품으로 새우젓, 멸치젓, 내장젓, 명란젓, 조개젓, 성게젓, 굴젓, 오징어젓, 꼴두기젓, 까나리젓 등이 있다. 고농도의 염류에 의해 세균의 발육이 억제되고, 자기소화효소에 의한 숙성작용으로 단백질의 분해가 일어나 독특한 풍미를 갖는다. 숙성 중 일부 저온성 미생물에 의한 발효작용도 일어난다(제 5장 참조).

8) 수산 조미식품

조미쥐치포는 쥐치의 머리와 내장을 제거하여 껍질을 벗긴 다음, 편을 뜬 고기조각을 물로 잘 씻은 다음 조미하여 건조한다. 조미오징어는 생오징어의 몸통을 갈라 씻은 다음, 45℃ 정도의 열탕에서 5～15분간 침지한 후 껍질을 벗긴다. 55～65℃에서 30～60초 동안 살짝 데친 후 얼음물에서 급냉하고 조미하여 만든 배건품(焙乾品)이다.

9) 해조류

해조류에는 미역, 다시마, 톳과 같은 갈조류(brown algae), 김, 우뭇가사리와 같은 홍조류(red algae), 파래, 청각과 같은 녹조류(green algae) 등이 있다. 해조류에 들어 있는 다당류에는 세포막 물질인 알긴산(alginic acid), 한천(agar), 캐러기닌(carrageenin) 등은 소화율이 낮아 식이섬유로서 정장작용을 한다. 미역・김・다시마・모자반・파래・톳 등은 건제품으로 제조하며, 해조류 가공품에는 조미김・염장미역 등을 들 수 있다.

어유는 기름을 채취하는 원료에 따라 어유, 간유, 상어간유, 명태간유 등이 있다.

제 5 장

미생물과 발효식품

인류의 시작과 함께 효모로 빚어진 술을 마셨다. 농경사회가 시작되면서 서양에서는 미생물을 이용하여 만든 빵, 요구르트, 치즈 등의 발효식품을 이용하였다. 동양에서는 장류(醬類), 젓갈, 김치를 비롯한 발효식품을 많이 먹어왔다. 과학기술의 발전으로 미생물산업은 더욱 확대되어 술, 장류 등 전통식품의 품질 향상과 더불어 유기산, 용매, 아미노산, 효소, 항생제, 생리활성물질, 생물치료제 등의 생산으로 이어지고 있다.

생명공학기술의 발전은 미생물을 비롯한 식물세포, 동물세포 등 생물체의 기능을 훨씬 개선함으로써 생물산업의 영역을 더욱 확대시켰다. 우리가 산업적으로 활용하고 있는 미생물과 생명공학에 대한 기초적인 내용을 먼저 살펴보고, 특히 식품산업에서 이와 연관된 발효식품에 대하여 알아보자.

1. 발효미생물

1.1 미생물의 분류

식품산업에서 주로 이용하고 있는 미생물은 분류학적으로 식물계에 속한다. 식물계(plant kingdom)에는 다시 엽상식물(Thallophyta), 선태식물(Bryophyta), 양치식물(Pteridophyta)과 종자식물(Spermatophyta)로 나눈다. 그리고 엽상식물에는 균류(Fungi), 조류(Algae), 지의류(Lichens)로 구분된다.

세포와 조직의 분화 정도에 따라 미생물의 분류는 표 5-1에서 보는 바와 같다. 즉, 생물계를 동물, 식물, 원생생물로 나누고, 미생물은 원생생물에 포함시

표 5-1. 미생물의 분류

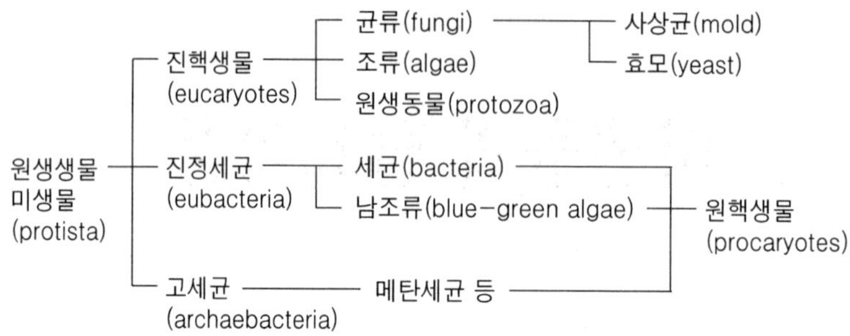

킬 수 있다. 미생물은 다시 동물이나 식물과 같이 분화된 핵을 갖는 진핵생물(眞核生物, eucaryote ; true nucleus)과 원시상태의 핵을 갖는 원핵생물(原核生物, procaryote ; before nucleus)로 나누어진다. 원핵생물은 진정세균(eubacteria)과 고세균(古細菌, archaebacteria)으로 나눈다. 고세균에는 메탄균, 호염균(halophiles) 호열호산성균(thermoacidophiles) 등이 알려져 있으며, 이들은 일반적인 세균과 다르다는 사실이 밝혀졌다.

원핵세포는 막(membrane)이 제대로 발달되지 않아 세포 내부가 소기관(organelle)으로 뚜렷이 구분되지 않는 특징을 가지고 있다. 세포의 기능분화면에서는 진핵세포와 원핵세포가 매우 다르다. 유전정보 발현기구는 기본적으로 같은 공통의 유전암호(genetic code)를 가지고 있으나, 진핵생물에 널리 분포하는 것으로 알려진 인트론(intron)[2)]은 원핵생물 유전자에는 발견되지 않는다.

식품산업에서 주로 다루는 미생물은 세균, 방선균(放線菌), 효모, 곰팡이다. 여기에서는 이와 같은 미생물의 분류학적인 위치, 이들의 성상(性狀)에 대한 일반적인 특징 중에서 알아 두어야 할 필요한 내용만을 정리하였다.

---

2) 진핵생물 유전자에 DNA에서는 단백질의 아미노산 배열을 지정하는 유전정보가 DNA에 띄엄띄엄 나누어져 존재하는 경우가 많다. 유전정보를 지정하는 부분(exon)에 대하여 그 사이에 유전정보를 갖지 않는 부분을 인트론(intron)이라고 한다.

1.2 미생물의 종류

1) 세 균

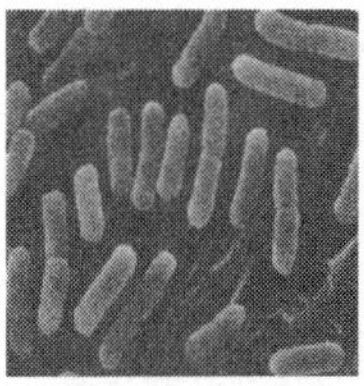

세균(細菌, bacteria)은 일반적으로 크기가 2.0～1.5 ㎛ × 1.0～0.5 ㎛이며, 한 개의 세포는 10^{-12}g 정도의 무게를 갖는다. 세균을 사람 정도로 확대시키면 사람은 같은 비율로 확대하였을 경우 지구 정도의 크기가 되며, 약 10억 개의 세균세포가 모여서 그의 중량이 약 1 mg이 되므로 세균의 크기를 짐작할 수 있다.

세균은 단세포로 되어 있으며, 보통 분열에 의해 증식한다(그림 5-1). 세균의 외형적인 형태에 따라 구분하면 구형의 구균(球菌, coccus), 원통형의 간균(桿菌, bacillus), vibrio, 나선균(螺旋菌, spirillum) 등으로 나눈다.

세균의 생육특성에 따라 생육에 산소를 필요로 하는 호기성균, 그리고 산소가 있을 경우 생육저해를 받는 혐기성균으로 나눈다. 호기성의 *Bacillus*속(屬)과 혐기성의 *Clostridium*속의 세균 등은 생육환경이 나빠질 경우 생식세포인 포자(胞子, endospore)를 형성한다.

이 포자는 휴면상태에 있어서 열, 방사선, 화학약품에 대한 저항성이 강하고 살균하기가 어려운 문제가 생길 수 있다. 포자에 대하여 생육단계의 일반세포를 **영양세포**(vegetative cell)라고 한다.

세균은 세포벽 구조의 차이에 따라 구분하는 방법으로서 그람(Gram)염색법에 의해 염색되는 그람양성균(Gram positive)과 염색되지 않은 그람음성균(Gram negative)으로 구분된다. 세균에는 운동성이 있는 것(motile)과 운동성이 없는 것(non-motile)이 있다. 세균의 운동성은 편모(flagellum)에 의하며, 그의 수와 위치에 따라서 단극모(單極毛), 양극모(兩極毛), 극속모(極束毛),

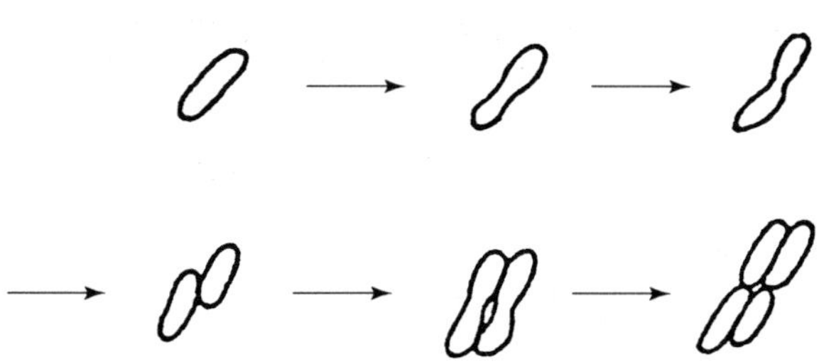

그림 5-1. 세균이 분열하는 모양

주편모(周鞭毛)로 구분한다.

방선균은 분류학적으로 세균 중 방선균목(放線菌目, Actinomycetes)에 속하며, Actinomyceteceae과(科)와 Streptomycetaceae과로 나눈다. 형태적으로 세균과 곰팡이의 중간적인 모양으로 세포가 긴 실 모양(vegetative mycelium)으로 분기(分岐)하는 점과 분생포자(分生胞子)를 만드는 점에서 곰팡이와 비슷하지만, 크기가 곰팡이에 비해 매우 작고 균사(菌絲)의 폭이 1 ㎛ 이하이다.

2) 효 모

효모(酵母, yeast)는 단세포이지만, 때로는 사상(絲狀) 또는 위균사(僞菌絲, pseudomycelium)를 나타내는 것도 있다. 보통 크기는 1～5 ㎛, 길이가 5～30 ㎛이지만, 환경조건에 의해 변동이 심하다. 외형적인 모양은 계란형, 구형(球形), 서양배형, 사상형(絲狀形), 소세지형 등으로 균주에 따라 각각 다르다.

효모의 증식은 대부분 출아(budding)에 의해 이루어지며, 일부는 분열에 의해 이루어지는 종류도 있다(그림 5-2). 모세포(母細胞, mother cell)에서 출아한 것을 낭세포(娘細胞, daughter cell)라고 한다. 출아한 다음에는 출아가 이루어진 부위에 출아흔(出芽痕, bud scar)이 남게 된다.

환경조건이 나빴을 경우에는 세포 중에 자낭(ascus)을 형성하며, 그의 내부에는 1～6개의 자낭포자(ascospore)를 만든다. 그러나 균주에 따라서는 포자를 형성하지 않는 종류도 있다. 효모의 포자는 알맞은 영양과 온도에서 발아(germination)하며, 대부분 출아에 의해 번식하게 된다.

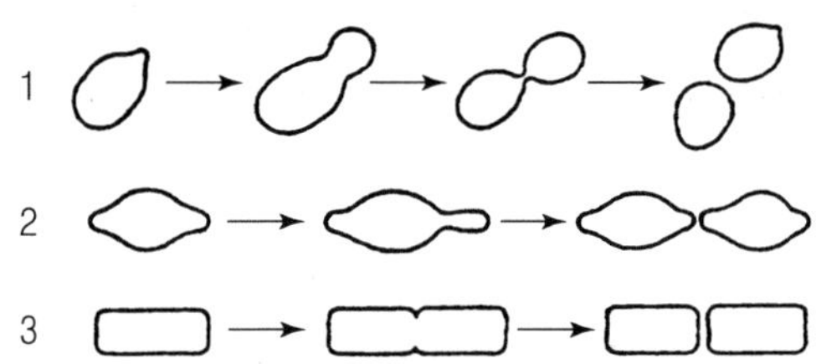

그림 5-2. 효모의 증식형태

1. 출아법 : 대부분의 효모
2. 극출아법 : *Nadsonia*속, *Kloeckera*속 등
3. 분열법 : *Shizosaccharomyces*속, *Trichosporon*속 등

3) 사상균

사상균(絲狀菌, mold)은 일반적으로 폭 10～30 ㎛의 실 모양의 가지로 된 균사(菌絲, hyphae)로 이루어진다. 광합성을 하지 않고 포자를 만들어 증식하는 미생물을 말하며, 미생물 중에 가장 진화한 부류이다. 균사가 모인 균사체(菌絲體, mycelium)를 형성하며, 곰팡이라고도 한다. 영양세포인 균사체에 대하여 생식세포는 자실체(子實體)가 있으며, 여기에 포자가 형성된다.

곰팡이는 유성(有性, sexual) 또는 무성포자(無性胞子, asexual)를 형성하는 생활 사이클(life cycle)을 가지고 있다. 증식의 형태는 심부배양(深部培養, submerged culture), 표면배양(surface culture) 등 배양조건에 따라 다르다. 액체배양에서의 증식형태는 그림 5-3과 같이 균사가 분기되면서 증식이 이루어진다. 배양액의 교반상태에 따라 플록상(floc), 섬유상(filamentous), 펠릿상(pellet) 등의 다른 형태를 나타낸다. 증식은 보통 균사의 앞쪽 세포에서만 일어난다.

4) 조 류

조류(藻類, algae)는 단세포에서 다세포까지 여러 가지가 있으며, 일부는 복잡한 생활 사이클을 갖는다. 엽록소를 가지고 있어서 광합성 능력이 있으며, 증식을 위하여 빛을 필요로 한다. 조류에는 남조(藍藻, blue-green algae), 녹조(綠藻, green algae), 홍조(紅藻, red algae), 갈조(褐藻, brown algae), 규조(硅藻, diatoms) 등이 있다. 조류 중에는 식량자원으로 주목되고 있는 클로렐라(*Chlorella*)와 *Spirulina*는 각각 녹조와 남조에 속한다. 이 중에서 남조류는 세균으로 분류되기도 한다.

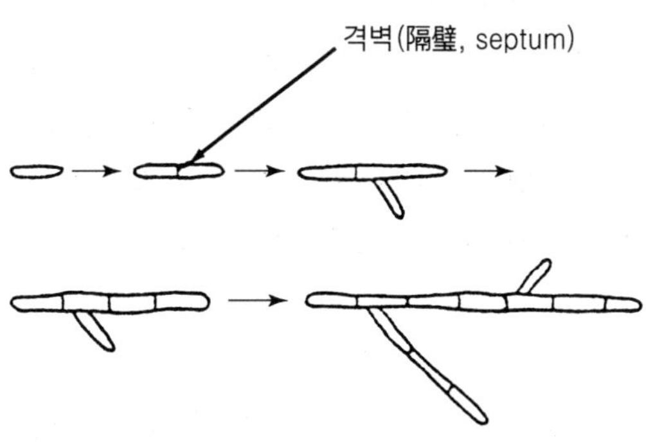

그림 5-3. 사상균의 증식형태

세균과 효모처럼 크기가 작은 미생물의 경우 생리적인 특성이 중요하게 다루어지지만, 대부분의 미생물은 주로 형태학적인 차이에 의해 분류된다. 미생물의 형태학적 연구에 있어서 주로 광학현미경이 이용된다. 그러나 광학현미경만으로는 확대비율이 1,000배 이하이기 때문에 미생물의 구조를 확인하는 데 한계가 있다.

미생물세포의 외부구조는 주사전자현미경(scanning electron microscope, SEM)에 의하여 이루어지며, 내부 구조는 투과전자현미경(transmission electron microscope, TEM)을 이용함으로써 미생물세포의 형태에 대하여 상세히 밝혀지고 있다. 미생물세포 내부에는 미세한 소기관(organella)이 있어 생명체로서 그 기능을 분담하고 있다.

1.3 미생물의 성분

1) 균체 성분

미생물의 균체는 화학적으로 볼 때 약 80%의 수분을 함유하고 있다. 이 외로 단백질, 탄수화물, 지질, 핵산, 비타민 및 무기물로 구성되어 있다. 균체의 화학성분은 미생물의 종류에 따라 다르다. 같은 균주라고 할지라도 배지조성, 배양시간, 증식속도 등에 의해 변동된다. 미생물 종류에 따른 균체 성분의 범위는 표 5-2에서 보는 바와 같다.

(1) 수 분

미생물을 액체배양한 다음 여과하거나 원심분리를 시켜 얻어진 균체를 습윤균체(wet cell mass)라고 한다. 그리고 습윤균체를 건조기에서 항량이 되도록 건조하면 건조균체(dry cell mass)가 된다.

습윤균체에 있어서 수분은 세포와 세포의 공극 사이에도 존재한다. 따라서 미생물의 수분함량은 습윤균체를 얻을 때 배양액을 원심분리하거나 여과를 하여 얻게 되므로 이러한 조작과정에 따라서도 다소 차이가 있다. 일반적으로 대부분의 세균은 80%, 효모는 75%, 곰팡이는 85% 정도의 수분을 갖는다.

(2) 단백질

건조균체는 단백질・탄수화물・지질・핵산・회분 등으로 구성되어 있다. 일반적으로 세균, 효모, 단세포로 된 조류(藻類)의 단백질 함량은 건물량의 약

표 5-2. 미생물 종류에 따른 균체 성분

미생물	화학적 조성(건물 %)			균체수 (No/mℓ)	건물량 (g/100 mℓ)
	단백질	핵산	지질		
바이러스	50~90	5~50	< 1	10^8~10^9	0.0005
세 균	40~70	13~34	10~15	2×10^8~2×10^{11}	0.02~2.9
사상균	10~25	1~3	2~7	1~4×10^8	3~5
효 모	40~50	4~10	1~6	〃	1~5
조류(단세포)	10~60 (50)	1~5 (3)	4~80 (10)	4~8×10^7	0.4~0.9

50%로 비슷하며, 단백질은 대부분 효소성분으로 알려져 있다.

예를 들어 대장균의 경우 약 2,000개의 다른 효소를 가지고 있어서, 환경조건에 적응할 수 있는 유전적인 잠재력을 가지고 있다. 구조적으로 복잡한 사상균이나 해조류(海藻類)는 대사과정에 관여하는 생리활성을 갖는 단백질이나 핵산(nucleic acid) 함량이 적은데 비하여, 세포벽을 구성하는 다당류 성분이 건물량의 대부분을 차지하고 있다.

세균이나 효모는 증식속도가 빠르고 단백질 함량이 높아 미생물 단백질(single cell protein, SCP) 생산을 위한 균주로서 많은 연구가 이루어졌다. 그러나 표 5-2에서와 같이 핵산 함량이 많아 실용화에 걸림돌이 되었다. 생리적인 성질이 비교적 잘 알려진 *Saccharomyces cerevisiae*와 같은 효모와 *Chlorella*와 같은 조류가 일부 이용되고 있다.

(3) 지 질

세균 중에는 예외적으로 지질을 많이 함유하는 균주도 있다. *Mycobacterium*균은 30%의 mycolic acid를 함유한다. *Rhodospirillum rubrum*은 초산을 기질로 하였을 때 건물량의 20% 정도가 β-hydroxy-butylic acid의 중합물을 합성한다. 또한 어떤 종류의 *Aspergillus*, *Penicillium*, *Rhodotorula*, *Candida*균은 특별한 조건에서는 건물량의 약 50%의 지질을 합성함으로써 미생물유지(single cell oil, SCO) 생산에 이용하기도 한다.

대부분의 미생물은 지질성분으로서 C_{16}과 C_{18} 지방산인 팔미트산(palmitic acid), 올레산(oleic acid), 스테아린산(stearic acid)을 많이 함유하고 있다. 미생물유지를 식용유지로서 이용하는 데 있어서, 세계적으로 유량작물(油糧作

物) 생산량이 많아 실용화되지는 않았다. 그러나 자연계에 널리 분포하지 않는 특수지방산의 생산을 위한 SCO 생산에 대한 잠재력을 가지고 있다.

(4) 구성원소와 무기물

균체 성분은 미생물의 종류, 배지조성, 생육조건 등에 따라 차이가 있다. 대장균의 건조균체 성분을 원소 분석한 결과, 탄소가 건물량의 50%를 차지하며, 질소가 14%, 무기질이 16%이다.

무기물 성분 중에는 P, K가 가장 많고, Ca, Mg, S, Na, Cl, Fe, Zn, Si 순으로 구성되어 있다. 이 외의 미량원소로는 Al, Cu, Mn, Co 등이 있다. 철세균(鐵細菌)에는 Fe, Mn이 많이 들어 있으며, 유황세균에는 S가, 해양미생물에는 Na, Cl, I가 많이 들어 있다. 이와 같은 균주의 성분조성은 생육환경 조건에 따라 차이가 난다.

1.4 미생물과 환경

미생물의 생육, 증식(growth), 대사(metabolism) 등의 생리적인 성질은 여러 가지 환경요인에 의해 크게 촉진되거나 저해된다. 미생물 증식에 영향을 주는 환경요인으로는 각종 영양원(營養源), 배양온도, 배양 pH, 용존산소 농도, 습도(수분함량), 염류농도 또는 당류농도(삼투압), 압력, 빛(광선) 등이다.

1) 영양원

미생물이 증식하기 위하여 세포물질의 합성과 에너지의 획득을 위하여 필요한 물질을 그의 환경에서 얻는다. 이러한 물질을 영양원 또는 영양분(nutrients)이라고 한다.

(1) 영양요구에 의한 미생물의 분류

미생물의 생육에 필요한 영양원을 크게 나누면 에너지원, 탄소원, 질소원, 무기염류, 미량원소 또는 비타민 등의 생육인자(生育因子)로 구분된다. 미생물의 종류에 따라 에너지원, 질소원 등으로 이용되는 물질의 종류는 다르다.

일반적으로 미생물의 영양요구성(nutritional requirements)과 에너지원(energy source)의 차이에 따라 미생물을 분류하면 표 5-3과 같다. 이는 모든 생물의 분류기준과 같다. 미생물을 구분할 때 에너지원으로서 광을 이용하는 광합성 미생물(phototroph)과 화학적 에너지원에 의존하는 화학합성 미생물(chemotroph)로 크게 나눈다.

표 5-3. 영양요구에 의한 미생물의 분류

1. 광합성 독립영양미생물(photoautotroph) 에너지원으로 광(光)을 이용하며, 특히 탄소원으로 CO_2를 이용하는 미생물로서 조류(藻類), 홍색 유황세균, 녹색 유황세균, 광합성세균 등이 여기에 속한다.
2. 광합성 종속영양미생물(photoheterotroph) 에너지원으로 광을 이용하며, 탄소원으로 유기화합물을 이용하는 미생물로서 녹색 비유황 미생물, 홍색 비유황미생물 등이 여기에 속한다.
3. 화학합성 독립영양미생물(chemoautotroph) 에너지원으로 화학물질을 이용하며, CO_2를 주요 탄소원으로 이용하는 미생물로서 환원형 무기화합물인 NH_3, NO_2^-, H_2, H_2S, S, $S_2O_3^{2-}$, Fe^{2+}의 산화에 의해 에너지를 얻는다. 이러한 특성으로 암소(暗所)에서 완전한 무기배지에서도 증식이 가능하다. 질산화세균, 유황산화세균, 철산화세균, 수소세균, 일산화탄소세균 등이 여기에 속한다.
4. 화학합성 종속영양미생물(chemoheterotroph) 화학물질을 에너지원으로 이용하며, 유기화합물을 주요 탄소원으로 하는 미생물로서 보통 한 가지 유기화합물의 대사에 의해 탄소와 에너지를 얻는다. 대부분의 효모, 곰팡이, 세균 등이 여기에 속한다.

주요 탄소원으로 CO_2를 이용할 수 있는 미생물을 독립영양균(autotrophic microbe)이라고 하며, 유기탄소원에 의존하는 종속영양균(heterotrophic microbe)으로 구분한다. 또한 둘 다 이용할 수 있는 미생물을 혼합영양균(mixotrophic microbe)이라고 한다. 이와 같은 분류는 엄밀한 것은 아니다. 영양적인 다양성의 유무에 따라 편성(編性, obligate) 또는 통성(通性, facultative)의 용어를 사용한다. 즉, 에너지원으로서 광을 이용하며, 주요 탄소원으로서 CO_2에 의존하는 미생물은 편성광합성 독립영양생물(obligate photoautotroph)이라고 한다.

주요 탄소원, 질소원, 무기염류 등 기본적인 영양분만으로 생육이 충분할 경우는 독립영양균(prototroph)이라고 한다. 그리고 기본적인 영양분 이 외에 한 가지 이상의 유기영양분을 생육에 필요로 하는 생물을 영양요구균(auxotroph)이라고 한다. 영양요구균은 특정 성분을 합성할 수 있는 능력이 없어서, 이를 외부에서 공급해 주어야 생육할 수 있다.

(2) 배지의 종류

미생물을 배양하기 위하여 필요한 영양원을 함유한 수용액을 배지(培地, medium) 또는 배양기(培養基, culture medium)라고 한다. 화학적 조성과 성질을 알 수 있는 영양원만을 함유한 배지를 합성배지(synthetic medium)라고 한다.

이에 비하여 화학적 조성이 불명확한 성분이 함유된 배지를 복합배지(complex medium)라고 한다. 합성배지 중에 단일 탄소원과 무기물만으로 구성된 배지를 최소배지(minimal medium)라고 한다. 복합배지에는 당밀, 맥아즙, yeast extract, peptone, meat extract, 옥수수 침지농축액(corn steep liquor, CSL) 등 천연물로만 되어 있는 배지를 천연배지(natural medium)라고 하며, 천연배지와 합성배지를 조합하여 만든 배지를 반합성배지(semisynthetic medium)로 분류한다.

2) 온도의 영향

미생물의 증식은 온도에 매우 민감하다. 균주에 따라서 증식이 인정되는 최고온도와 최저온도 사이의 온도범위를 기본적 온도(cardinal temperature)라고 한다. 또한 미생물의 종류에 따라 각각 다르지만 증식이 이루어지는 최저온도(minimum temperature), 비증식속도(specific growth rate)가 최고에 달하는 최적온도(optimum temperature), 증식이 가능한 최고온도(maximum temperature)로 구분한다.

미생물 증식이 고온에서 급속히 떨어지는 것은 단백질의 변성에 따른 세포구조의 열변성에 기인한다. 보통 최고온도는 최적온도보다 3~5℃ 정도가 높다. 지금까지 알려져 있는 고온미생물 중에는 생육이 가능한 온도가 95℃ 정도이며, 최저온도는 -5℃ 정도이다. 일반적으로 미생물 증식의 온도 의존성에

표 5-4. 미생물 증식의 온도 의존성

종 류	최저온도	최적온도	최고온도	예
저온균(psychrophile)	0~10℃	5~10℃	25~30℃	발광세균
중온균(mesophile)	0~7℃	23~40℃	40~45℃	곰팡이, 효모, 방선균, 일반세균
고온균(thermophile)	25~45℃	55~70℃	70~80℃	고초균, *L. delbrickii*, 온천세균, *B. stearothermophilus*

따라 표 5-4와 같이 저온균, 중온균, 고온균으로 분류한다.

해양미생물은 대부분 저온균에 속하며, 식품을 저온에서 저장할 때 문제가 되는 부패세균에는 저온균이 많다. 고온균은 대부분 내열성 포자를 형성하는 균이다. 일반적으로 발효공업 등에 산업적으로 사용되는 균주는 대부분 중온균이며, 생육적온에 해당되는 20～40℃ 범위에서 발효를 시킨다.

3) pH의 영향

미생물의 증식은 pH에 의해 크게 영향을 받으며, 미생물의 종류에 따라 각각의 최적 pH(optimum pH)가 있다. 미생물 증식속도는 최적 pH를 중심으로 하여 종(bell) 모양으로서 좌우 대칭형을 이룬다. 최대 증식속도를 나타내는 범위는 1～2 pH 단위로 좁은 구간이며, 좌우로 2～5 pH 단위에서 증식이 인정된다.

일반적으로 세균은 pH 6.5～8.0 범위인 중성 또는 약알칼리에서 잘 자라고, 효모와 곰팡이는 pH 4.0～6.0 범위인 약산성에서 잘 자란다. 그러나 미생물의 종류 및 균주에 따라서 최적 pH는 각각 다르다.

예를 들어 유산균이나 초산균과 같이 유기산을 생산하는 내산성(耐酸性) 세균은 낮은 pH 범위에서도 산에 대한 저항성을 가지고 있어서 증식이 이루어진다. 또한 미생물 정련(bacteria leaching)에 이용되는 세균은 pH 1.0～4.0 범위에서 잘 자라지만, 중성 pH에서는 증식하지 않는다.

4) 산소의 영향

보통 미생물 증식에 필요한 산소 요구성의 유무와 강약에 따라 표 5-5와 같이 분류한다. 미생물이 산소를 이용하는 형태는 대부분 물에 용해되어 있는 상태인 용존산소(dissolved oxygen)를 이용한다.

5) 기 타

미생물이 증식하는 데는 각종 영양원, 배양온도, 배양 pH, 산소 외에도 수분, 삼투압, 광선 등 환경적인 요인에 의해 영향을 받는다. 미생물은 물이 있어야 생육이 가능하며, 배지 중에 들어 있는 수분함량의 경우 대부분의 세균은 평형상대습도(equilibrium relative humidity, ERH)가 95% 이상, 곰팡이는 75～95% 이상에서만 생육이 가능하다.

내염성 또는 호삼투압성 미생물을 제외한 일반적인 미생물의 생육에 필요한

표 5-5. 미생물과 산소와의 관계

• 편성 혐기성균(obligate anaerobe)

절대 혐기성균이라고도 하며, 산소를 이용하지 못할 뿐만 아니라 증식에 유독하다. *Clostrium*속, *Methanobacterium*속 등이 여기에 속한다.

• 내성 혐기성균(aerotolerant anaerobe)

산소를 이용 못하나 산소가 있어도 죽지 않는다. *Butyribacterium*속, *Streptococcus* 속 등이 있다.

• 통성 혐기성균(facultative anaerobe)

산소를 이용하기도 하며, 산소가 없이도 증식한다. 대장균, 효모 등이 있다.

• 미호기성균(microaerobe)

대기(大氣) 산소농도 보다 낮은 농도(2～10%)의 산소를 필요로 하며, 이보다 높은 산소농도에서는 증식하지 않는다. 수소산화균 등이 있다.

• 편성 호기성균(obligate aerobe)

증식에 산소를 필요로 하는 미생물로 곰팡이 등이 여기에 속한다.

최저 수분활성도는 세균이 0.90, 효모가 0.88, 곰팡이가 0.80으로서 이보다 많은 수분이 있어야만 미생물은 증식할 수 있다.

삼투압(osmotic pressure)도 미생물의 생육에 영향을 준다. 균주에 따라서는 30% 이상의 식염농도에도 자라는 곰팡이와 70%의 설탕농도에 자라는 효모가 존재한다. 고농도의 당(糖) 또는 염류가 존재하는 환경에서 잘 자라는 호삼투압성균(osmophiles), 호염균(halophiles), 호당성균(sacchrophiles)이 있으나, 일반적인 미생물은 생육저해를 받는다. 이는 배지에 들어 있는 염류 또는 당류가 수분활성도를 떨어뜨려 미생물의 증식을 억제하는 것으로 알려져 있다.

적색세균 또는 녹색세균 및 녹조류의 증식에는 광합성을 위하여 광선이 필요하지만, 일반적인 미생물은 밝은 곳보다는 어두운 곳에서 생육이 잘 이루어지고 햇빛은 유해하다.

6) 미생물 반응에 미치는 환경인자의 영향

미생물 반응계에 대한 환경인자의 영향으로, 앞에서 설명한 미생물의 생육 및 증식에 미치는 환경인자 외에도 생산물의 생성속도에 미치는 환경인자를 고려해야 한다. 배양의 목적은 생성물을 최대로 하는 조건을 설정하는 것이다. 미생물 증식의 최적 환경조건이 반드시 미생물반응에 대한 최적조건이라고 할 수는 없다.

예를 들어 *Aspergillus niger*를 사용한 구연산 생산에 있어서는 질소원, 인산, 미량금속 원소를 적게 하여 반기아(半飢餓) 상태를 유지하고, 당류는 과잉으로 첨가함으로써 수율을 높이는 방법을 이용한다. 특히 배지 중에 들어 있는 미량금속 원소인 Cu, Zn, Fe 이온 양을 조절하지 않을 경우는 생산수율이 떨어짐을 알 수 있다.

배양온도 및 pH에 있어서도 생육 최적조건과 대사산물의 최적 생산조건과는 항상 일치하지 않는다. 예를 들어 *Clostridium acetobutylicum*에 의한 acetone-butanol 발효에 있어서 증식에는 pH 7에서 가장 잘 자라지만, 생성물인 아세톤 및 부탄올의 생산수율은 매우 떨어진다.

보통 통성 혐기성균은 혐기적 조건보다는 호기적 조건에서 균체수율이 훨씬 크다. 통성 혐기성균을 사용하여 회분배양을 할 경우를 생각해 보자. 대부분 발효 초기에는 호기적 조건에서 균체를 대량 배양한 다음에 혐기적인 조건을 조성함으로써 처음부터 혐기적 조건에서 배양하는 것보다 많은 생성물을 얻을 수 있어서 유리하다. 따라서 생성물을 최대로 하기 위하여 미생물의 종류에 따라 배양 중에 환경조건을 변화시키는 방법을 이용하기도 한다.

1.5 발효미생물의 특성

산업적 측면에서 미생물을 크게 나누면 발효미생물(fermentative microorganism), 부패미생물(putrifactive microorganism), 병원미생물(pathogenic microorganism)로 구분된다.

부패미생물은 식품의 저장이나 가공공정에 관여하는 식품미생물에 해당된다. 식중독을 일으키거나, 또는 2차 대사산물로서 독소(mycotoxin)를 생성하는 미생물의 경우 인체에 유해하므로 식품의 안전성과 관련이 많다. 인체질병의 원인이 되는 병원미생물은 주로 의학이나 약학 분야에서 다루게 된다.

발효미생물은 산업적으로 유용하게 사용할 수 있는 미생물을 말하며, 우리에게 유익한 미생물로 인식된다. 식품산업 뿐만 아니라 의약품산업, 화학공업, 환경산업 등에 널리 이용되고 있다. 산업적으로 이용할 수 있는 미생물의 1차적인 구비조건은 다음과 같다.

① 알맞은 배지에서 대량으로 쉽고 빠르게 생장할 것

② 생리적으로 안정하며, 원하는 대사활성을 오래 유지할 것
③ 최적생장을 위한 환경조건이 간단할 것
④ 오염으로부터의 방지가 쉬울 것

산업미생물의 배지로 사용되는 원료는 가격이 싸고 쉽게 구할 수 있어야 한다. 따라서 산업미생물은 당밀(molasses)이나 옥수수녹말과 같은 값싼 에너지원에 최소의 필수영양소를 첨가한 배지에서 잘 자랄 수 있어야 한다.

또한 최적생장을 위한 환경조건이 간단하여 이를 만족시키기 위한 발효장치나 운전비용이 가능한 적게 들어야 한다. 유용미생물의 순수배양을 위하여 오염으로부터의 방지가 값싸고 쉽도록 하기 위하여 내염성(耐鹽性) 미생물을 사용하거나, 내열성(耐熱性) 세균을 이용한 고온발효 등이 이루어지고 있다.

유전공학적인 방법으로 실험실 수준에서 유용한 미생물 균주들이 많이 개발되고 있다. 그러나 이들은 생리적 안정성이 없어서 오랜 기간 동안 배양을 하는 경우 변이발생이 많아 산업적으로 이용되지 못하는 경우가 많다. 따라서 전통 발효식품에서 분리한 미생물을 산업적으로 이용하는 경우가 많다.

전통적인 알코올발효에는 누룩 또는 곡자를, 장류(醬類) 발효에는 메주가 발효 스타터(starter)로 사용하는 경우가 많다. 이 경우에 유용한 미생물이 스타터의 우점균(優點菌)으로 존재하여 발효를 순조롭게 진행하게 되며, 이 외의 다른 균들의 영향도 받게 된다.

유용한 미생물을 순수 분리하여 발효의 스타터로 사용한 것은 동양에서는 술과 장류 발효에서 코오지(koji)의 사용이, 서양에서는 빵효모의 이용과 치즈와 요구르트 발효에서 스타터의 사용이 오래 전부터 이루어졌다.

1940년대부터 곰팡이를 이용한 항생물질의 생산이 제약산업에 비약적인 발전을 가져왔다. 뒤이어 미생물에 의한 효소생산, 아미노산 생산 등이 이루어졌다. 그리고 비타민, 호르몬, 생물학적 치료제 등과 같은 생리활성물질의 생산에 이르기까지 미생물의 역할이 점차 확대되고 있다.

산업미생물의 종류는 일반적으로 미생물이 생산하는 산업소재 또는 최종물질의 종류에 따라 구분한다. 여기에서는 술을 만드는 데 사용되는 효모와 곰팡이, 발효유제품 생산에 이용하는 유산균을 비롯하여 생리활성물질, 유기산, 아미노산, 핵산, 항생물질, 생물학적 치료제 생산균주로 분류하여 그의 생산과 특성을 정리하였다.

2. 세계의 발효산업

인류의 식생활에서 발효의 역할은 대단히 크며, 지역과 민족에 따라 특유의 발효식품을 가지고 있다. Steninkraus는 세계의 발효식품과 음료를 크게 구분하여 다음과 같이 분류하고 있다.

① 술(alcoholic beverages)
② 유산발효식품(lactic acid fermented foods and beverages)
③ 발효식빵(leavened breads)
④ 인조육(meat substitutes)
⑤ 고기맛 소스와 페이스트(meat flavored sauces /pastes)
⑥ 단백질 향미 발효식품(protein flavoring agent)

특이한 것은 한국을 포함한 동양사회에는 고기맛을 내기 위한 단백질 발효식품이 많다는 점이다. 이것은 담백한 곡류를 주식으로 하는 동양사회에서는 발효에 의하여 고기의 맛과 향을 내는 조미료의 생산이 필요하였으며, 장류 발효는 그 대표적인 예이다. 반면 서양에서는 우유나 식육의 저장성은 높이는 것이 필요하였으므로 요구르트, 치즈, 발효소시지의 생산이 주를 이루게 되었다.

발효양조제품을 전통적인 제조목적에 따라 분류하면 저장을 위한 발효, 고기맛과 같은 정미성분 생산을 위한 발효, 기호품 생산을 위한 발효로 구분할 수 있다.

2.1 저장을 위한 발효식품

저장을 위한 발효식품은 요구르트와 같은 유제품을 제외하면 대부분 염장(鹽藏)과 유산발효를 병행하는 방법을 사용한다. 채소의 저장을 위한 발효제품으로는 한국의 김치가 대표적인 식품이다. 독일의 사우어크라우트(Sauerkraut), 중국의 홈초이, 일본의 나레쓰케 등을 들 수 있다.

생선이나 육류의 저장에도 염장과 유산발효를 병행하는 경우가 많다. 유산발효를 위하여 삶은 곡물을 유산발효 기질로 혼합하게 되는데, 그 대표적인 예는 한국의 생선식혜이다.

한국과 동남아 지역에서 생산되는 젓갈과 같은 고염(高鹽) 수산발효식품과 북유럽 지역에서 생산되는 식초에 절인 생선피클도 저장을 목적으로 하는 발효식품의 범주에 포함시킬 수 있다.

곡물이나 감자류로 만든 죽이나 녹말원료를 오랜 기간 동안 저장하기 위한 식품은 아프리카 지역에서 많이 만들어지고 있다. 그 대표적인 예는 나이지리아의 오기(ogi)와 가리(gari), 중국의 녹두녹말, 멕시코의 포졸(pozol) 등을 들 수 있다.

2.2 고기맛을 내기 위한 발효식품

고기맛을 내기 위한 발효식품은 동북아시아의 두장(豆醬) 제품과 동남아시아와 지중해 연안의 어장(魚醬) 제품으로 크게 구분된다. 이들 식품은 미생물의 단백질 분해력을 이용하여 아미노산과 핵산의 혼합물인 고기맛 정미성분을 만들어 낸다. 이러한 효소반응 과정에서 잡균의 번식을 20% 내외의 높은 염농도로 억제하고 있다.

특히 어간장의 경우 고농도의 식염농도에서는 미생물의 생육이 적을 것으로 보인다. 이는 효소에 의한 생선내장의 단순한 효소적인 분해과정이라고 여겼다. 그러나 5%의 염류 농도에서도 생육하는 내염성 세균들이 젓갈제품에서 분리됨으로써 발효의 역할이 강조되고 있다.

단백질 원료를 이용한 발효식품 중에는 식염을 사용하지 않고, 특정한 미생물이 선택적인 증식에 의하여 특수한 맛과 조직감을 내는 식품들이 있다. 그 대표적인 예는 인도네시아의 템페(tempe)와 일본의 낫도(natto)이다. 템페는 삶은 콩에 *Rhizopus oligosporus*의 균사(菌絲)를 배양하여 인조육과 같은 조직과 향미를 갖도록 한 식품이다. 낫도는 삶은 콩에 *Bacillus subtilis*를 배양하여 특유의 점질물질로 엉겨 붙게 한 독특한 향미를 가진 식품이다.

2.3 발효음료

발효음료는 *Lactobacillus* sp. 등과 같은 유산균의 유산발효에 의해 얻어지는 요구르트와 *Saccharomyces* sp.와 같은 효모의 알코올 발효에 의해 얻어지는 술이 있다. 요구르트는 우유를 유산균으로 발효시켜 신맛과 향미를 강화시킨 제품이다. 원료성분인 우유 외에 발효작용에 의해 생성된 유산, 펩톤, 저급화된 펩티드 등과 같은 유효성분이 들어 있어 식품영양학적으로 우수한 발효식품이다.

술은 인류가 만든 가공음료 중에서 가장 역사가 오래된 것이다. 그 제조방법에 따라서 양조주, 증류주, 혼성주로 구분을 한다. 즉, 알코올 발효가 끝난 것을 직접 또는 여과하여 마시는 것으로, 원료 자체에서 우러나오는 성분을 많이 가지는 양조주(釀造酒)에는 맥주, 와인, 사이다(사과주)가 있다. 우리나라 막걸리와 청주도 여기에 속한다.

증류주(蒸溜酒)에는 양조주를 증류하여 알코올 농도를 높임으로써 저장성을 갖도록 한 제품이다. 곡류를 원료로 한 양조주를 증류하면 위스키(whisky)를 만들 수 있고, 과실을 원료로 한 와인(wine)을 증류하면 브랜디(brandy)를 만들 수 있다.

한국의 전통소주와 중국의 고량주 모두 여기에 속한다. 혼성주(混成酒)는 증류주에 다른 종류의 술을 혼합하거나 식물이 뿌리, 열매, 과일 등을 추출하여 만든 것으로 많은 종류의 리큐르(liqueur)가 시판되고 있다. 슬로우 진, 아쿠아비트, 칵테일(cock-tail) 등이 여기에 속한다(주류식품을 참조).

3. 한국의 전통 발효식품

한국의 전통 발효식품은 맛, 영양, 저장성이라는 측면에서 한국인의 식생활에 매우 중요한 역할을 하여 왔다. 우리나라에서 발효식품이 매우 중요한 위치를 차지하게 된 배경은 크게 2가지의 요인이 있다.

① 발효식품의 독특한 맛을 형성할 수 있는 지리적·기후적인 조건

② 곡류 위주의 식문화에 따른 짜고 고기맛이 나는 부식을 필요로 하는 식습관

한국의 전통 발효식품은 제조에 사용한 주원료에 따라 나누면 발효대두식품(fermented soybean foods), 발효곡류식품(fermented cereal foods), 발효채소식품(fermented vegetable foods), 발효수산식품(fermented fishery foods)으로 구분할 수 있다. 발효곡류식품은 주로 술이며, 이를 따로 설명하였다.

3.1 발효대두식품

콩(大豆)을 이용한 우리나라 고유의 발효식품으로는 간장(soy sauce), 된장(soy paste), 고추장, 청국장, 담수장(막장) 등이 있다. 이들 중 간장, 된장, 고추장은 천연발효식품인데 비하여 청국장, 담수장은 빨리 발효시킨 장류(醬類)에 속한다.

우리나라는 전통적으로 가정에서 장류를 담가 먹었고, 그 양은 절대적으로

많다. 그러나 젊은 세대의 핵가족화 추세와 식생활의 변화 등 사회적 환경변화로 가정마다 특색이 있는 전통적인 장류의 제조는 점차 감소하고 있다.

개량식 장류가 본격적으로 생산된 것은 한국전쟁 이후 군납이 이루어지면서부터이다. 1960년대 이후 경제성장으로 공장생산이 완만한 증가추세를 보여 왔다. 점차 공장생산에 의한 장류 제품의 다양화와 품질의 고급화 등으로 소비가 증가할 것으로 보인다.

청국장을 제외하고 장류를 전통적인 방법으로 제조할 때는 발효의 스타터(starter)로 메주를 사용한다. 메주는 증자한 대두를 띄우는 과정에서 *Aspergillus oryzae, A. sojae, Bacillus subtilis* 등의 야생균(野生菌)들이 서식한다. 장류는 이 균들이 분비하는 protease에 의해 아미노산이나 핵산이, lipase에 의해 지방산이, 그리고 amylase에 의해 환원당이 생성되어 풍미가 향상되고 소화가 잘 되는 발효식품이다.

이 때에 곰팡이들은 메주의 표면에, 그리고 세균들은 주로 메주의 내부에서 증식하여 장류발효에 관여하는 것으로 알려져 있다. 청국장은 증자한 대두를 *Bacillus subtilis*로 발효시켜 점질물이 생성되고, 특유의 향기를 갖도록 한 발효식품이다.

전통적인 제조방법은 경제성장에 따른 식문화의 변화와 더불어 감소하였으며, 점차 순수하게 *Aspergillus oryzae*만을 접종하여 발효시킨 코오지를 이용한 장류를 공업적으로 생산하고 있다. 그러나 발효대두식품은 전통적인 방법과 공업적인 방법이 병용되고 있는 실정이다.

1) 간 장

간장은 전통적으로 각 가정에서 만드는 재래식 간장과 공장에서 생산되는 개량식 양조간장, 산 분해 간장 및 혼합간장으로 구분되며, 각각 특유한 맛과 향기를 낸다. 장류는 미생물에 의한 발효식품이므로 제조방법도 재래식과 개량식 방법 사이에 차이가 있으며, 품질관리에서도 많은 차이점이 있다(그림 5-4).

공장에서 생산되는 양조간장은 조절된 발효조건에서 우수한 균주를 사용하여 발효시킨 것이기 때문에 맛이 부드럽고 품질이 우수하다. 그러나 많은 시간과 경비가 소요되며, 원료의 이용률이 떨어지는 단점이 있다. 이에 비하여 산 분해 간장의 경우 맛은 단조롭지만 발효기간이 짧고, 원료 이용률이 높아서 값

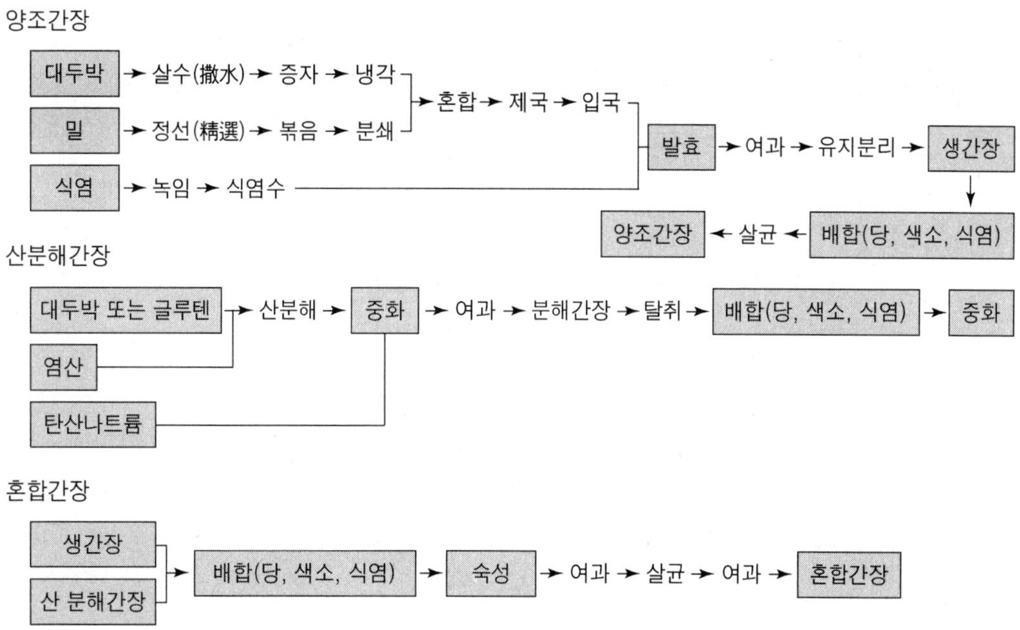

그림 5-4. 간장의 제조공정도

싸게 제조할 수 있다(표 5-6).

공장생산에 의한 간장제조는 양조간장과 산 분해 간장을 알맞게 조합한 혼합간장이 기호나 가격에서 유리하기 때문에 널리 이용되고 있다. 그러나 아무리 식품공업이 발전하고 식생활이 다양화되더라도 재래식 장류는 그 특성과 전통적인 식습관으로 그 위치가 상당히 오래 유지될 것으로 보인다.

각 가정에서 만들던 된장이나 간장은 공기중에 있던 미생물이 메주에 부착하여 생육함으로써 대두단백질이나 탄수화물이 분해되어 펩티드(peptide), 아미노산, 환원당 등을 생성하게 된다. 따라서 각 가정마다 환경조건에 따른 미생물균이 다르다. 지역에 따라서도 제조방법이 다소 차이가 있어서 된장이나 간장 맛이 약간씩 다르게 된다.

재래식 된장 또는 간장 제조에는 개량식처럼 순수한 균주를 사용하지 않는다. 메주를 띄우는 동안 공기중에 있는 곰팡이, 효모, 세균 등이 부착하여 번식한 것을 사용하기 때문에 복합적인 맛을 낸다. 그러나 경우에 따라서는 이취(異臭)를 형성하고, 맛을 떨어뜨리는 수도 있다. 또한 메주를 제조할 때에 온도가 높으면 *Bacillus natto*와 같은 고초균이 번식하기 쉽고, 품온이 낮으면

표 5-6. 양조간장과 산 분해 간장과의 비교

구분 \ 시료	양조간장	산 분해 간장	혼합간장
원 료	탈지대두, 밀, 식염	식물성 단백질(탈지대두, 밀글루텐), 식염, 기타	양조간장과 산 분해 간장을 일정 비율로 혼합하여 양조간장과 산 분해간장의 장점과 단점을 보완하여 제조한 것
제조방법	원료 중의 단백질원과 탄수화물원을 코지의 효소에 의해 아미노산과 당으로 분해하는 방법	원료 중의 단백질원을 산에 의해 아미노산으로 분해하는 방법	
장 점	향기와 풍미가 우수하다.	원료의 이용률이 높아 구수한 맛이 강하다.	
단 점	원료성분의 이용률이 낮다. 시설비가 많이 든다.	식물성 단백질 분해 중 향기가 부드럽지 못하다.	
제조기간	6개월	70～80시간	

Rhizopus, *Mucor*, *Penicillium* 등의 곰팡이가 번식하여 간장의 품질을 떨어뜨리므로 품질관리에 유의하여야 한다.

2) 된 장

된장은 쌀을 주식으로 하는 우리나라 사람들이 오래 전부터 애용해 왔던 발효조미식품이다. 단백질을 보강해 주는 부식으로 큰 비중을 차지하여 왔다. 공장생산에 의해 된장의 수요가 점차 증가하면서 위생적이고 체계적인 품질관리가 요구되고 있다.

(1) 원 료

된장용 대두로는 황색종이 사용되고 있다. 국내에서 생산되는 것으로는 부족하여 주로 미국이나 중국에서 수입한 대두를 많이 사용하고 있다. 된장용 대두는 증자 후에 색이 밝고 결정이 미세하며, 씹을 때 탄력이 좋고 흡수력이 좋으며, 탄수화물 함량이 많은 것이 이상적이라고 할 수 있다. 대두 이외에 효모 증식을 촉진하고 숙성을 빨리 하기 위하여 탈지대두를 사용하거나, 녹말원료로서 보리 또는 밀가루를 첨가하기도 한다. 소금과 양조용수에는 철분과 구리 성분이 적은 것을 사용하는 것이 좋다.

(2) 증자 및 제국

원료 대두를 보통 15～20℃의 물에서 8～9시간 침지시킨 후, 물을 빼고 1시간 이상 방치한 다음 증자관(蒸煮管)에서 30분 정도 예열하고, 1시간 반 정도 증자해 준다. 종국(種麴)은 황곡균인 *Aspergillus oryzae*를 이용하여 양조에 필요한 녹말 당화효소를 생산하기 위하여 제국(製麴)을 하게 된다. 처리된 원료에 0.1～0.15%의 종국을 접종한 후 잡균의 오염을 방지하기 위하여 습도 90%, 온도 30℃로 조절하여 40～43시간 정도 배양하여 출국(出麴)을 하게 된다.

(3) 된장의 제조 및 숙성

된장의 제조는 출국과 증자대두, 식염 등을 혼합관에 넣고 수분이 48～50%가 되도록 혼합한 다음 숙성을 시키게 된다. 그리고 된장의 숙성은 국균, 효모, 세균 등이 상호작용에 의하여 느리게 일어난다. 녹말은 아밀라아제에 의해 덱스트린(dextrin)과 당으로 분해된다.

여기에서 생긴 당은 다시 알코올 발효에 의해 알코올이 일부 생성된다. 일부는 세균에 의해 유기산을 생성한다. 또한 이들 사이에 결합이 이루어져 에스테르(ester)가 생성되어 된장의 향기가 나게 된다.

단백질은 국균 중의 단백질 분해효소에 의해 아미노산으로까지 분해되어 구수한 맛을 내게 된다. 보통 숙성실의 온도는 28～30℃로 하고, 된장의 품온(品溫)을 25～30℃가 되도록 하여 2개월 이상 숙성시킨다. 내염성 효모의 알코올 발효가 끝나고, 프로테아제(protease)에 의한 단백질 분해가 끝나 아미노태 질소(amino態 窒素)가 충분히 형성될 때를 숙성 종료시기로 한다.

(4) 제품화

숙성이 끝난 된장은 제품규격에 맞도록 조합하거나 마쇄한 다음, 효소의 불활성화와 살균을 하기 위하여 가열처리를 한 다음 제품화한다. 살균조건은 보통 50℃에서 60분간, 55℃에서 30분간, 60℃에서 10분간, 또는 70℃에서 5분 정도 실시한다.

된장을 제조할 때에는 위생적인 처리와 품질관리 외에도 유통과정 중에 변질을 방지하기 위하여 세심한 주의를 할 필요가 있다. 된장의 품질관리는 여러 가지 물리화학적인 변화가 많기 때문에 특히 원료의 선택과 제조과정 중에 특별한 검사가 요구된다.

소비자의 기호에 맞도록 관능적인 면이나 색깔 등의 외관과 염류농도 등 화학성분의 조절, 그리고 위생적인 여러 가지 문제점을 검토하여 품질개선 및 위생처리 등을 통해 질적 향상이 이루어져야 한다.

3.2 채소발효식품

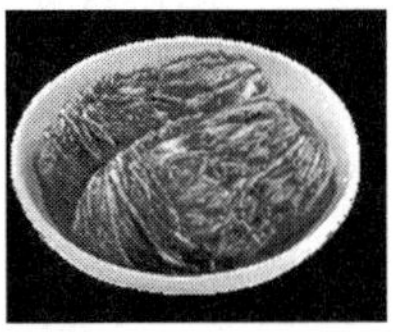

김치는 주원료인 절임배추에 고춧가루, 마늘, 생강, 파, 무 등 여러 가지 양념류를 혼합하여 제품의 보존성과 숙성도를 확보하기 위하여 저온에서 유산 생성을 통해 발효된 제품이라고 할 수 있다. 채소를 소금물에 담근다는 의미의 '침채(沈菜)'는 '딤채'로 발음되었으나, 구개음화(口蓋音化)로 '짐치'가 되었다가 오늘날의 '김치'가 된 것으로 추정된다.

한국의 김치는 세계적으로 알려진 대표적인 채소발효식품이다. 거의 모든 채소가 김치의 원료로 사용될 수 있다. 김치의 종류는 100여 가지 이상이지만, 배추김치, 깍두기, 동치미가 가장 많이 소비되는 대표적인 김치이다. 김치는 고춧가루를 사용하는 보통 김치와 고춧가루를 사용하지 않는 백김치 또는 물김치로 크게 나눌 수 있다.

두 가지 모두 3~5%의 식염을 함유하여 유해한 미생물의 생육을 억제하는 염장식품이다. 유산균의 선택적 발효에 의하여 보존성이 연장된다. 그러나 김치는 유산발효에 의하여 pH 4.0 내외일 때 가장 좋은 맛을 낸다. 더 이상 발효가 진행되면 시어져 기호성이 크게 떨어진다.

이러한 점이 pH 2~3이 되도록 발효시키는 독일의 사우어크라우트와 다른 점이다. 따라서 김치의 주발효균 *Leuconostoc mesenteroides*인 반면, 사우어크라우트의 주발효균은 *Lactobacillus plantarum*이라고 여겨진다.

김치와 비슷한 피클(pickle)은 산에 의해 채소의 저장성을 부여한 식품이다. pH가 낮은 초산, 유산, 구연산 등을 이용하여 오이, 마늘, 죽순, 양배추, 무 등을 절임하고, 조미와 풍미를 갖도록 한 제품이지만 김치의 발효와는 다르다. 김치는 체내에서 다음과 같은 기능이 있는 것으로 알려졌다.

① 김치는 채소류의 즙과 식염 등의 복합작용에 의해서 숙성과정 중에 발생하는 유산균에 의하여 유해균의 증식이 억제함으로써 장내 정장작용을 한다. 위장 내의 단백질 분해효소인 pepsin 분비를 촉진시키며, 장내 유해균에 의한 이상발효를 막아 장내 미생물 분포를 정상화시킨다.

② 김치는 육류나 산성식품을 과잉으로 섭취할 경우 혈액의 산성화로 발생

되는 산중독증을 예방해 준다. 주원료로 사용되는 채소에 함유된 칼슘, 구리, 인, 철분, 소금 등은 인체에 필요한 염분과 무기질을 함유하므로 체액을 알칼리성으로 만드는 중요한 역할을 한다.

③ 성인병 예방에도 도움을 주며 비만, 고혈압, 당뇨병, 소화기계통의 암 예방에도 효과가 있다. 채소에 풍부한 섬유소를 섭취하여 변비를 예방하고, 장염, 결장염 등의 질병을 억제한다. 각종 비타민을 공급하며, 특히 비타민 C가 많고 고추, 갓, 무청, 파 같은 녹황색 채소가 많이 섞이면 비타민 A가 많아진다. 김치가 익으면서 새우젓, 멸치젓 등의 단백질이 아미노산으로 분해되며, 칼슘의 공급원이 된다.

④ 다 익은 김치는 유기산, 알코올, 에스테르를 생산하여 유산균 발효식품으로 식욕을 증진시킨다. 그리고 김치재료로 사용하는 동물성 젓갈로부터 곡류에서 부족한 단백질을 보완할 수 있으며, 비타민 B_1(thiamin) 등의 흡수에 도움이 된다.

김치의 산업화는 1970년대의 월남파병과 중동건설 붐을 타고 시작되었다. 이후 아파트 주거생활의 보편화와 산업체를 비롯한 단체급식의 수요 증가로 이어져 김치산업은 꾸준한 성장을 하였다. 1980년대 이후에는 김치의 수출이 일본을 비롯한 세계 각국으로 확대되면서 저장성 향상과 유통체제 개선이 이루어지고 있다. 우리 국민은 하루 평균 100 g 이상의 김치를 소비하고 있다. 국내의 김치 생산량은 250만 톤에 이르며, 이 중에 많은 부분이 공장김치로 공급하고 있다.

3.3 발효수산식품

한반도는 지리적으로 바다로 둘러싸여 다양한 수산물이 생산된다. 이를 원료로 하여 각 지역마다 독특한 방법으로 수산발효식품을 제조하고 있다. 전통 수산발효식품은 크게 나누어 고염(高鹽) 젓갈과 저염(低鹽) 식혜로 구분된다.

젓갈은 20% 내외의 식염만으로 염장하여 발효를 진행시키는 것이다. 거의 모든 수산자원인 생선, 갑각류, 조개, 생선의 알, 내장, 지느러미 등 모든 부분을 원료로 사용한다. 원료인 수산물에 식염을 가하여 부패균을 억제하면서 자가소화효소 또는 내염성 미생물로 발효시킴으로써 제조공정이 비교적 단순하다. 제품은 원료단백질의 분해산물에 의한 독특한 감칠

맛이 있어 반찬이나 조미소재로서 이용되고 있다.

고염 젓갈은 원료의 원형을 유지하는 젓갈과 숙성과정을 거쳐 여과액을 취한 젓국으로 나눈다. 2가지 모두 김치의 맛을 내는 부재료로 사용되고 있다. 유기산, 알코올 등을 첨가하여 식염농도를 10% 수준으로 낮추어 냉장유통으로 공급되는 다양한 젓갈류들이 반찬용으로 제조하여 판매되고 있다.

저염 식혜는 생선의 내장을 제거하고, 식염으로 하룻밤 절군 것에 좁쌀 또는 쌀밥, 마늘, 고춧가루와 함께 버무려 2～3주 동안 유산발효를 시킨 것으로, 함경도와 강원도의 동해안 지역에서 즐겨 먹는 발효식품이다. 제품의 식염 함량이 8～10%이므로 밥반찬으로 다량 섭취할 수 있어 중요한 단백질 공급원이 될 수 있다.

4. 주류식품

발효곡류식품은 주류(酒類)가 주를 이루고 있으며, 문헌에 나타나는 우리나라 전통 주류의 종류는 200여 가지가 넘는다. 일제시대와 해방 이후 식량부족의 사태를 겪으면서 전통 주류가 대부분 소멸되었다. 술은 알코올 함량이 1% 이상인 음료를 말하며, 그의 역사는 인류의 시작과 함께 이루어졌다.

우리나라 주세정책의 잘못으로 전통주인 탁주와 약주의 산업적 발달이 이루어지지 못한 반면, 맥주의 소비가 1970년대 이후 급속히 증가하여 전통주의 시장을 대부분 잠식하게 되었다. 주정산업에서 생산되는 주정을 이용하여 만든 희석식 소주는 우리나라 증류주의 대표적인 제품으로 자리를 잡았으며, 그 시장규모는 대단히 크다.

4.1 술의 종류

술은 크게 발효주, 증류주, 혼성주(混成酒, 또는 재제주) 등으로 구분된다. 보통 가정에서 담그는 과실주 또는 약용주(藥用酒)는 원료성분을 주정에 우려낸 혼성주에 속한다.

발효주에는 맥주・청주・약주・막걸리(탁주)・과실주 등이 있다. 발효주를 증류시킨 다음 숙성시킨 증류주에는 위스키(Whisky)・브랜디(Brandy)・진(Gin)・보드카(Vodka)・고량주・소주 등이 있다.

증류주를 오지항아리, 초자용기 또는 스테인리스 스틸용기 등에 저장하는 화이트 리큐르(white liqueur)와 위스키, 브랜디, 럼 등 나무통에 저장하는 브라운 리큐르(brown liqueur)가 있다. 술은 각 지역에 따라서 오랜 역사와 더불어 독특하게 발전하여 왔다. 발효주에 대해서는 다음에 설명하였으며, 세계적으로 알려져 있는 증류주 중에는 다음과 같은 술의 종류가 있다. 술을 담그는 원료와 제조방식에 따라 구분되며, 각각 독특한 향미를 갖는다.

1) 위스키

곡류를 원료로 한 증류주의 경우, 영국의 스카치위스키(Scotch whisky)는 맥아를 원료로 한다. 아이리쉬위스키(Irish whisky)와 캐나디안위스키(Canadian whisky)는 호밀을 원료로, 그리고 미국은 옥수수를 주원료로 한 버어본위스키(Burbon whisky)를 제조하여 각각 독특한 향미를 지닌 술로 유명하다. 이 외로 일본의 산토리, 니카 등에서 생산하는 일본위스키(Japanese whisky)가 있다.

스카치위스키를 종류별로 나누면 맥아를 원료로 한 몰트위스키(malt whisky), 곡류를 원료로 한 그레인위스키(grain whisky), 이를 조합한 혼합위스키(blended whisky)가 있다. 유명한 제품은 거의 몰트위스키에 다량의 그레인위스키를 혼합한 혼합위스키이다.

스카치위스키의 특징은 배조(焙燥) 공정에서 peat(泥炭)을 태워 발생하는 연기로 훈연시킴으로써 독특한 향을 갖도록 한 것이다. 몰트위스키에서는 Glen Grant, Glenfiddich 등이 유명하다. Blended whisky에서는 J&B, Cutty Sark, Johnnie Walker, Ballantine, Chivas Regal 등이 유명하다.

2) 브랜디

과일을 원료로 한 증류주(brandy)에는 포도가 주로 사용한다. 프랑스에서 생산하는 코냑(Cognac), 아르마냑(Armanac), 프렌치브랜디(French brandy) 등이 세계적으로 유명하다. 이 외의 과일을 원료로 한 브랜디에는 사과를 원료로 한 프랑스의 칼바도스(Calvados), 버찌를 원료로 독일, 스위스에서 제조한 키르시벗서(Kirsh wasser), 그리고 자두브랜디(plum brandy)가 알려져 있다.

브랜디의 상표는 제조회사에 따라 다소의 차이가 있다. 코냑과 같이 원료품종, 양조법, 증류법, 숙성법 등이 일정 규격으로 만든 것에 한하여 허용하는 경우도 있으나, 제조회사에 따라서는 숙성연수를 표시하기도 한다.

그의 대표적인 예로서 ★★★(three star)는 3～5년, VSOP(very superior old pale)로 10～20년, 나폴레옹(Napoleon)은 30～40년, 엑스트라(Extra)는 40～50년을 각각 숙성한 것으로서 주류공업이 역사를 알 수 있듯이 오랜 기간을 통하여 꾸준한 기술개발을 필요로 한다.

3) 진

진은 네덜란드, 영국, 캐나다, 미국이 주산지이다. 드라이 진(dry Gin)과 스위트 진(sweet Gin)으로 구분된다. 원료는 라이맥과 옥수수가 이용되며, 당화용으로 맥아가 쓰인다. 증류한 술에 노간주 열매(juniper berry)를 넣고 다시 증류하여 제품화하기 때문에 특유한 향기가 있다. 스위트 진은 드라이진에 2～4%의 설탕과 0.2～1%의 글리세린을 첨가하여 만든다. 칵테일용으로 이용된다.

4) 보드카

보드카는 러시아의 증류주로 알려져 있다. 옥수수, 라이맥과 보리의 맥아를 사용하여 제조한다. 증류주를 활성탄으로 여과하여 무미무취(無味無臭)한 독한 술로서 칵테일용으로 많이 사용한다.

5) 럼

럼(Rum)은 사탕수수 당밀을 원료로 발효 후 증류한 다음 나무통에 숙성시킨 증류주이다. 자메이카, 쿠바 등이 유명한 생산지이다. 헤비(heavy)럼, 라이트(light)럼, 메디(medium)럼으로 구분한다.

6) 리큐르

혼성주는 양조주나 증류주에 과실, 향료, 약초, 감미료 등을 첨가하여 당분을 더하여 침출하거나 증류하여 만든 술로서 리큐르(liqueur)라고도 불린다. 알코올 함유량은 20~68%로 다양하며, 주로 강장이나 약용으로 즐겨 마시며 칵테일에 많이 쓰인다. 리큐르는 주세법에 '녹말이 함유된 물료 또는 당분이 함유된 물료를 주원료로 하여 발효시켜 증류한 주류에 인삼을 담가서 우려내거나 발효, 증류, 제성 과정에 과실추출액을 첨가한 것'을 말한다. 사용하는 원료에 의하여 다음과 같이 분류되는 경우가 많다.

(1) 약초 · 향초

리큐르는 증류주를 만드는 과정에서 약초나 향초(herbs and spices)를 첨가하여 증류한 데에서 시작되었다. 여러 가지의 향초에 종자, 초근(草根), 꽃 등을 섞어 만든다. 이 종류의 제품에는 압상(absinthe), 아니제뜨(anisette), 베네딕틴(benedictine), 샤르뚜르즈(chartreuse), 갈리아노(galliano), 캄파리(campari) 등이 있다.

(2) 과실류

과실(fruits)계 리큐르는 보통 식후에 마시는 종류로서 미식적(美食的) 요구에 따라 생겨난 술이라고 할 수 있다. 오렌지를 이용한 큐라소(curasao)가 유명하다. 한 종류의 원료보다는 각종 식물류를 보조로 이용함으로써 단조로운 맛을 균형 있는 조화미로 변화시킨다. 제품으로는 큐라소, 코앙트로(cointreau), 트리플섹(triple sec), 피터 히링(peter heering), 코디알 메독(cordial medoc), 마라스키노(maraschino), 슬로진(sloe Gin) 등이 있다.

(3) 종자류

과실의 씨(seeds)에 들어 있는 방향성분이나 커피, 카카오, 바닐라 등의 두류(豆類)를 이용하여 향기를 높인 리큐르로 주로 식후에 마신다. 단순히 씨만 이용하는 경우는 드물고, 몇 가지 향료를 혼합하는 것이 보통이다. 이에 속하는 제품은 크렘 드 카카오(creme de cacao), 크렘 드 모카(creme de moka), 티아 마리아(tia maria) 등이 있다.

(4) 특수 종류

식물계 이외의 원료를 사용한 특이한 제품(specialities)들의 인기가 높아지고 있다. 이에 속하는 제품은 아드보카트(advocaat), 드람비(drambuie), 아이리시 미스트(Irish mist), 록 앤 라이(rock & rye) 등이 있다.

국내에서 시판하고 있는 혼성주에는 매실주·오가피주·인삼주 등이 있으며, 매실주로서 매취·매심·매향·설중매·홍실·매실와인 진(眞) 등이 있다. 혼성주로서 사용하는 원료에 따라 여러 가지로 구분된다. 원료 성분이 알코올에 의하여 침출되어 인체에 생리적인 효능을 부여하기 때문에 예전부터 애용되어 왔다.

7) 기 타

우리나라에서는 고구마, 타피오카, 보리 등을 원료로 만든 주정(酒精)을 희석하여 만든 희석식 소주가 널리 음용된다. 일본에서는 흑곡균(*Aspergillus awamori*)으로 쌀을 당화시켜 발효한 양조주를 증류한 아와모리(awamori) 소주, 그리고 중국에서는 청주와 유사한 소흥주(紹興酒)와 증류주인 고량주(白酒)가 유명하다. 이 외에도 야자술(toddy)을 증류한 아라크(arrack)가 동남아시아에서 생산된다.

4.2 알코올 대사

술은 일반적으로 건강을 해치는 것으로 알려져 있으나, 사교뿐만 아니라 사회활동에서 오는 스트레스를 해소하고 긴장감을 줄여 주는 역할도 한다. 또한 약주(藥酒)라고 하여 알맞은 음주는 오히려 건강에 좋다고도 한다.

술의 주성분인 에탄올을 섭취하게 되면 입안의 점막으로부터 장에 이르기까지 다양한 경로로 흡수되지만, 주로 위와 소장에서 흡수된다. 흡수속도는 술에 들어 있는 알코올 함량, 식품의 섭취 등에 의하여 영향을 받는다. 흡수된 알코올의 90% 이상은 혈관을 통하여 간으로 운반된다.

나머지 5~10%의 알코올은 폐를 통하여 호흡으로 배출되거나 땀, 오줌 등으로 직접 배출된다. 술을 분해하는 효소는 술 중에 들어 있는 에탄올이 아세

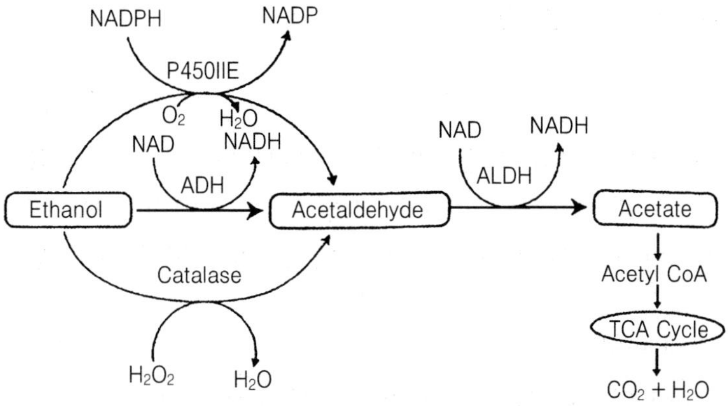

그림 5-5. 알코올의 대사

트알데히드와 초산을 거쳐 TCA 회로로 들어가 탄산가스와 물로 바뀌어져 완전분해가 일어나기 때문에 적어도 체내에 여러 가지 효소가 존재해야 한다(그림 5-5).

간으로 운반된 알코올은 크게 3가지 경로를 통하여 아세트알데히드로 분해된다.

① 세포질에 있는 알코올 탈수소효소(alcohol dehydrogenase) 경로

② Peroxisome에 존재하는 카탈라아제(catalase) 경로

③ 활면 소포체에 존재하는 microsomal ethanol-oxidizing system(MEOS) 경로

알코올 탈수소효소(ADH)는 유도(誘導)되지 않는 구성효소로 알려져 있으며, 카탈라아제에 의한 경로는 매우 적다. 술을 못 마신다는 사람도 자꾸 술을 마시게 되면 술이 늘게 된다. 이는 알코올의 섭취가 지속적으로 유도가 되는 MEOS 경로의 시토크롬(cytocrome) P450 계열 효소의 증가를 유발하기 때문으로 알려져 있다.

동양인의 절반 정도, 한국인의 15～20% 정도에서는 체내에 흡수된 알코올 대사에서 2단계를 담당하는 알데히드 탈수소효소(aldehyde dehydrogenase)의 불활성형으로 존재한다. 음주할 때 알데히드가 혈액 중에 축적되므로 여러 증상들이 나타나게 된다.

4.3 술을 잘 마시는 방법

1) 맥 주

세계적으로 맥주는 가장 대중적인 술이며, 우리나라에서 소비되는 술의 절반 이상은 맥주이다. 갈증을 풀어주는 시원한 맥주, 그러나 맥주라고 무조건 같은 맛을 내지는 않는다. 맥주를 맛있게 마시려면 어떻게 하는 것이 좋을까?

(1) 신선할 때 마신다

제조 후 1년이 안 된 햇맥주가 좋기 때문에 맥주를 구입할 때 제조일자 표시를 확인한다.

(2) 시원하게 하여 마신다

상쾌한 맛을 내는 맥주의 알맞은 온도는 여름에는 4~8℃, 겨울에는 10~14℃, 봄과 가을에는 6~10℃이다. 글라스를 냉장고에 넣어두면 꺼낼 때 서리는데, 이것을 프로스트 글라스(frost glass)라고 하며, 여기에 맥주를 따라 마시면 그 맛은 더욱 시원하다.

(3) 깨끗한 글라스에 마신다

기름기가 묻어 있으면 거품이 금방 꺼진다.

(4) 거품과 함께 마신다

첨잔은 이미 탄산가스가 날라 가버린 김빠진 맥주에 신선한 맥주를 섞는 것이므로 피하는 것이 좋다. 거품은 2~3 cm가 알맞다. 'Two fingers'라는 말이 있듯이 손가락 2개 넓이 정도의 거품이 있어야 한다.

우리나라의 맥주시장은 HITE맥주, 그리고 OB맥주와 진로쿠어스의 체제를 이루고 있다. 미국 맥주시장의 80% 정도를 Anheuser-Busch, Miller, Coors의 3대 회사가 차지하고 있으며, 그의 대표적인 맥주는 Budweiser, Miller lite, Bud light, Coors light, Busch 순이다.

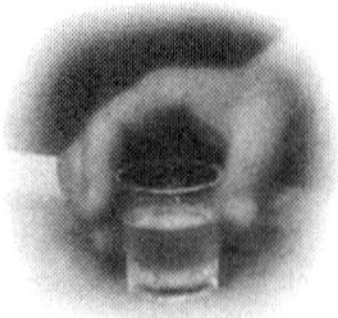

2) 소 주

미리 위를 든든히 채우고 안주를 곁들여 마시는 것이 좋다. 그리고 되도록 천천히, 조금씩 마시는 것이 좋다. 소주와 궁합이 잘 맞는 안주로 오이를 들 수 있다. 주전자에 오이를 가늘게 썰어 넣고 소주를 부으면 소주의 강한 알코올 향이 사라지고 맛이 순해진다. 또한 술을 많이 마시면 이뇨작용으로 체내의 칼륨(K, potassium)이 배설되는데, 오이에는 칼륨이 많이 들어 있기 때문에 칼륨 보충이 쉽고, 염분과 노폐물의 배출을 도와주어 몸을 맑게 한다. 그리고 소주 1병을 주전자에 붓고 여기에 녹차 티백 1개를 띄워서 마시면 녹차 특유의 향내가 어우러질 뿐만 아니라 술독을 해소하는 효과가 높아진다.

3) 민속주

술의 온도를 맞추기 위하여 도자기 잔을 사용하며, 마실 때의 온도를 8℃ 정도로 차게 해서 마시는 것이 좋다. 술병을 열자마자 술을 따르지 말고, 술병 마개를 연 다음 잠시 기다린다. 병 속에 차있던 미량의 가스를 날아가게 한 다음, 조용히 잔에 술을 따라야 한다.

전통 약주는 대부분 단맛과 신맛이 다른 술에 비하여 강하다. 비교적 담백한 약주가 식사와 함께 하는 술로 좋다. 예로부터 반주(飯酒)란 식사 전에 1~2잔의 약주를 마시는 것이 식욕을 돋우고 소화를 촉진시킨다.

4) 와 인

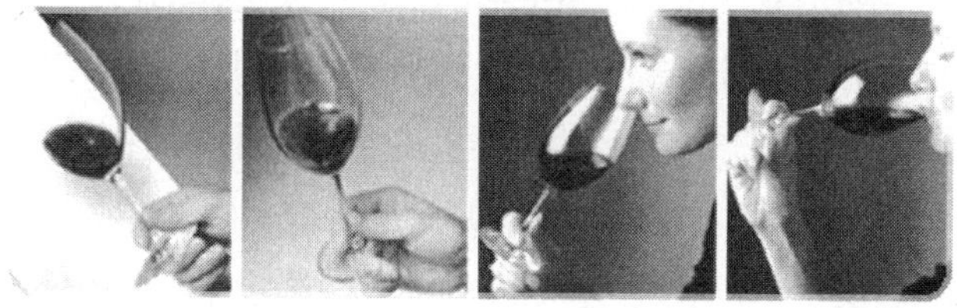

와인(wine) 잔 모양을 보면 무색투명한 유리로 튤립 꽃 모양의 부분과 손잡이가 달려 있다. 이것은 와인의 색깔과 향미를 충분히 즐길 수 있게 하기 위한 것으로, 잔의 밑부분을 손가락으로 가볍게 잡는다. 저온저장고에서 꺼낸 와인병은 얼음으로 채워진 통에 놓여지고, 코르크(cork) 마개를 돌려 따고는 잔에 와인을 따를 때는 ⅔ 정도를 따른다.

― 먼저 눈으로 즐긴다. ― 미묘한 금색이 나는 화이트와인과 분홍색의 로제와인, 그리고 검붉은 레드와인은 각기 맑고 빛이 난다. 크리스털(crystal)처럼 투명한 유리잔에 담긴 와인을 보는 즐거움은 와인을 즐길 줄 아는 사람이 아니면 느낄 수 없다. 유리잔을 원형으로 천천히 흔들어서 와인을 잔의 내부에 묻힌 다음 잔의 내면을 타고 흘러내리는 와인을 보면 마치 바닷가에서 밀려오는 파도를 바라보는 것 같은 부드러운 율동감을 느낄 수 있다. 맨 처음은 잔을

밝은 방향으로 향하게 하여 45도 가량 기울게 하고 색깔을 본다. 좋은 포도주는 맑음, 밝기, 윤택함 등이 좋으며, 탁하고 윤택함이 없거나 색깔이 좋지 않은 것은 좋은 와인이 아니다.

— 두 번째는 향을 즐긴다. — 잔을 코끝에 가까이 대서 잔에서 자연스럽게 올라오는 냄새를 맡고, 잔에 괴어 있는 향기를 들이키게 되면 전체적인 향을 음미할 수 있다. 원래부터 포도에 들어 있는 과일향과 발효나 숙성과정에서 생성된 부케(bouquet)가 조화를 이룬 와인의 은은한 향기를 느낀다. 신선하고 상쾌한 느낌을 주는 것이 좋은 와인이다.

— 세 번째는 와인을 10 ml 정도 입에 넣고 음미한다. — 와인을 한 모금 입안에 머금고 혀를 돌려서 입 안 구석구석까지 퍼지게 하고 맛을 음미한다. 맛도 혀끝에 닿을 때의 맛과 입 속에서 느껴지는 맛, 그리고 목으로 넘어갈 때 느껴지는 맛들을 모두 음미하는 것이 와인의 올바른 감상법이다. 처음에는 단맛이 느껴지고, 그리고 신맛, 떫은맛이 어느 정도인지를 느껴 본다. 술이 어느 정도 센지(强度), 맛의 정도가 어떤지를 느낀다. 와인이 입 안에 있는 채로 숨을 내쉬어 코에 닿는 향기를 느낀다. 마지막으로 와인을 빈 잔에 뱉어 버리고 나서 입 안에 남아 있는 신맛, 떫은맛의 정도가 얼마인지를 확인한다.

— 와인을 마시는 최후의 단계는 뒷맛을 감상하는 것이다. — 마신 다음 입안에 남아 있는 향기와 산, 탄닌 등의 성분이 균형이 잘 어우러진 것일수록 뒷맛이 좋기 때문이다. 와인을 감별할 때는 모든 특성을 알아내야 하는데, 색(appearance)·향(bouquet)·맛(taste) 의 3가지가 기본 요소이다. 거기에 덧붙여 뒷맛(finish)과 균형(balance)이다. 포도주 중에는 숙성을 시키지 않고 햇술에 가까운 신선미를 가진 색다른 포도주가 보조레이(Baujokais)이다. 이 술은 오래 숙성되지 않았으므로 포도주로서 품질은 좋지 않으나 빛깔이 곱고 신선미를 가지고 있는 것이 특징이다.

고기요리에는 적포도주, 굴이나 생선요리에는 백포도주가 잘 어울린다. 포도주를 제대로 즐기려면 잔의 ⅔ 정도만 붓고 마셔야 한다. 더운 여름이라고 하더라도 포도주에 얼음을 넣으면 특유한 향기와 빛깔이 나빠진다. 포도주를 첨잔하여 마시는 것도 삼가야 한다.

마실 때 포도주의 온도는 마시는 사람의 느낌이 가장 중요한 기준이 된다. 일반적으로 백포도주는 냉장고에 2～3시간 정도 보관하여 10～12℃로 조금 차갑게 마시는 것이 좋다. 그러나 적포도주는 냉장고에 보관하면 맛을 잃을 경우가 많다. 17℃ 정도를 유지해야 하므로 서늘한 곳에 보관해야 한다. 온도가 알맞게 맞추었더라도 잔을 따르면 금방 온도가 올라가므로 마실 때 글라스의 줄기를 잡는 것이 좋다.

5) 위스키

우리나라에서는 수입되는 양주(洋酒) 중에서 특히 위스키의 소비가 주를 이루고 있다. '어떻게 위스키를 마시는 것이 좋은지'를 알아 둘 필요가 있다. 증류주는 알코올 함량이 대부분 40%가 넘는 독한 술이기 때문에 얼음이나 뜨거운 물에 희석하여 마시거나, 또는 칵테일 형태로 마신다.

독한 술을 그대로 마시면 위장의 맨 아랫부분에 있는 유문이 심한 경련을 일으키고 움츠러든다. 장으로 내려가는 출구가 순간적으로 막혀 버리는 것이다. 이렇게 되면 알코올이 위장에 머무는 시간이 그만큼 길어지고, 위 점막의 손상도 커지게 된다. 아울러 다른 음식물의 소화를 어렵게 한다. 독한 술을 급히 마셨을 때, 구토를 하거나 속이 울렁거리는 것도 이런 까닭이다.

빈속에 마시면 그 정도가 훨씬 더하다. 빈속에 마시는 위스키는 절대 금물이다. 위스키 음주로 초래되는 위험을 막기 위하여 되도록 물에 타서 묽게 마시는 습관을 길러야 한다. 위 점막이 독한 알코올에 직접 노출되면 손상될 가능성이 그만큼 커지기 때문이다.

양주를 마시고 취하면 간장의 손상은 물론이고 위장에도 큰 타격을 준다. 가볍게 1～2잔으로 만족하는 것이 양주를 즐기는 요령이다. 굳이 스트레이트를 즐기겠다면 먼저 물을 마시도록 하라. 위장을 보호하는 데는 안주보다 물이 훨씬 효과적이다.

위스키는 서양 술로서 육식으로 위가 튼튼한 서양 사람들보다 오히려 우리나라 사람들이 과음, 폭음, 빈속에 마시는 경향이 있다. 양주가 뒤끝이 좋다고 생각하는 사람들이 많은데 잘못된 생각이다. 위스키 같은 양주에는 알코올 외로 다른 성분이 많이 들어 있다. 이러한 성분을 협잡물이라고 하며, 숙취의 원인 중 하나로 꼽힌다.

4.4 숙취와 숙취해소

1) 숙 취

숙취의 원인은 과음이다. 성인이 1시간 동안 분해할 수 있는 알코올의 양은

약 6 g으로 소주 1병을 분해하는 데 10시간 정도가 걸린다. 이보다 많은 술을 마시면 아세트알데히드가 생겨 숙취로 이어진다. 이를 혈중 알코올 농도로 치면 0.2% 정도가 된다. 숙취의 원인은 크게 다음과 같은 3가지 원인에서 일어난다.

(1) 탈수현상

술을 마시면 알코올의 작용으로 소변, 땀, 기타 분비물로 많은 수분을 소비하게 된다. 이에 따라 몸에 수분이 부족하여 몸이 나른해진다.

(2) 전해질 부족

수분과 함께 미네랄과 같은 여러 가지 전해질이 몸 밖으로 빠져 나간다. 숙취의 증상인 몽롱하고 무기력한 증상은 전해질 부족 때문이다.

(3) 아세트알데히드가 미치는 부작용

짜증이 나고, 속이 메스꺼운 현상 등이다.

2) 숙취예방

술을 많이 마시면 그만큼 소변이나 땀 등으로 많은 수분을 소비하게 되고, 미네랄 같은 각종 전해질이 체외로 방출된다. 간장이 소화하지 못한 아세트알데히드가 몸에 부작용을 일으켜 갈증, 두통, 무기력한 증상이 나타난다. 이러한 숙취의 고통을 예방하려면 다음 몇 가지 사항을 지키는 길밖에 없다.

① 술 마시기 전에 음식을 꼭 먹어서 공복(空腹, 빈속)을 피한다.
② 자기 자신의 알맞은 음주량을 초과하지 않는다.
③ 술을 마실 때 될 수 있는 한 천천히 그리고 조금씩 시간을 끌면서 마신다.
④ 반드시 안주를 잘 먹으면서 마신다.
⑤ 술과 함께 탄산가스가 함유된 음료를 마시지 않는다.
⑥ 약물을 함께 먹지 않는다.

3) 숙취에 좋은 음식

(1) 선지국

선지에는 흡수되기 쉬운 철분이 많고, 단백질이 풍부하다. 콩나물・무 등이 영양의 균형을 이루어 피로한 몸에 활력을 주고, 주독(酒毒)을 풀어 준다.

(2) 콩나물국

콩나물에 들어 있는 아스파라긴산은 전체 아미노산의 70% 정도로 간에서 알코올을 분해하는 효소의 생성을 돕는다. 숙취에 효과가 있으며, 특히 꼬리 부분이 87%로 많다. 북어와 함께 끓일 때 그 효능은 더욱 좋아진다.

시판하고 있는 희석식 소주에는 숙취해소에 도움을 주는 아스파라긴산을 첨가하고 있다.

(3) 북어국

다른 생선보다 지방 함량이 적어 맛이 개운하고, 혹사당한 간을 보호해 주는 아미노산이 많아 숙취를 해소하는 데 좋다.

(4) 조개국

조개국물의 시원한 맛은 단백질이 아닌 질소화합물인 타우린(taurine), 베타인(betaine), 아미노산, 핵산류와 호박산 등이 어울린 것이다.

(5) 굴

비타민과 미네랄이 많아 빈혈과 간장병을 앓고 난 후의 체력회복에 애용되어온 강장식품으로, 과음으로 인한 영양의 균형을 잡는데 도움을 준다.

(6) 야채즙

산미나리, 무, 오이, 부추, 시금치, 연근, 칡, 솔잎, 인삼 등의 즙은 숙취를 해소하는 음식이다. 간장과 몸에 활력을 불어넣어 준다. 오이즙은 특히 소주를 마신 후의 숙취에 좋다.

4.5 술의 제조

1) 맥 주

(1) 맥주의 제조

맥주는 곡류로부터 유래되는 당액의 알코올 발효에 의해 제조되는 음료로서 '맥아 또는 맥아와 전분질 원료, 호프(hop) 등을 주원료로 하여 발효시켜 여과 제성한 것'으로 정의하고 있다.

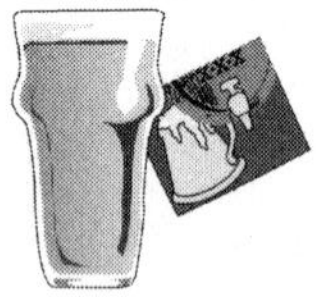

잘게 부순 맥아에 녹말 등 부원료를 더하여 물과 섞어 알맞은 시간과 온도를 유지하면 맥아 속에 있는 당화효소(amlyase)의 작용에 의해 녹말은 효모가 이용할 수 있는 당분 형태로 전환된다. 이것을 여과하여 호프를 넣고 끓인다. 호프는 맥주 특유의 쌉쌀한 맛과 향을 만들어 내며, 맥아즙 속에 포함된 단백질을 응고시켜 맑게 하는 중요한 작용을 한다.

뜨거운 맥아즙을 냉각시킨 후 발효탱크에 효모와 함께 첨가하여 7~12일간 발효가 일어나면 다음과 같이 당분이 알코올과 탄산가스로 분해된다.

$$C_6H_{12}O_6(\text{포도당}) + O_2 \xrightarrow{\text{효모}} 2C_2H_5OH(\text{에탄올}) + 2CO_2$$

전발효가 끝난 미숙성 맥주(young beer)는 후발효 탱크에 옮겨져 0℃ 이하의 저온에서 1~3개월간 서서히 숙성되며, 맥주의 맛과 향이 조화를 이루게 된다. 숙성이 끝난 맥주는 여과를 거쳐 맑고 투명한 맥주가 되며, 병이나 캔 등의 형태로 포장된다.

살균처리한 병맥주에서부터 점차 향미를 중요하게 여기는 경향으로, 막여과(membrane filtration)를 거쳐 제균(除菌)한 비열처리맥주 또는 생맥주의 유통이 늘어나고 있다. 생맥주에는 미생물은 남아 있지 않으나 효소가 들어 있어서 저장 및 유통 중에 생화학적 반응이 계속되기 때문에 저온유통이 필요하고 보존기간에 제한을 받는다.

맥주제품으로는 하면(下面) 발효에 의하여 제조한 색깔이 연하고 호프에 의하여 쓴맛이 특징인 필센(Pilsen) 맥주가 대부분을 차지한다. 그리고 맥아즙을 고온에서 처리함으로써 색깔이 진하고 훈연한 향이 남아 있는 뮌헨(München) 맥주가 있다. 그리고 상면(上面) 발효로 제조한 색깔이 진하고 맥아를 고온에서 처리하여 캐러멜 향이 있는 스타우트(Stout) 등으로 구분된다.

2) 포도주

과실주(wine)는 과일 원료 중에 들어 있는 포도당, 과당, 맥아당, 자당 등의 탄수화물을 효모(*Saccharomyces* sp.)에 의해 발효(fermentation)시켜 12~13%의 에탄올 함량이 되도록 하여 저장성을 갖도록 한 기호식품이다.

포도주는 프랑스, 독일, 스페인, 이탈리아, 미국 등지에서 많이 만들어지고 있는 대표적인 과실주이다. 포도과즙에 들어 있는 당분을 *Saccharomyces ellipsoideus* 등의 효모에 의해 알코올로 발효시킨 것으로서, table wine(dry wine)과 단맛이 있는 dessert wine(sweet wine)으로 구분된다.

포도열매를 분리하여 파쇄한 다음 아황산염을 첨가하여 세균과 같은 잡균의 증식을 방지한다. 효모를 첨가하여 발효가 시작되면 당분(糖分)이 변하여 알코올이 되므로 당분이 날마다 줄어들면 발효가 활발히 진행되고 있다는 증거이다. 알맞은 온도를 유지하도록 탱크 겉면에 물을 뿌려 주거나, 시원한 공기를 발효용기에 공급하기도 한다.

발효가 끝난 다음 액체와 고형물을 분리한다. 먼저 중간층의 액체상태를 뽑아낸다. 이 때 자연스럽게 나오는 액체를 프리런(free run)이라 하며, 고급 와인용으로 쓰인다. 1차로 발효가 끝나지 않은 와인을 다시 발효시킨다. 알코올의 농도를 높이기 위하여 설탕을 첨가하거나, 이외로 필요한 첨가물을 넣은 뒤 다시 발효시킨다.

2차 발효를 감산(減酸) 발효라고도 하며, 포도 중의 사과산(malic acid)이 미생물에 의하여 유산으로 변하면서 와인의 맛도 부드러워지고 향기도 변하여 훨씬 세련된다. 레드와인을 만들 때에는 반드시 2차 발효가 이루어지지만, 화이트와인은 신선한 맛을 유지하기 위하여 이 과정을 생략하기도 한다.

맛과 향의 조화를 이루기 위하여 몇 개월에서 몇 년까지 저장하는 과정으로, 레드와인은 짙은 보라색에서 점차 벽돌색깔로 되면서 부드럽게 된다. 향기도 포도에서 우러난 향기(aroma)가 원숙한 향인 부케(bouquet)로 새롭게 형성된다. 참나무통에서 숙성시킨 것이 가장 맛이 좋다. 탄닌 등의 용출로 자체적으로 맑아지고, 알맞은 공기접촉으로 산화가 조금씩 지속되기 때문이다.

3) 청 주

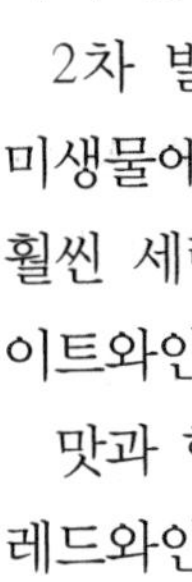

양조주는 가장 오래 된 우리의 전통주이며, 순 곡주류와 약용가향 곡주류로 구분된다. 순 곡주류는 거르는 방법에 따라 탁주와 청주로 나누어지나, 그 기본적인 제조방법은 같다. 이들을 제조할 때에 발효 스타터로 누룩을 사용한다.

누룩은 증자하지 않은 밀이나 호밀의 분쇄물에 수분을 35% 되도록 첨가하고 원판 모양으로 성형시킨다. 여러 가지 자연에 서식하는 미생물에 의해 발효되어 독특한 향을 지닌 것으로, 제조된 술에 특유의 향기와 맛을 부여한다.

누룩 중에 존재하는 미생물들은 녹말의 당화에 관여하는 *Aspergillus* sp. 및

Rhizopus sp.와 알코올 발효에 관여하는 *Saccharomyces cerevisiae*와 *Hansenula* sp. 등이 혼재되어 있다. 따라서 누룩은 메주와 함께 자연발효 스타터의 대표적인 예가 된다.

청주(淸酒)는 쌀을 원료로 하여 쌀 녹말을 황국균(*Aspergillus oryzae*)이 분비하는 액화효소와 당화효소에 의해 당화시킨 당화액을 청주효모(*Saccharomyces sake*)에 의해 발효시킨 다음 제성한 병행복발효주이다. 청하, 경주법주 등이 여기에 해당된다. 각 지역별로 전승된 제조방법에 따라 민속주로 개발하여 많은 종류가 시판되고 있다. 제주지역의 경우 우리농산물영농조합법인에서 차좁쌀을 원료로 한 좁쌀약주인 '오름의 샘'이 생산되고 있다.

우리나라 민속주의 대부분은 각 지역에서 생산되는 곡류나 서류 등을 원료로 발효시킨 발효주, 또는 이를 증류시킨 증류주이다. 예전에는 발효주의 여과기술이 모자라 발효 후 고형물을 침강시켜 위에 맑은 부분을 '청주' 또는 '동동주'라고 하였다. 식물성 약재를 혼용하는 경우 '약주'로, 그리고 밑부분의 탁한 것을 '탁주', 또는 마구 걸렀다는 의미에서 '막걸리'라고 하였다.

양조기술의 발달과 더불어 약주나 청주는 투명도가 매우 높은 맑은 술로 시판되고 있다. 값싸게 빨리 취할 수 있는 소주와 마시기 쉽고 깨끗한 맥주에 밀려 청주는 소비에 제한을 받고 있다.

4.6 우리의 음주문화

우리 조상들이 술에 대한 독특한 생각과 가양주 문화에 있었다. 우리의 전통 술인 청주와 막걸리는 단순한 기호음료가 아니라 음식이라고 생각하였다. 술이 음식이기 때문에 5가지 맛이 조화된 맛있는 술을 좋은 술이라 하였고, 음식이기에 지나치지도 모자라지 않게 먹는 것으로 생각하였다.

우리 민족은 술을 약으로 쓰기도 하고, 부원료로 생약재를 사용한 약주가 발달하였다. 생약재의 고유한 약효 외에도 순환기질환과 암 등에 작용하는 전통 누룩과 전통 술의 기능성이 입증되고 있다.

우리나라 사람들은 술을 마실 때 크게 격식을 차리지 않는다. 오히려 격식을 깨는 주법(酒法)을 더 멋스러워 한다. 그래서 밤거리에는 취객의 노래와 갈짓자(之) 걸음이 드물지 않고, 대체로 그러한 행동을 너그럽게 보아 넘긴다.

우리의 본래 음주문화에는 격식을 차리지는 않지만, 유일한 원칙은 사람을 생각하는 것이다. 사람이 술의 주인인 동안 술은 좋은 것이다. 잔을 돌리되 3번 이상 돌리는 것은 술을 못 마시는 사람을 괴롭히는 것이므로 천박하다고 보았다.

사람을 아끼는 문화가 우리 문화의 특성이듯, 우리 음주문화의 특성도 사람 사이, 사람과 신 사이를 가깝게 해주는 화합과 화해의 음주문화이었다. 예의와 절제 속에서도 딱딱해지지 않고, 마치 '흥에 겨워 부르는 춤'처럼 자연스러운 파격이 있어야 멋있다고 하였다.

한국의 전통 술은 중국술처럼 독하지 않아 사람을 깜짝 놀라게 하지 않는다. 전통 술은 일본 술처럼 섬세하지도 않다. 와인처럼 세련되지도 않다. 보드카처럼 독하지도 않다. 그러나 과실주가 아닌데도 느껴지는 은은한 향, 자연스런 빛깔, 같은 주정도수라도 유난히 부드러운 느낌, 큰 차이는 아니지만 자꾸 마시다 보면 알게 되는 미세한 맛의 차이, 통음(痛飮) 후에도 두통이 없는 잔잔하고도 아름다운 우리의 전통 술은 다른 어떤 술과도 다르다.

4.7 음주수칙

① 과음과 폭음을 피하라.
② 마시기 어려울 때는 술을 거절하라. 가능한 첫잔은 오래, 그리고 천천히 마셔라.
③ 안주를 잘 먹으면서 마셔라.
④ 술을 마시며 피우는 담배는 독이다.
⑤ 대화를 안주삼아 마셔라.
⑥ 무리하게 술을 권하지 마라.
⑦ 술이 세다고 자만하지 마라.
⑧ 간을 쉬게 하라. 어느 정도 술을 마셨으면 적어도 2~3일 동안은 술을 참아야 한다.
⑨ 약과 함께 절대 마시지 마라.
⑩ 체질을 알고 마시자. 조금만 마셔도 금방 얼굴이 붉어지거나, 술을 마신 뒤에 설사를 하는 사람도 술에 약한 체질이다.
⑪ 음주 후 스포츠는 위험하다.
⑫ 빈속에 술은 자살행위이다.

5. 유기산공업

자연계의 존재하는 유기산의 종류는 60여 종으로 알려져 있다. 처음에는 식물체에서 주로 추출하여 이용하여 왔으나, 미생물에 의한 발효법으로 전환되기 시작하였다. 그러나 발효법은 값비싼 원료공급의 한계성이 있으며 공정, 장치, 관리 등이 복잡하고 공해문제 등으로 화학합성법에 의한 생산량의 증가가 두드러지고 있다.

식품으로 이용되는 유기산은 몇 가지 제품을 제외하고는 화학합성품이나 발효에서 생산된 제품이 소비자의 선호도나 위생적인 측면에서 한계성을 가지고 있다. 그러나 여러 가지 기술개발을 통하여 공정의 단순화, 표준화, 연속화 시킴으로써 이를 극복하려는 시도가 이루어지고 있다. 미생물에 의해 생산되는 주요한 유기산의 종류는 표 5-7에서 보는 바와 같다. 여기에서는 주요 유기산의 산업적 생산 측면에서 몇 가지를 알아보자.

표 5-7. 발효법에 의한 주요 유기산의 생산

유기산	사용 균주	탄소원	수 율
Acetic acid	*Acetobacter aceti*	Ethanol	95%
Propionic acid	*Propionibacterium shermanii*	Glucose	69
Pyruvic acid	*Pseudomonas aeruginosa*	Glucose	50
Lactic acid	*Lactobacillus delbruckii*	Glucose	90
Succinic acid	*Bacterium succinicum*	Malic acid	57
Tartaric acid	*Gluconobacterium suboxydans*	Glucose	27
Fumaric acid	*Rhizopus delemar*	Glucose	58
Malic acid	*Lactobacillus brevis*	Glucose	100
Itaconic acid	*Aspergillus terreus*	Glucose	60
α-keto-Glutaric acid	*Candida hydrocarbofumarica*	n-paraffin	84
Citric acid	*Aspergillus niger*	Sucrose	85
	Candida lypolytica	n-paraffin	140
L(+)-Isocitric acid	*Candida brumptii*	Glucose	28
Gluconic acid	*Aspergillus niger*	Glucose	95
2-keto-Gluconic acid	*Pseudomonas fluorescens*	Glucose	90
D-Araboascorbic acid	*Penicillium notatum*	Glucose	45
Kojic acid	*Aspergillus oryzae*	Glucose	50

5.1 구연산

구연산(2-hydroxy-1,2,3-propanetri-carboxylic acid, citric acid)은 식품의 산미제(酸味劑)로 이용된다. 처음에는 파인애플이나 감귤 등에서 추출하여 이용되어 왔으나, 수요량의 90% 이상을 발효법으로 생산하고 있다.

용도별로는 식품가공 분야에 15%, 음료용으로 60% 이상을 사용하고 있으며, 의약용으로 10%, 나머지가 공업용으로 이용된다. 구연산 발효공업의 발전과정을 요약하면 표 5-8과 같다. 공업적인 생산방법은 다음 3가지가 이용되고 있다.

1) 고형발효법

일본의 테라이(寺井) 등이 개발한 방법으로서 중국, 태국, 인도네시아 등에서 소규모 이용되고 있다. 제조공정을 요약하면 그림 5-6과 같다. 생전분박, 건조전분, 탈지한 쌀겨 등을 단독으로 사용하거나 혼합 사용한다. 약간의 석회를 첨가하여 수분을 조절하고 증자 살균한다. 여기에 별도로 밀기울 배지에 *Aspergillus niger*의 포자를 착생시켜, 일주일 정도 배양한 종균을 접종한다.

접종이 끝난 후에는 제국(製麴)을 하는 방법과 같이 상자에 10～12 kg씩

표 5-8. 구연산 발효공업의 발전과정

연 도	관련자	기질 및 생산균	주요 내용
1784	Scheele	−	레몬에서 최초로 발견
1860	영 국	레 몬	상업적인 생산 시작
1893	Wehmer. C	*Pen. glaucum*	Ca-oxalate 생산시에 부산물에서 발견
1913	Zahorsky, B.	*Sterigmatocystis*	구연산 발효에 대한 생산 특허
1917	Currie, J.N.	*Asp. niger*	수율 60% 이상, 공업화에 공헌
1919	벨기에	−	산업적인 발효생산 성공
1928	체 코	사탕무 당밀	산업적 생산 시작
1930	Amelung	−	심부배양법 시도
1935	Cahn, F.J.	−	반고체 배양법 연구
1938	Perquin, L.H.C	*Asp. niger*	액체배양에 의한 생산 시작
1949	Schweiger, L.B.	포도당시럽	금속이온을 이온교환수지법으로 처리
1951	Perlman, D, 등	−	액체배양의 공업화 성공
1968	Tanaka, K. 등	n-Paraffin	n-Alkane계의 발효기질 연구
1980	Fukui, S.	n-Paraffin, *Candida*	저해제 첨가로 수율 향상

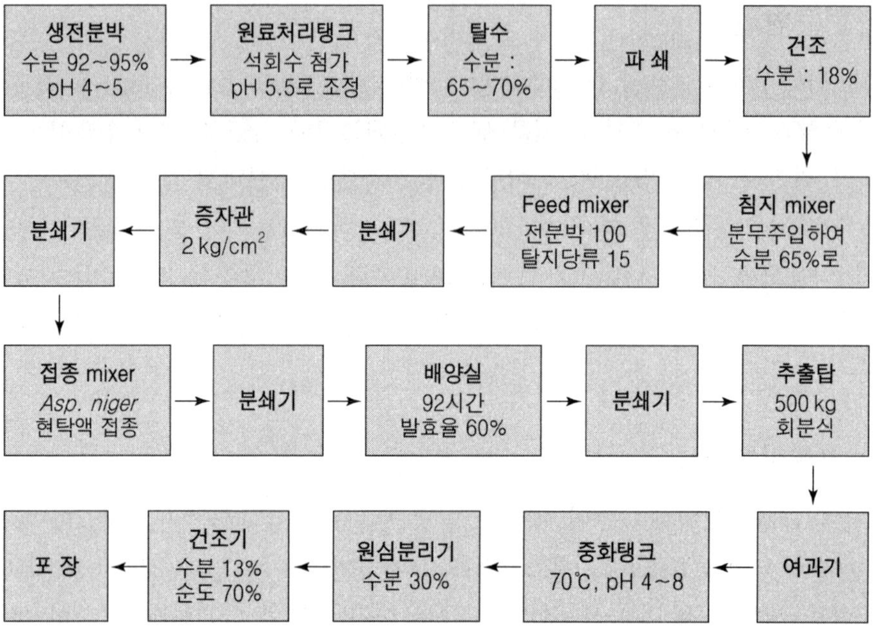

그림 5-6. 고체발효법에 의한 구연산칼슘의 제조공정

담아 선반에 올려놓고 30～40℃로 유지된 발효실에서 3～4일간 발효시킨다. 출국 후 온수로 구연산을 추출한다. 이 추출액을 80～90℃로 가열하여 단백질 성분의 불순물을 응고시켜 침전시킨다. 냉각 후 원심분리를 하여 맑은 액에 CaOH을 첨가하여 pH 6.0으로 조절한 다음 구연산칼슘으로 침전시킨다. 이를 온수로 씻고, 탈수하여 구연산칼슘을 얻는다.

2) 표면발효법

표면발효법(surface method)은 독일에서 처음 개발되어 구미지역에서 주로 이용하여 왔다. 구연산 생산이 약 20%가 이 방법에 의해 생산되고 있다. 50%의 당 함량인 당밀을 물로 30%로 희석한 다음 황혈염, 인산염 등을 첨가하고 pH를 6.2로 조절하여 살균한다.

이를 당 함량 15%로 희석하여 200 × 200 × 12 cm의 통에 80 mm 깊이로 담는다. 발효실 선반에 일정한 간격으로 가지런히 놓고 *Aspergillus niger*의 포자를 뿌려 준다. 상대습도 50%, 30～32℃에서 10일간 발효하면 사용한 당에 대하여 70%의 수율로 발효액 중의 구연산 농도는 20% 내외가 된다. 발효가 끝난 후 균체를 분리한 액은 수산화칼슘을 첨가하여 구연산칼슘으로 회수한다.

3) 심부배양법

액내배양법이라고도 불려지는 심부배양법(submerged method)은 *Aspergillus niger*의 배양형태에 따라 pellet상과 pulp상으로 구분된다. Pulp상 균의 경우는 산소의 흡수가 좋고 증식이 빠르다. 그러나 발효액이 점성이 높아지므로 교반통기 발효조를 이용하는데 비하여, pellet상 균의 경우는 탑형 발효조를 이용한다.

5.2 초 산

식초의 주성분인 초산은 유기산 발효 중에서 가장 오래 되었으며, 그 이용량도 많다. 초산은 곡물이나 과일을 이용하거나, 알코올 등을 원료로 하여 초산균에 의한 발효법으로 만든 초산과 acetaldehyde, ethylene, methanol 등을 이용하여 합성한 초산(glacial acetic acid), 목재 건류에서 얻어지는 초산(wood vinegar)이 있다. 식초발효균은 Gram음성균으로 호기성의 *Acetobacter aceti, A. pasteurianus, A. peroxidans*와 주로 알코올을 이용하여 발효하는 white vinegar용 균주로서 *A. orleanse, A. schuetzeenbachii* 등이 있다.

식초의 발효법은 표면발효법, 통기발효법(trickling method)과 심부발효법(액내발효법)이 있다. 주로 심부발효법을 이용하여 생산되며, 에탄올의 95% 이상이 산화된다. 심부발효법에서 통기를 중단하면 초산균이 급속히 사멸하기 시작하며, 원상회복에 수일간 걸리기 때문에 주의해야 한다.

5.3 기 타

1) 유 산

발효법에 의한 L-유산(lactic acid)이, 합성법에 의한 DL-유산이 생산되고 있다. 주로 생산비가 적게 드는 합성법이 많이 이루어지고 있다. 유산을 생산하는 미생물 중에는 유산만을 생산하는 homo type과 유산 이외의 물질을 동시에 생산하는 hetero type이 있다.

일반적으로 많이 이용되는 homo type에는 *Lactobacillus acidophilus, L. bulgaricus, L. casei*와 *Streptococcus, Pediococcus, Thermobacterium, Rhizopus*속 등이 주로 유산을 생성한다. Hetero type에는 *Streptobacterium, Leuconostoc, Bifidobacterium*속 등이 유산과 초산이 거의 같은 mole비로 생성한다.

유산발효의 탄소원으로는 녹말, 자당, 당밀, 펄프폐액 등이 이용된다. 발효가 끝난 다음 $Ca(OH)_2$로 pH 10으로 조정하여, 80～90℃에서 1시간 정도 반응시킨 후 여과하여 유산칼슘을 얻는다. 유산칼슘에서 유산을 회수하는 방법으로는 칼슘염법, ester법, 용매추출법, 직접증류법 등이 이용된다.

2) 사과산

일본의 Tanabe사가 실용화한 fumarase 활성이 강한 *Brevibacterium ammoniagenes*의 균체를 배양하여, succinic dehydrogenase를 불활성화시킴과 아울러 세포막의 투과성을 높인다. 그 다음에 polyacrylamide gel로 고정화시켜 제조하는 방법인 immobilized cell process의 경우, Na-fumarate액을 통과시켜 사과산(L-malic acid)의 전환으로 70% 정도 얻을 수 있다. 고정화균체의 수명은 6개월 정도이다.

3) 주석산

포도주의 부산물로부터 제조하는 방법과 무수 말레인산으로부터 제조하는 방법이 있다. 전자는 원료에 함유된 주석산(tartaric acid)을 주석산 칼슘으로 변환시켜 회수한 다음, 구연산에서와 같은 유사한 방법으로 정제한다.

5.4 유기산의 용도

유기산은 음료공업에 많이 이용되고 있다. 이 외로 의약용 또는 공업용 등으로 그 이용이 많아지고 있다. 주요 유기산의 용도는 표 5-9에 요약하였다. 구연산은 식품용으로 주로 이용되는데 비하여, 푸말산은 공업용으로 많이 이용된다. Itaconic acid는 불포화결합을 가진 염기성 산으로 반응성이 좋고, 중합성과 가소성이 우수한 특성을 가지고 있어서 폴리에스텔수지 등의 원료로 주로 쓰인다. α-keto-Glutaric acid는 대부분 공업용으로 쓰이며, 일부가 식품보존제로 사용된다.

유기산은 식음료의 기호성을 향상시키기 위하여 첨가한다. 식생활 패턴의 변화로 인스턴트식품과 음료의 다양화로 수요가 증가하고 있다. 그리고 의약품, 피부관리 등의 위생제 재료로 개발되고 있으며, 합성수지 및 도료 등의 공업용으로의 수요가 증가될 것으로 보인다.

표 5-9. 각종 유기산의 용도

구분	식품용	의약용	공업용
구연산	과자 및 음료의 산미제 유지제품의 안정제 젤리제품의 응고 촉진제 채소통조림의 pH 조정제 치즈제조시의 유화 보조제	비타민 C의 안정제 제산제와 아스피린 제조 빈혈치료제 혈액응고 방지의 혈액 보존제	금속세정제 화장품제조
젖산	청량음료의 혼탁방지 반죽(제빵) 조정제 청주양조 촉진제 식품의 산미료 및 방부제	의약품의 pH 조정제 수술기 봉합사 제조	피혁공업
초산	식품의 산미제 식품의 pH 조정제 소스, 케첩, 마요네즈의 조미제 육제품의 숙성 촉진제 식품의 보존제 피클(절임) 침지용	비타민, 호르몬, 항생물질의 제조 백선균, 농농균 감염 치료제 피부세척, 수렴제	비닐, 플라스틱 접착제 라텍스, 페인트용제 사진필름 가소제, 착색제, 중화제 식물섬유 제지(투명지)
글루콘산	식품(음료)의 산미제 식품의 pH 조정제 합성청주 첨가제 대두단백질 응고제 제빵 첨가제	칼슘결핍 치료제 질소염기 함유 약품제조 소독제의 제조원료	시멘트 첨가제 유리병 등의 용기세척 Ca, 철분 제거용 보일러의 관석방지제 원예에서의 엽면비료용
사과산	청량음료와 냉과의 산미제 마요네즈 등의 유화 안정제 식염대용의 무염장류에 이용 과즙의 갈변방지 synergist		양조(맥주) 촉진제 펙틴추출 조제
주석산	음료, 제과의 산미료 팽창제	약품제조	나염제 용매 사진필름
푸말산	산미조정 보정제 제빵, 제과시 팽창 보조제 청량음료, 주스첨가제 젤리, 냉과용 첨가제 유지식품의 산화 방지제	동물성장 촉진제 아스파탐 제조원료	합성수지 원료 매염제(媒染劑) 제지의 sizing제 유기산(asparaginic acid, malic acid)의 원료

6. 아미노산 발효

발효법에 의해 생산하는 아미노산은 글루타민산 나트륨을 시작으로 라이신(lysine), 페닐알라닌(phenylalanine), 글루타민(glutamine), 로이신(leucine) 등이 생산되고 있다. 생명공학기술 수준의 향상과 꾸준한 시장개척 노력에 따라 앞으로 이 외의 아미노산도 생산될 수 있을 것으로 보인다.

아미노산 공업의 효시는 1908년 일본에서 개발된 L-glutamate로서, 초기에는 단백질을 가수분해시켜 생산하였다. 1956년 일본 키노시타(木下)에 의해 *Micrococcus glutamicus*를 이용한 발효법이 개발되었다. 사료 첨가제로 사용되는 필수 아미노산인 DL-methionine은 1948년 화학합성법으로 미국에서 개발되었다. L-lysine은 1969년 이후에 발효법으로 생산되기에 이르렀다. 1996년 현재 아미노산의 세계 생산량은 L-glutamate가 100만 톤, DL-methionine이 35만 톤, L-lysine이 25만 톤으로, 전체 아미노산 생산량의 95% 이상을 차지하고 있다.

아미노산 중 최초로 개발되고 생산량이 제일 많은 glutamate는 주로 식품첨가물로 사용된다. 그 다음으로 생산량이 많은 methionine은 동물 사료용으로 이용된다. Threonine, tryptophan 역시 사료용으로 유망한 아미노산이나, 아직까지 경제성이 있는 제조방법이 개발되지 못한 실정이다.

Phenylalanine, aspartic acid는 비당질 감미료인 아스파탐(aspartame)의 원료로 사용량이 확대되고 있다. 기타 아미노산들은 소량이 필요하나, 치료를 목적으로 한 주사제와 식이제 등 의약용으로 사용된다. L-, DL-, D-형의 아미노산, 아미노산의 염, 유도체, keto 또는 hydroxy analog, peptide 합성용도로 개발된 아미노산들을 통틀어 현재까지 약 400종의 아미노산 유사체가 개발되었다.

6.1 아미노산의 제조방법

아미노산의 제조방법은 화학합성법(chemical synthesis), 분해추출법(extraction), 발효법(fermentation), 효소전환법(enzymatic conversion) 등으로 크게 나누고 있다. 이들 방법들은 상호 경쟁관계에 있어 경제성을 고려하여 한 가지 방법, 또는 제조방법의 병용하는 공정을 선택하게 된다.

1) 화학합성법

화학합성법은 주로 탄화수소를 원료로 하여 합성하는 것으로, 제조공정이 간단하고 비용이 적게 드는 장점이 있다. 그러나 입체특이성에 대한 선택성이 없어 DL형이 동시에 합성되어, 이들의 분리를 위하여 광학분할(resolution) 공정이 필요하다. 몇 가지 방법 중 효소적 분할공정이 많이 이용된다.

화학합성법으로 제조하고 있는 아미노산으로는 DL-methionine, glycine 등이 있다. Lysine의 제조에도 cyclohexene을 원료로 하여 화학적으로 중간체인 α-aminocaprolactam을 합성한 후, 이를 다시 효소에 의해 lysine으로 전환시킬 수 있다. 산업공정으로 도입되는 과정에서 각 방법들은 경쟁관계에 있으면서 상호 보완적인 관계를 가지고 있다.

2) 추출법

추출법은 단백질이 들어 있는 원료를 가수분해함으로써 목적하는 아미노산을 획득하는 방법이다. 20여 종의 아미노산 혼합물로부터 특정 아미노산을 분리하는 공정이 필요하다. 이 방법은 수율이 낮기 때문에 대량 생산인 경우에 알맞은 방법이라고 할 수 없다.

3) 생물학적 방법

아미노산의 제조는 주로 효소적 전환법을 포함한 발효법 등 생물학적 방법이 주를 이루고 있다. 발효법은 탄수화물을 주원료로 하고, 미생물의 생화학적 반응을 이용하여 특정 아미노산을 생산하는 방법이다. 미생물학, 분자생물학의 발전에 힘입어 다른 방법에 대한 경쟁력을 갖추고 있으며, 균주의 개발뿐만 아니라 발효방법의 개선에도 많은 발전을 하고 있다.

이 방법은 glutamate, lysine, phenylalanine, arginine, glutamine, isoleucine, proline, histidine 등 많은 아미노산의 생산에 이용되고 있다. 효소법은 값싼 전구물질을 기질로 하여, 배양균체 또는 분리효소를 이용한 효소반응으로부터 목적하는 아미노산을 얻는 방법이다. 유기산인 fumaric acid로부터 aspartic acid를 생산하는 것이 대표적인 예이다. 효소를 이용하는 새로운 공정 연구가 다각적으로 진행되고 있으며, 고정화 효소 및 여러 가지 효율적인 반응기(bioreactor)들의 개발되고 있다.

4) 재조합 균주의 이용

미생물이나 효소를 이용하는 생물학적 방법에서 중요한 것은 우수한 균주의 확보이다. 1980년대 이후 재조합 DNA(recombinant DNA)에 관한 연구가 활성화되면서 재조합 DNA를 이용한 아미노산 생산이 산업화되기에 이르렀다.

1992년 헝가리의 Agroferm사에서는 재조합 균주를 이용한 lysine의 생산을 시작하였다. Threonine, tryptophan, phenylalanine, arginine, proline, histidine 등의 아미노산 생산균주 개발에 적용하려는 시도들이 이루어지고 있다. 재조합 균주로는 아미노산 생산에 전통적으로 많이 사용되어 온 *Brevibacterium* sp.와 *Corynebacterium* sp.가 주 대상이 되고 있다.

일본에서는 효율적인 tryptophan 생산을 위하여 재조합된 *E. coli*와 *Corynebacterium glutamicum* 균주를 개발하였다. 재조합 균주를 이용한 사료용 tryptophan 생산이 이루어지고 있다. 식품용으로 이용이나 높은 순도를 요구하는 의약용의 아미노산 생산을 위하여 재조합 균주의 안전성이 확보되어야 한다.

5) 국내의 제조법

국내에서의 아미노산 제조는 1956년 추출법에 의해 glutamate 제조가 최초로 이루어졌다. 1961년부터 발효법으로 glutamate 제조가 시작되었다. 1973년에는 lysine이, 1987년에는 phenylalanine이 발효법으로 대량 생산체제를 갖추었다.

발효법에 의해 국내에서 대량으로 생산되는 아미노산은 glutamic acid, lysine, phenylalanine, glutamine 등이다. Cysteine 및 cysteine 유도체가 소량으로 화학합성법에 의해 생산되고 있다.

㈜대상에 의해 개발하여 생산해온 lysine 제조기술이 1998년에 독일의 BASF사에 매각되었다. 표 5-10에서는 아미노산 및 관련물질의 제조방법을, 그리고 그림 5-7에서는 생물학적 방법에 의한 아미노산의 제조방법을 나타내었다.

6.2 각종 아미노산의 생산

1) 글루타민산 나트륨

글루타민산 나트륨(mono-sodium glutamate, MSG)은 밀단백질인 글루텐을

표 5-10. 아미노산 및 관련물질의 제조방법

아미노산	제조방법	아미노산	제조방법
Glycine	C	Cysteine	Ex, F, E, C
Alanine	Ex, F, E, C	Cystine	Ex, C
Valine	Ex, F, E, C	Tyrosine	Ex, F, C
Leucine	Ex, F, C	Proline	Ex, F, C
Isoleucine	Ex, F	Hydroxyproline	Ex
Serine	Ex, F, C	Histidine	Ex, F, C
Threonine	Ex, F, C	Tryptophan	F, E, C
Lysine	E, F, C	Carnosine	Ex, F
Arginine	Ex, F	Citrulline	F
Aspartic acid	Ex, E, C	L-DOPA	F, E, C
Asparagine	Ex, C	Homoserine	F
Glutamic acid	Ex, F	Norleucine	C
Methionine	E, C	Ornithine	F, C
Phenylalanine	Ex, F, E, C	Thyroxine	Ex, C
Glutamine	F, C	Taurine	Ex, C

Ex : 추출법, F : 발효법, E : 효소합성법, C : 화학합성법

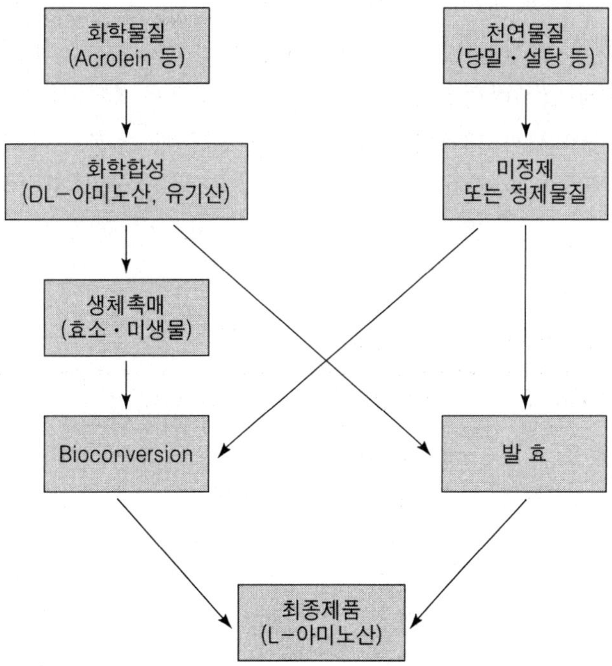

그림 5-7. 생물학적 방법에 의한 아미노산의 제조방법

염산으로 가수분해하여 제조하였다. 1956년 일본의 교와발효(協和醱酵)에서 발효법에 의한 대량 생산이 성공하면서, 이후 발효법으로 전환하게 되었다. 국내에서는 여러 업체가 생산하다가, 발효법으로 전환한 미원계와 미풍계로 통합 조정되어 생산하고 있다. 1972년 ㈜대상이 인도네시아에 국내 최초로 제조기술을 수출하였다. 글루타민산 나트륨 생산기술에 대한 발전과정을 요약하면 표 5-11에서 보는 바와 같다.

1960년대에는 포도당, 당밀을 탄소원으로 하는 발효조건의 최적화, 글루타민산의 축적원리에 대한 해명, 세포막 투과성 조절에 관한 연구가 이루어졌다. 이후 탄소원으로 n-파라핀 등 석유원료를 사용하는 방안이 강구되었다. 이 때 발효법에 의한 생산은 45～50시간 발효에 50～60 g/L 수준이었다.

1970년대는 글루타민산 발효의 생화학적 메카니즘(mechanism) 및 조절기구의 해명과 더불어 다양한 변이주가 개발되었다. Oleic acid, glycerol 또는 adenine 영양요구균주, 페니실린 내성균주, biotin에 영향을 받지 않는 균주 등을 개발하여 과량의 biotin이 존재하는 당밀을 이용하여 글루타민산 발효수율을 향상시켰다.

당밀 속에 들어 있는 발효저해인자(inhibitor)를 제거하기 위한 당밀 정제공정의 채택되었다. 그리고 무균배양을 위한 원료의 살균용 열교환기의 설치, 무균적 산소공급 장치의 설치, 자동제어 시스템의 도입, 미량성분에 대한 분석기술의 확립, 발효조 내의 교반 및 냉각장치의 개선, 발효조의 대형화 등으로 35～40시간 발효에 글루타민산을 70～80 g/L 수준으로 향상시켰다.

1980년대에 들어서서 재조합 DNA 기술을 이용한 유전자 수준의 균주개량 연구가 시도되었다. 글루타민산의 분비 메카니즘에 염색체 이외의 다른 DNA

표 5-11. 글루타민산 나트륨 생산기술의 발전과정

구 분	1950년대	1960년대	1970년대	1980년대
원 료	단백질	전분당, 당밀	당 밀	원당, 당밀
제조방법	산가수분해법	발효법	발효법	발 효
발효생산성	-	50～60 g/ℓ 45～50시간	70～90 g/ℓ 35～40시간	110～130 g/ℓ 30～35시간
설 비	수동식	기계화	반자동식	자동식
기술개발	장치, scalw-up	발효조건 최적화 축적원리 구명	변이주 개발 대사조절기구 확립	유전자조작 균주개량 세포막 투과성

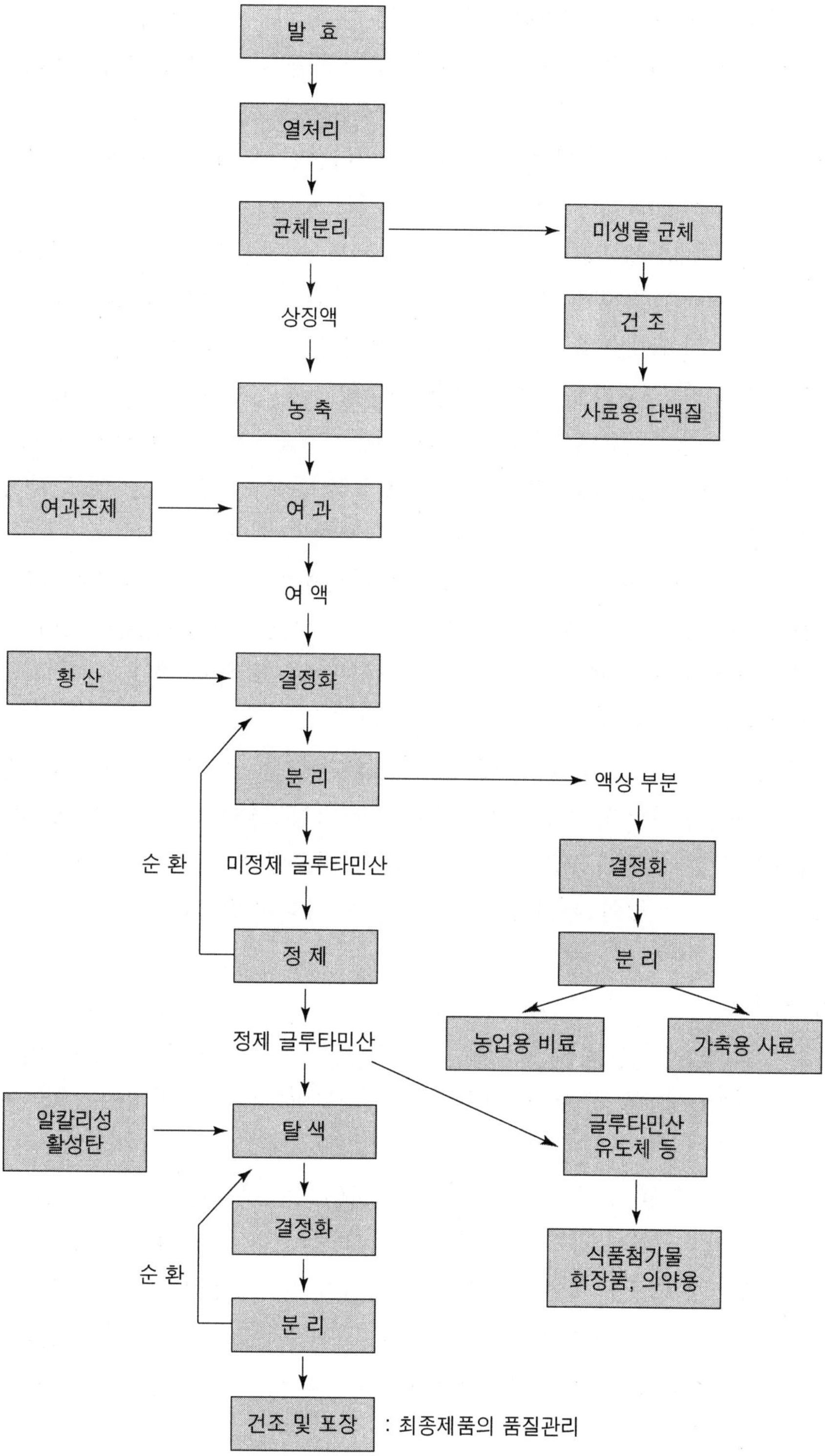

그림 5-8. L-Glutamic acid와 by-product의 제조공정

가 관여한다는 사실이 알려졌다. 이후 균체 내에 plasmid 존재가 확인되었고, hostvector system의 개발, 형질도입계의 확립 등 균주 자체의 개량에 많은 연구가 시도되었다.

발효기술 분야에서도 1970년대 개발된 페니실린 처리법에 비하여, 세포막 투과성을 개선하여 biotin이 풍부한 당밀을 원료로 사용할 수 있게 되었다. 그리고 페니실린 대신에 계면활성제 사용에 의한 막투과성 향상으로 생산성을 향상시켜 30~35시간 발효에 120~130 g/L 수준으로 대당수율(對糖收率)을 60% 이상으로 높임으로써 발효기술의 발전계기를 마련하였다.

발효가 끝난 후 글루타민산 나트륨을 회수하거나 정제하는 공정에서도 많은 발전을 가져왔다. 발효액의 농축공정에서는 다중효용관 열교환기(multiple effects heat exchanger)로 전환하였다. 조결정(粗結晶)을 얻는 데도 냉동기에 의한 결정 석출시간의 단축과 양호한 결정체를 얻게 되었다.

그리고 침강장치(superdecanter) 설치로 분리효율을 높이고, 회수수율을 향상시켰다. 또한 입상 활성탄 시스템의 도입으로 분말활성탄과 규조토의 사용에서 문제되었던 부산물의 처리 및 수율 저하를 해결하였을 뿐만 아니라 탈색공정의 효율성을 높였다.

이 외로도 연속식 결정관의 도입으로 입도(粒度)를 균일하게 하여 효율성을 높였다. 건조공정에서도 순간건조기(flash dryer)로 대체하여 효율적인 대량생산체제를 갖추어 국제경쟁력을 확보하기에 이르렀다. 그림 5-8에서는 대표적인 L-glutamic acid와 부산물의 제조공정을 나타내었다.

2) 라이신

라이신(lysine)은 필수아미노산의 하나로 가축사료의 영양강화제로 이용된다. 사람에게는 성장발육 부진, 체중 감소 등 아미노산 수액제 또는 영양보충제로 이용하고 있다.

글루타민산 나트륨 생산기술의 개발과 더불어 발전해 온 아미노산공업의 하나로서 1958년 교와발효(協和醱酵)에서, 그리고 1965년부터는 아지노모도(味の素)에서 발효법에 의한 생산이 이루어지기 시작하였다. 국내에서는 1974년부터 ㈜대상에서 개발하여 현재 130 g/L 정도로 생산수율을 향상시켰으며, 80% 이상을 수출하고 있다. 제일제당에서도 1989년 인도네시아에 라이신 공장을 건설하였다.

3) 페닐알라닌

페닐알라닌(phenylalanine)은 방향족 아미노산으로 영양제 또는 아미노산 수액제로 사용되어 왔다. 1968년 미국의 Searle사에 의하여 페닐알라닌과 aspartic acid를 원료로 하는 펩티드 감미료인 아스파탐이 개발되면서 수요가 급증하였다. 페닐알라닌의 제조는 합성법, 효소법, 발효법이 있으나 발효법이 주를 이루고 있다.

일본회사가 세계 공급량의 90% 이상을 차지하고 있으며, 국내에서는 1985년 제일제당에 의해 대장균을 이용한 페닐알라닌 제조법을 시작으로 하였다. 1987년 ㈜대상에서도 양산체제(量産體制)를 갖추어 수출하고 있다. 페닐알라닌의 수요는 아스파탐 제조원료로 대부분 이용되고 있다. 균주 개량과 발효기술의 향상에 따라 50 g/L 정도의 생산성을 나타내고 있다.

4) 글루타민

글루타민(glutamine)은 중성아미노산으로 소화성 괴양 치료제, 뇌기능 부활제, 저능아의 지능 개선제, 간질 치료제, 알코올중독 치료제 등으로 이용된다. 일본의 교와발효(協和醱酵)와 아지노모도(味の素) 등에서 세균을 이용한 발효법으로 생산하고 있다. 국내에서는 ㈜대상이 1990년부터 자체 기술에 의해 소량 생산하고 있다.

아미노산공업은 수요 증가에 따라 다양한 종류의 아미노산이 발효생산되리라 기대되고 있으며, 이에 대한 기술 개발로서는 다음과 같은 분야에 관심을 가지고 있다.

① 발효 중에 냉각수 사용을 줄이기 위한 내열성 균주의 개발
② 아미노산 생산수율 향상을 위한 유전공학적 기술도입과 균주 육종
③ 세포막 투과성에 관한 메카니즘 구명과 응용
④ 발효시간의 단축과 용존산소 공급을 개선하기 위한 발효장치의 개선
⑤ 신속한 공정관리를 위한 bioassay 방법의 개발
⑥ 회수 및 정제공정 개선을 위한 막분리기술의 확립, 고정화 효소 또는 균체에 의한 연속공정의 개발
⑦ 화학적 또는 효소적 반응에 의한 다양한 아미노산 유도체의 생산

7. 핵산발효

핵산관련 물질인 IMP(inosine 5'-monophosphate)와 GMP(guanosine 5'-monophosphate)는 정미성(呈味性)을 가지고 있다(그림 5-9). Glutamate와 함께 향미 증진제로서 한국과 일본에서 널리 사용되고 있다. IMP의 정미성이 1913년 일본 Kodama에 의해 참치의 맛에 대한 연구로 밝혀진 후, 1959년 일본 Kuninaka에 의해 표고버섯의 정미성 물질이 GMP로 알려지면서 핵산의 생산에 관한 연구가 시작되었다.

초기의 핵산생산은 어육 추출물로부터 시작되었다. 대량 생산은 효모에서 추출한 RNA를 가수분해하여 IMP와 GMP를 얻었다. 1960년대 초부터 IMP 생산균주를 이용한 직접 생산이 일본 교와발효(Kyowa Hakko)에서 개발되어 산업적으로 이용되기 시작되었다. 주요 생산국은 한국과 일본이며, 연간 생산량은 1996년을 기준으로 약 8,000톤으로 추정된다.

GMP는 구아노신을 발효법으로 생산한 후, 이를 화학적 또는 효소적으로 인산화하는 방법이 많이 이용된다. 이 두 과정을 일으키는 균주를 혼합하여 한 공정에서 생산하는 방법도 있다.

XMP를 중간 매체로 하여 GMP를 생산하는 2단계 공정방법도 이용된다. AMP, GMP, IMP, XMP(xanthosine monophosphate)는 모두 퓨린 염기로 염기 곁사슬 2개가 $-NH_2$, -H, -OH로 조금씩 다를 뿐이다.

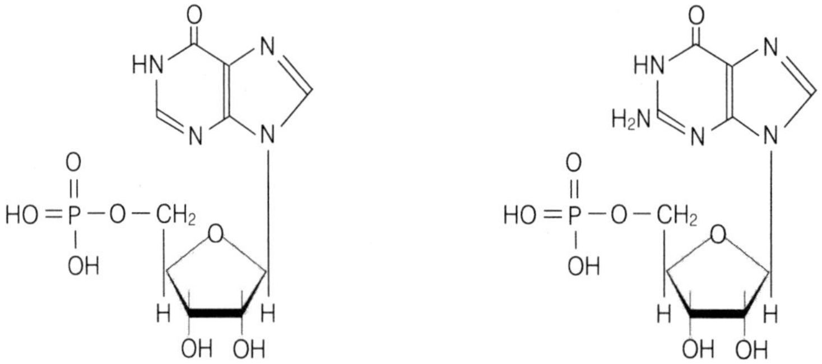

Inosine 5′-monophosphate ($C_{10}H_{12}N_4NaO_8P \cdot 5H_2O$)

Guanosine 5′-monophosphate ($C_{10}H_{13}N_5NaO_8P \cdot 5H_2O$)

그림 5-9. IMP와 GMP의 화학구조

7.1 핵산의 제조방법

1) RNA 분해법(Enzymatic RNA decomposition)

대부분 효모에서 추출된 RNA를 이용한다. RNA 생산에 사용될 수 있는 효모는 *Candida, Pichia, Saccharomyces*속 균주이나, 산업적으로는 *C. utilis, C. tropicalis* 등이 사용된다. 배양된 효모로부터 염용액에 의하여 RNA를 추출하며 핵산의 가수분해에는 nuclease에 의한 효소적인 방법과 알칼리 가수분해 후 인산화하는 방법이 있다.

핵산 가수분해효소로는 *Penicillium citrinum*과 *Streptomyces aureus*가 생산하는 nuclease를 사용하고 있다. *Streptomyces aureus*는 AMP deaminase도 분비하기 때문에 IMP와 GMP를 동시에 얻을 수 있다. 가수분해 후 GMP, IMP, AMP, CMP, UMP가 혼합물로 유리되는데 활성탄, 이온교환수지 등을 사용하여 GMP와 IMP를 분리한다.

2) 발효와 효소 이용법(Biological method)

핵산 생산에 사용되는 균주는 주로 *Brevibacterium* sp. 또는 *Bacillus*속이다. 생산공정은 발효법과 효소전환법을 혼용함으로써 높은 수율로 생산되고 있다.

7.2 핵산의 제조

1) IMP의 제조

산업적인 IMP의 생산에는 발효에 의해 inosine을 생산한 후 화학적 인산화에 의한 방법, 또는 직접발효법이 사용된다. Inosine의 생산균주로는 *Bacillus subtilis, Brevibacterium ammoniagenes* 등으로 전부 adenine 요구주이다.

직접발효법에 의한 IMP의 생산이 가장 바람직하다. *Brevibacterium ammoniagenes*가 생산균주로 이용된다. 핵산 분해효소의 활성을 약화시키는 방법의 개발, 중간 생성물에 의한 생합성 효소의 제어하는 기능을 인위적으로 억제시키는 방법의 개발, 막투과성의 문제점을 극복하는 기술의 개발 등을 포함하여 꾸준한 균주 개량을 통하여 현재 생성농도가 60 g/L에 이르고 있다.

2) GMP의 제조

직접발효에 의한 GMP의 생산방법은 수율과 생산성이 매우 낮아 사용되지 않는다. 산업적으로 사용되는 GMP의 생산방법은 2가지로 나눌 수 있다.

Bacillus subtilis, Bacillus megaterium, Brevibacterium flavum 등의 균주를 이용한 발효법은 AICAR(5-amino-4-imidazole carboxamide ribose), 또는 guanosine을 생산한 후 몇 단계의 화학합성 과정이나 효소반응을 거쳐 GMP를 생산한다. AICAR로부터 guanosine으로의 수율은 80%, guanosine에서 GMP까지의 수율은 90% 정도이다.

국내에서 주로 사용하는 방법으로 XMP(xanthosine 5'-mono-phosphate)를 효소로 GMP로 전환하는 방법이다. 발효법과 효소전환법이 혼용된 이 공정은 GMP의 생산농도와 수율이 높다. 5'-XMP의 발효생산과 GMP로의 효소전환에 사용되는 균주는 *Brevibacterium*속 균주다.

먼저 발효법으로 XMP를 생산한 후 XMP aminase 활성이 높은 균주를 이용한 첫 단계 효소전환으로 5'-GMP를 얻는다. XMP의 전환에 사용되는 효소는 정제효소가 아닌 배양된 균체를 그대로 이용한다. XMP aminase에 의해 촉매되는 이 반응은 ATP를 요구하며, glutamine 또는 NH_3로부터 아미노기를 전이한다.

여기에는 효소활성과 더불어 ATP 재생계의 효율이 중요하다. 균체 세포막의 XMP, GMP의 투과성을 높이기 위하여 alkyl dimethyl benzyl ammonium chloride(Benkol), polyoxyethylene stearylamine(POESA) 등의 계면활성제를 사용한다. 그림 5-10에서는 발효 및 효소전환 반응에 의한 5'-GMP의 생산

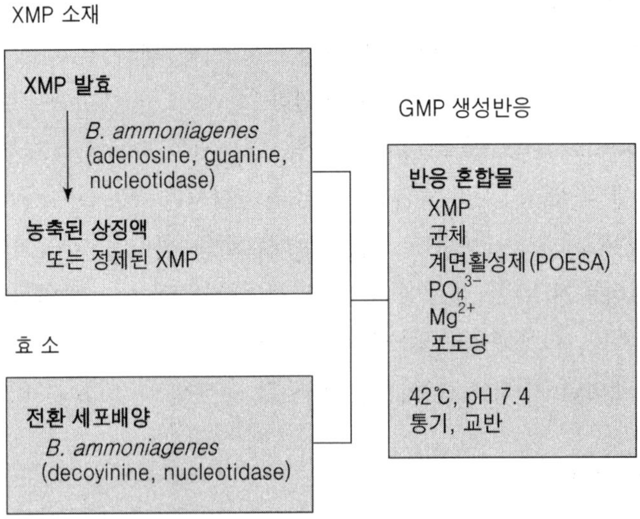

그림 5-10. 발효 및 효소전환 반응에 의한 5'-GMP의 생산단계

단계를 나타내었다.

3) ATP의 제조

ATP(adenosine triphosphate)는 의약용이나 생화학용 시약으로 주로 쓰인다. ATP는 여러 가지 생화학 반응에서 에너지 공여체로 기능을 하기 때문에 관심이 높은 핵산계 물질이다.

ATP는 동물조직으로부터 추출하거나, adenosine, AMP와 같은 전구물질을 효모의 ATP 재생계를 이용함으로써 인산화시키는 방법, adenine을 salvage 합성경로를 통하여 ribotidation시킨 후 *Brevibacterium ammoniagenes*에 의한 효소적 인산화 등에 의하여 생산할 수 있다.

Adenosine이나 AMP를 이용한 공정은 이들 원료물질이 비싸기 때문에 산업적으로 맞지 않으며, 세균의 salvage 합성계를 이용한 공정이 유리하다. Adenine을 출발물질로 *Brevibacterium ammoniagenes*의 salvage 합성계를 이용한 결과, 2 g/L의 adenine으로부터 ATP 1.57 g/L, ADP 1.59 g/L, AMP 2.16 g/L를 얻을 수 있다.

*Erwinia carotovora*균주를 이용하여 adenine을 adenosine으로 transribosylation한 후, *Saccharomyces cerevisiae*에 의한 인산화로 150 mM의 adenine에서 98 mM의 ATP를 얻어 mole비로는 약 65%의 수율을 얻었다. 직접발효법으로 *B. ammoniagenes*를 이용한 ATP의 생산에서는 58.2 mg/L로 매우 낮은 생산성을 보이지만, 앞으로 균주개발과 배양방법이 개발된다면 산업적으로 유망한 방법이 될 것이다.

8. 생물학적 치료제

8.1 항생물질의 개발

항생물질(antibiotics)은 '희석된 용액에서 다른 미생물들의 성장을 저해하거나 파괴시키는 미생물로부터 유래된 화학물질'이라고 1942년 Waksman이 정의하였다. 항생제는 인간, 동물 그리고 제한된 식물의 감염증을 치료하는 데 광범위하게 사용되고 있다. 일부는 동물의 성장촉진제로서, 그리고 몇 가지 화합물은 식품의 보존에 사용되고 있다.

항생물질은 최소의 농도로 인간, 동물, 식물 그리고 미생물의 다양한 생화학적 성장과정에서 선택적으로 영향을 미칠 수 있는 미생물로부터 유래된 모든

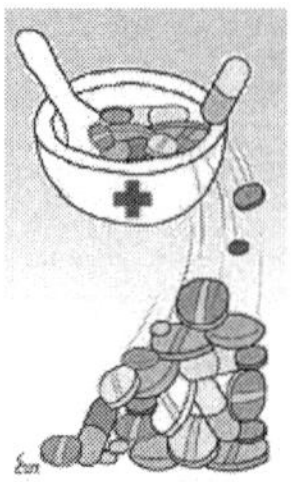

화합물로 확대 해석되고 있다. 따라서 미생물뿐만 아니라 동물, 식물에 의해 생성되는 물질을 포함하여 화학합성에 의해 얻어지는 항감염제도 항생물질에 포함된다.

항생제에 대한 연구는 1928년 A. Fleming이 *Staphylococcus aureus*의 평판배양에 *Penicillium notatum*이 우연히 오염되어 생성한 colony 주위에서 *S. aureus*의 생육이 저해되는 현상을 관찰하고, 이 곰팡이가 생성하는 물질이 항생물질임을 밝히면서 시작되었다. Fleming은 이 항생물질을 푸른곰팡이의 이름을 따서 penicillin이라고 명명하였다.

그러나 penicillin은 화학적으로 불안정하였고 결정화가 곤란하였다. 당시 화학요법제로 각광받고 있던 prontosil 등의 sulfonamide 유도체 때문에 그다지 주목을 받지 못하였다. 이후 penicillin이 그람양성균 감염증에 큰 효과가 있음이 임상적으로 보고되었다. 이와 비슷한 시기에 Dubos에 의해 *Bacillus brevis*가 생성하는 tyrothricin을 발견하면서부터 항생제에 대한 연구가 급속한 진전을 보게 되었다.

이후 Waksman 등은 토양에서 다양한 방선균을 분리하고 이들로부터 항생제를 탐색한 결과 actinomycin(1941년), streptothricin(1943년), neomycin(1948년) 등을 발견하였다. 방선균에 의한 항생물질의 탐색은 전 세계적으로 수행되어 bacitracin(1947), chloramphenicol(1947), polymixin(1947), aureomycin(1948), oxytetracyclin(1950), erythromycin(1952), kanamycin(1957) 등이 차례로 개발되어 당시 사망률이 높았던 세균성 폐렴, 결핵, 장내질환 등의 치료가 가능하게 되었다.

1960년대 후반에는 항생물질의 분리정제에 대한 연구가 이루어졌다. 이와 더불어 새로운 탐색방법을 이용하여 항생물질의 탐색 범위도 항세균제로부터 항진균제, 항바이러스제, 항암제, 항원충제, 항스피로헤타제 등으로 확대되었다.

그러나 이때부터 항생제의 감염증 치료에 대한 부작용으로 감염증의 변모, 항생제에 대한 내성균의 증가 등 문제점이 대두되어 항생제의 반합성 유도체가 개발되기 시작하였다. 항생제의 구조를 유기화학적 방법으로 일부 변형시킴으로써 항균활성의 증강, 작용범위의 확대, 내성균이나 항생제 비감수성균에도 항생역가를 갖도록 하는 큰 진전을 이루었다.

자연계로부터 항생물질의 꾸준한 탐색과 더불어 항생물질의 생산성 향상을 위한 많은 새로운 기술이 개발되었다. 즉, 돌연변이, 원형질체 융합, 유전자 재조합 등의 균주 조작기술과 항생물질 생산배지의 영양원 조절, 전구물질 또는 저해물질의 첨가 등에 의해 대사산물의 생산성을 높이는 기술이 여기에 해당한다.

또한 효소에 의한 항생물질의 생산, 생물전환계를 이용한 항생물질의 반합성체로의 직접 전환기술 등이 이루어지고 있다. 유전자조합 및 조작을 통한 hybrid 항생제와 자연계로부터 희귀한 방선균을 분리하여, 이로부터 새로운 구조의 항생물질을 얻고자 하는 연구가 많이 진행되고 있다.

8.2 항생물질의 종류

전체 항생제 시장에서 β-lactam계와 tetracycline의 시장 점유율이 높아졌다. 이는 β-lactam계 항생제의 경우 고가의 3세대 반합성 cephalosporin이 시장에 출하되면서 새로운 수요창출과 다른 항생제의 시장을 잠식한 것으로 보인다. 국내 항생제 시장을 주도하는 주요 품목은 주로 반합성제제들이다. 이들의 원료는 발효를 통하여 얻어진다는 사실을 감안하면 원료 항생제의 국산화가 시급한 실정이다.

1) β -Lactam계 항생물질

β-Lactam계 항생물질은 세균의 세포벽 합성을 선택적으로 저해하고 포유류에는 독성이 낮다. 또한 화학적 변형에 의해 생리활성을 증대시키는 것도 비교적 쉬운 편으로, 새로운 골격을 가진 화합물과 새로운 활성의 발현을 위한 부분구조를 가진 화합물의 탐색이 진행되고 있다. 현재 β-lactam계 항생물질의 공업생산에 이용되는 균주는 표 5-12에서 보는 바와 같다.

2) 세파로스포린(cephalosporin)계 항생제

세파로스포린과 세파마이신 등 세펨 핵을 가지고 있는 화합물로서 항생효과를 나타내는 물질이다. 이 계열의 항생제는 항생제 시장 중 점유율이 가장 높다. 부작용이 적어 가장 안전한 항생제로서 기반기술이 확립되어 가장 효과적인 신의약 창출 분야로 여겨지고 있다.

3) Aminoglycoside계 항생물질

일반적으로 광범위한 항균범위를 가지고 있다. 염기성이면서 수용성의 성질

표 5-12. 국내에서 사용 중인 항생물질

연 도	항생물질
1950년대	Tetracycline, Chloramphenicol, Streptomycin, Kanamycin
1960년대	Penicillin, Oxytetracycline, Chloramphenicol, Demethylchlorotetracycline, Ampicillin, Methylenelycine, Rolitetracycline, Tetracycline, Deoxycycline, Leucomycin
1970년대	Gentamycin, Ampicillin, Lymecycline, Erythromycine, Ampicillin anhydro., Rifampicin, Tetracycline, Oxytetracycline, Minocycline, Chlorotetracycline, Cefalexin, Amoxycycline, Ribostamycin, Talampicillin, Methacycline, Cefazolin, Cefalexin, Licomycin lysinate, Clindamycin
1980년대	Gentamycin, Cefadroxil, Rifampicin, Methicillin, Cefatrizine, Cefradine, 6-APA, Piperacillin, Sisomicin, Bacampicillin, Cefoperazone, Tobramycin, Fosfomycin, Cefotaxime, Ceftriaxone, Cefrazidime, Cefpiramide, Ceftezole, Amicaccin, Dibekacin, Cefmetazole, Ceftizoxim, Cefotiam, Latamoxef, Ciprofloxacin, Cefotetan, Ofloxacin
1990년대	Cefixime

표 5-13. β-Lactam계 항생물질과 생산균주

항생물질	생산균주	비 고
6-Aminopenicillic acid	*E. coli, Bacillus megaterium, Pleuroteus osteatus*	반합성 β-lactam합성
Penicillin G와 V	*Penicillium chrysogenum*	G^+(그람양성균)
Cephamycin C	*Acremonium chrysogenum*	G^+, G^-(그람음성균)
	Streptomyces lactamdurans	G^+, G^-
Clavulanic acid	*Streptomyces clavuligerus*	

을 가지고 있다. 우리나라에서는 의료계의 관습과 의료진료 기술면에서 주사제로 각광을 받고 있으나 값이 비싼 결점이 있다. 또한 신장에 독성을 미치므로 장기간 사용에 제한이 있다. 현재 aminoglycoside계 항생물질의 공업생산에 이용되는 균주는 표 5-13에서 보는 바와 같다.

Aminoglycoside 계열의 항생물질의 공업생산에 이용되는 균주는 표 5-14에서 보는 바와 같이 butirosin만이 *Bacillus*속에서 생산되고, 나머지는 모두 방선

표 5-14. Aminoglycoside계 항생물질과 생산균주

항생물질	생산균주	활성범위
Apramycin	*Streptomyces tenebrarius*	G^+, G^- 사료용
Butirosin	*Bacillus circulans*	G^+, G^-
Destomycin A	*Streptomyces rimofaciens*	G^+, G^- 사료용
Fortimicins	*Micromonospora olivoasterospora*	G^+, G^-
Gentamicins	*Micromonospora purpurea*	G^+, G^- mycobacteria
Hygromycin B	*Streptomyces rimofaciens, S. hygroscopicus*	G^+, G^- 사료용
Kanamycin	*Streptomyces kanamyceticus*	G^+, G^-
Kasugamycin	*Streptomyces kasugaensis*	G^- 진균, 농약용
Lividomycin	*Streptomyces lividus*	G^+, G^- 결핵
Neomycins	*Streptomyces fradiae*	G^+, G^- mycobacteria
Paromomycins	*S. fradiae, S. chrestomyceticus*	G^+, G^- 원생동물
Ribostamycin	*S. ribosidificus, S. thermoflavus*	G^+, G^-
Sagamicin	*Micromonospora sagamiensis var nonreductans*	G^+, G^-
Sisomicin	*Micromonospora inyoensis*	G^+, G^-
Spectinomycin	*Streptomyces spectabilis, S. flavopericus*	G^+ Neisseria
Streptomycin	*Streptomyces griseus, S. bikiniensis*	G^+, G^- 결핵, 농업용
Tobramycin	*Streptomyces tenebrarius*	G^-
Validamycin	*Streptomyces hygroscopicus var. limoneus*	진균, 농약용

균에서 생산되고 있다. 이외의 항생물질로는 quinolone계 항생물질, glycopeptide계 항생물질, cabapenem계 항생물질 등이 있다. 이들은 기존 항생물질보다 항균력이 강하고, 부작용이 적고, 교차내성이 없으며, 반합성 항생물질의 합성이 쉬운 광범위 항생물질이다.

Quinolone계 항생물질은 다른 항생물질에 비해 가장 강력한 항균력과 가장 넓은 항균범위 항생제로 경구용 제제로는 가장 좋은 효능을 나타낸다. 따라서 가장 빠른 신장률을 보이고 있는 의약품으로서 제약회사에서 개발에 관심을 나타내고 있다.

8.3 국내의 항생물질 생산공업

국내에서 사용되고 있는 항생물질을 생산연도 별로 살펴보면 표 5-12에서 보는 바와 같이 70여 종에 이르고 있다. 그러나 아직까지 국내에서 개발된 신제품은 거의 없으며, 외국으로부터 원료 및 완제품을 수입하고 있다. 다만 외

국과의 기술합작 또는 특허가 완료된 품목에 대하여 균주 변이기술, 발효공정의 최적화, 분리 및 정제기술 등은 상당한 수준에 이르고 있다.

일부 항생제는 국내에서 원료생산이 이루어지고 있다. 예를 들어 동명산업의 kanamycin, 동아제약이 tobramycin, 유한화학이 rifampicin과 tobramycin, 제일제당이 cephalosporin C, 종근당이 rifampicin, tetracycline, oxytetracycline과 rokitamycin, 한국화이자가 tetracycline과 oxytetracycline을 발효생산하고 있다.

8.4 생물학적 치료제

1973년 미국의 Cohen과 Boyer에 의해 재조합 DNA기술이 가능하다는 사실이 밝혀지면서부터 꾸준한 연구를 통하여 몇 년 전부터 미지의 새로운 유용물질을 생산하기에 이르렀다. 현재까지 재조합 DNA기술에 의해 개발된 의약품은 100여 가지에 이르고 있으나, 시판되고 있는 제품은 많지 않다.

이와 같은 치료제의 개발은 유전자 재조합, 발효, 단백질 정제, 생산물의 특성 구명, 임상시험을 거쳐 허가자료를 얻은 다음 당국으로부터 제품허가를 얻어 시판되기까지는 최소한 5～10년 정도의 개발기간이 필요한 것으로 여겨지고 있다. 따라서 지금까지 생명공학에 대한 많은 연구투자에 힘입어 앞으로 많은 생물학적 치료제가 개발될 것으로 보인다.

시판되고 있는 생물학적 치료제의 종류를 기술 개발된 회사를 중심으로 하여 정리하면 표 5-15에서 보는 바와 같다. 생물학적 치료제의 개발은 미국에서 주로 이루어졌으며, 일본이 1～2년의 시차를 두고 상업화되고 있다.

국내에서는 알파인터페론(1989년), 성장호르몬(1993년)이 자체 개발에 의해 상업화되기 시작하면서 수입제품과 경쟁을 이루고 있다. 앞으로 많은 제품이 자체 개발에 의해 상업화될 것으로 보인다.

자체 개발된 알파인터페론과 감마인터페론 외에도 외국과의 기술도입에 의해 인슐린(상품명 ; Humulin, Novolin), 성장호르몬(상품명 ; Genotropin, Humatrope, Eutropin), 알파인터페론(상품명 ; Intron-A, Roceron-A), 베타인터페론(상품명 ; 베타페론), 감마인터페론(상품명 ; Intermax-gamma), 신장이식거부 치료제(상품명 ; Orthoclone, OKT3), EPO(상품명 ; Eprex, Epogin) 등이 국내회사에서 생산되거나 판매되고 있다.

표 5-15. 생물학적 치료제의 개발현황

종 류	상품명	용 도	개발년도	비 고
인슐린	Humulin	당뇨병	1982	미국 Eli Lily
인체성장호르몬	Protropin	어린이 왜소증	1985	미국 Genetech
	Humatrope		1987	미국 Eli Lily
	Biotropin		1992	미국 Biotechnology
	Eutropin		1993	한국 럭키
α-Interferon	Intron-A	모상세포백혈병,	1986	미국 Schering-Plough
	Roferon-A	생식기 종양,	1986	미국 Hoffmann Roche
	Alferon-A	C형 간염치료 등	1986	미국 Interferon Science
	알파페론주		1989	한국 제일제당
	인터맥스알파		1992	한국 럭키
β-Interferon	Feron		1985	일본 Toray, 第一製薬
	IFN β Mochida		1988	일본 持田薬品
γ-Interferon	Actimmune	만성 육아종	1990	미국 Genetech
혈전용해제	Activase	급성 심근경색	1984	일본 Dianabot
	Urokinase		1984	일본 三井東壓化學
	Culkinase		1984	일본 杏林製薬
Erythropoitin	Epogen	빈혈증	1989	미국 Amgen
(EPO)			1990	미국 Ortho Biotech
IL-2	Procit	신장암	1992	미국 Chiron
콜로니자극인자	Proleukin	화학요법 보조제,	1991	미국 Amgen
(CSF)	Nupogen	AIDS, 백혈병, 빈혈,	1991	미국 Immunex
	Leukine	골수이식, 화학요법	1991	미국 Hoechst-Roussel
단세포군 항체	Prokine	신장이식 거부	1986	미국 Ortho
치료제	Orthocclone			미국 Pharmaceutical

제 6 장

생명공학과 관련식품

생명공학과 관련식품을 이해하기 위하여 먼저 생명공학(Biotechnology)에 대한 기초적인 내용을 알아보자. 생명공학기술의 기초가 되는 생명과학(Life Science)은 생명현상의 해명으로부터 생물기능의 응용연구에 이르기까지 생명체에 관련된 모든 연구 분야를 포함한다. 이를 바탕으로 하는 생명공학기술은 생체 또는 생체기능을 이용한 생체이용기술, 생체기능과 구조를 바꾸는 유전공학기술, 생체를 모방하는 생체모방기술로 크게 나누며, 자연과 조화된 기술로서 새로운 각광을 받고 있다.

생명과학은 1861년 파스퇴르(Pasteur)의 미생물에 의한 발효현상의 해명, 1866년 멘델에 의한 유전법칙의 발견, 그리고 1869년 미셔(Miesher)에 의한 핵산(DNA)의 발견에 의해 획기적으로 발전되었다. 이어 1953년 와트슨(Watson)과 크릭(Crick)에 의해 DNA의 나선구조를 밝혀냄으로써 오늘날의 생명공학기술의 터전을 잡았다. 특히 1982년 유전자 재조합에 의해 생산한 당뇨병 치료제인 인슐린이 미국 FDA에서 승인됨으로써 생물산업(Bioindustry)의 발전이 가속화되었다.

1. 생명공학

1.1 생명공학의 정의

생물기능의 발현과정인 생물화학적 공정(biochemical process)은 매우 복잡하다. 그러나 이의 기본은 세포가 가지고 있는 '에너지와 물질의 변환과정', 그리고 '정보전달과 그의 발현과정'이라고 할 수 있다. 생명현상이 하나씩 해명되면서, 이를 활용하는 생물공학적 공정은 종래의 화학공학적 기술 또는 물리공

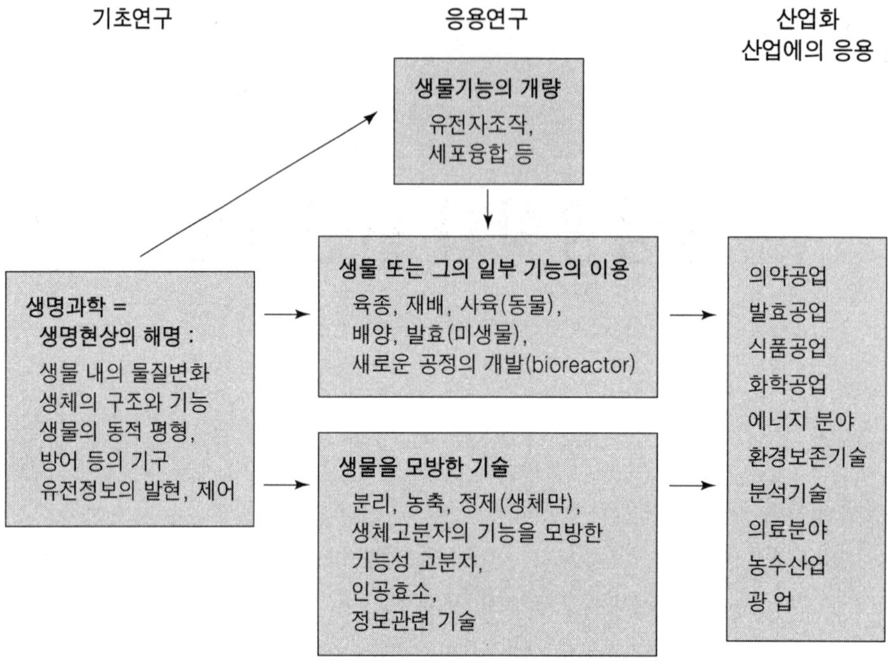

그림 6-1. 생명공학의 기본적인 개념

학적 기술과 마찬가지로 하나의 기술 분야로 자리 잡게 되었다.

생명공학기술을 간단히 요약하면, 그림 6-1에서 보는 바와 같다. '생체의 물질변환 기능, 유전정보 변환 기능, 에너지 변환 기능 등의 다양한 기능을 화학제품이나 의약품 등과 같은 유용물질의 생산, 품종 개량, 생명현상의 해명 등에 합리적으로 응용하는 기술'이라고 할 수 있다.

따라서 생물공학의 응용분야는 전통적인 발효공업뿐만 아니라 화학공업, 의약공업, 식품공업, 농업, 축산업, 수산업, 에너지관련 산업, 환경관련 산업 등을 비롯하여 생물자원, 생물전자공학[3] 등 광범위한 분야에까지 보급됨으로써 '생물산업'이라는 새로운 산업을 형성하기에 이르렀다.

이에 따라 생명공학의 분야는 매우 광범위하고, 연구자에 따라 견해가 달라질 수 있다. 생명공학은 넓은 의미에서 '생물체를 지배하는 생명현상의 원리를 응용하는 학문의 한 분야'라고 할 수 있다. 그러나 좁은 의미로 '동물, 식물, 미

3) 생물기능의 이용을 전자공학과 접합시켜 산업화하는 분야로서 다양한 종류의 효소를 이용한 바이오센서, 바이오 소자(素子), 바이오컴퓨터, 생의학공학(Biomedical Engineering) 분야의 인공신경 등이 여기에 해당된다.

생물이 생산하는 유용물질을 효율적으로 얻기 위하여 이들 세포나 조직을 분리하여 육종하거나 배양하고, 이들로부터 각종 대사산물(代謝產物)을 분리, 정제, 동정하여 산업화에 필요한 지식과 정보를 제공하는 학문의 영역'이라고 할 수 있다.

1.2 생명공학의 역사

생명공학의 모체가 되는 발효공업의 발달은 인류의 역사와 함께 진행되어 왔다. 특히 식품산업에서의 응용과 관련된 여러 분야의 학문적 업적의 축적과 더불어 기술개발에서 이루어졌다. 이러한 발효공업의 발전에 새로운 기술을 추가 도입함으로써 생명공학을 이루게 되었다. 이들 역사를 획기적인 생산물을 중심으로 시대적으로 구분하여 살펴보면 다음과 같이 나눌 수 있다.

1) 1900년대까지

1900년대까지는 미생물의 순수배양 기술의 확립과 더불어 과실주(wine), 맥주, 청주, 식초, 장류(醬類), 빵 등 주로 식품공업을 중심으로 한 전통적인 발효식품의 산업적 생산이 이루어졌다. 지금도 발효공학 또는 양조학에서는 주로 산업화되어 있는 이 분야를 다루고 있다.

2) 1920년대

미생물이 가지고 있는 능력을 개발하기 시작하면서 1923년에 화이자(Pfizer)회사에서 *Aspergillus niger*를 이용하여 구연산을 발효생산하기 시작하였다. 그리고 butanol, acetic acid, oxalic acid 등의 발효생산이 부수적으로 발달하여 미생물에 의한 산업적인 유기산 생산을 이룰 수 있는 계기가 마련되었다.

1928년에 플레밍(Alexander Fleming)이 항생물질 중의 하나인 페니실린(penicillin)을 발견하게 된 것은 특기할 만한 일이다. 이를 계기로 하여 Merck, Pfizer, Squibb 등 세계적인 제약회사에서 항생물질을 대량 생산할 수 있는 기틀을 마련하였다.

3) 1940년대

왁스만(Waksman)이 *Streptomyces griseus*균에 의한 streptomycin 생산과 더불어 penicillin G, bacitracin, chlorotetracycline, gramicidin, polymyxin, neomycin 등 많은 항생제의 개발이 시작되었다. 통기교반 심부배양법이 개발

되었고, 또한 itaconic acid, 2-keto-D-gluconic acid와 같은 유기산 발효와 더불어 cellulase, pectinase 등의 효소제 개발이 이루어졌다.

4) 1950년대

대사제어(control mechanism) 발효기술이 확립되면서, 1950년대에는 다음과 같은 분야에 획기적인 발전이 있었다.

① Cyclohexamide, chloramphenicol, erythromycin, tetracycline, kanamycin, 반합성 페니실린[4] 등 광범위 항생제의 개발과 이용

② Kojic acid, 글루탐산(glutamic acid), 라이신(lysine)의 발효생산으로 아미노산 발효공업이 이루어질 수 있는 계기를 마련

③ Dextran 등의 다당류(多糖類) 생산

④ 사료용 미생물 단백질(SCP)[5]의 생산

⑤ 농업분야에서의 gibberellin 등 생리활성물질의 생산

⑥ 미생물을 이용한 생물화학적 반응(biotransformation)에 의한 비타민, 아미노산, 스테로이드(steroids)의 생합성

5) 1960년대

1960년대에는 다음과 같은 분야에 생명공학의 산업화가 있었다.

① 고정화 효소(immobilized enzyme)에 대한 연구가 활발히 이루어져 알맞은 담체(carrier)를 사용한 효소의 고정화 또는 고정화 균체(whole cell) 형태로 이용하기 시작함

② 녹말을 가수분해하여 얻어지는 포도당에 포도당 이성화효소(glucose isomerase)를 작용시켜 고농도의 액상과당(high fructose corn syrup) 생산을 시작하면서 설탕의 대체품으로 이용되어 식품공업의 발달에 기여

③ *Bacillus*속에 의한 미생물농약(microbial insecticide)에 관한 연구

---

4) 6-Aminopenicillic acid에 결합된 acyl기를 화학적 또는 효소적으로 처리하여 생리작용을 갖는 다양한 페니실린 유도체를 제조할 수 있으며, 이를 총칭하여 반합성 페니실린이라고 한다.

5) 미생물단백질(microbial protein)은 단세포단백질(single cell protein)이라고도 불리며, 식량자원을 해결하기 위하여 성장속도가 빠른 미생물의 균체를 이용하려는 목적에서 1970년대까지 연구가 활발히 진행되었다.

④ 핵산계 조미료(inosine monophosphate, IMP ; guanine monophosphate, GMP)의 발효생산

⑤ Amphomycin, cephalosporins, gentamycines, siomycin 등 다양한 항생제의 개발

6) 1970년대

1970년대에는 세포 배양기술, 세포 융합기술, 유전자 조작기술 등 유전공학이 시작되었으며, 다음과 같은 분야에 생명공학의 발전을 들 수 있다.

① 치즈제조용 미생물 응유효소(凝乳酵素, renin), dextranase 등 효소제의 생산

② Adriamycin, candidin, sisomicin 등 다양한 항생제의 개발

③ 당뇨병 치료제인 인슐린(insulin), 성장호르몬(growth hormone), 항암제인 인터페론(interferon) 등의 의약품 생산

7) 1980년대 이후

1980년 이후 현재까지는 다음과 같은 분야에 많은 관심을 가지고 있으며, 앞으로도 계속하여 이 분야에 대한 연구가 진행될 것으로 보인다.

① 노화현상(老化現象)의 해명과 노화 조절제의 개발

② 항암제 및 각종 백신(vaccine)의 개발

③ 후천성 면역결핍증(AIDS) 치료약 등 면역질환 치료제의 개발

④ 임상진단용 시약의 개발

⑤ 인공장기의 설계 및 제작(bioelectonics)

⑥ 인공종묘, 인공종자, 내병해충성 작물의 실용화

⑦ 생물학적 식물병해충 방지(biological control) 및 무독성 미생물농약(microbial insecticides)의 생산

⑧ 기능성 식품

⑨ 농약, 난분해성 물질의 생화학적 처리기술

이와 같이 1900년대까지는 주로 발효식품이 생산되었다. 이후 유기산과 같이 미생물에 의해 쉽게 균체외(extracellular)로 분비되는 저급화합물이 생산되었다. 이 때까지의 발효기술은 주로 발효공학(Fermentation Technology) 분야

에서 취급하고 있다. 어느 의미에서 볼 때, 고전적인 생명공학기술이라고 할 수 있어서 이를 'old technology'라고도 한다.

생명공학에 있어서 Fleming에 의한 페니실린의 발견은 획기적인 전환점을 마련하였다. 이후 오늘날까지 많은 연구자들에 의해 수많은 항생물질 또는 생리활성물질의 생산에 관한 연구가 진행되었다. 이 때부터 발효생산물은 저급 화합물에서 분자량이 큰 고분자물질(polymer)로 전환되었다. 각종 아미노산의 생산, 생물화학적 반응(biotransformation)에 의한 화학공정의 대체, 고정화 효소와 바이오센서(biosensor)의 개발, 생물학적 치료제, 미생물농약 등 다양한 생산물로 확대되었다.

1.3 생명공학의 방향

생명공학은 매우 광범위한 분야이며, 이 기술은 아직도 꾸준히 발전하고 있다. 유전자를 이식하는 유전자조작(genetic engineering 또는 genetic manipulation) 또는 재조합(recombination)을 주로 하는 기술이 발전함에 따라 생물제어(biocontrol)와 생물복원(bioremediation) 기술도 등장하였다.

이로운 유전자를 생물에 도입하여 아직까지 없었던 새로운 기능을 나타내는 새로운 생물을 창조할 수 있게 되었다. 생물제어는 생물과 생물 사이의 상호관계를 이용하여, 주로 농작물의 질병과 해충을 조절하는 방법으로 이용한다.

생물복원은 환경문제와 연관하여 생태계를 회복하거나 복원하기 위하여 미생물을 이용하는 방법이다. 오염된 토양과 지하수, 해양오염을 방제하기 위한 기술이 개발되고 있으며, 유전자 재조합 미생물이 이용되기도 한다.

이러한 생명과학 지식을 바탕으로 생명공학기술을 적용한 생물산업은 의학, 약학, 보건, 환경, 농업, 수산업, 유기화학공업 등 다양한 분야에 응용되고 있다(표 6-1). 생명공학은 다음과 같은 이유에서 21세기 인류의 생존을 위하여 발전시켜야 할 산업이 될 것이다.

① 인류의 건강을 위하여 질병의 원인을 해명하고 진단이나 치료에 이용되고 있다. 생물의약품 생산이 크게 증가하여 유전병의 진단과 치료, 암의 조기 진단과 유전자 치료에 응용되고 있다. 특히 사람의 모든 유전자와 염기서열을 파악하려는 인간 게놈(genome) 연구가 진행되고 있다. 이를 응용한 유전자 치료법, DNA chip, 형질전환 동물을 이용한 생리활성물질의 생산 등의 산업화 기술이 발전될 것이다.

② 2050년에 90억 명에 이를 것으로 추정되는 세계 인구에 비하여 기상변

표 6-1. 생물산업의 응용분야

분 야	응용기술 또는 제품
생물의약	호르몬, 혈액관련 제제, 항암제, 성장인자, 면역제, 신경전달물질, 백신, 진단시약, 유전자 치료법, 인공장기
생물화학	생분해성 고분자물질, 아미노산, 유기산, 기능성 다당류, 공업용 효소, 향료, 색소, 계면활성제, 범용 화학물질, 생체재료
생물환경	환경정화용 미생물제제, 대기탈황, 탈취제, 응집제, 생물학적 환경오염처리
바이오식품	저칼로리형 대체 감미료, 기능성 지질, 식품첨가물, 천연 식품소재, 기능성 식품소재, 발효식품, 식품용 효소
바이오에너지	연료용 에탄올, 메탄발효, 이산화탄소 고정화, 광합성, 바이오가스, 미생물 정련(leaching)
농업 및 해양분야	인공종자, 우량묘목, 동물백신 및 진단제, 미생물농약, 해양생물자원, 식물공장, 사료제, 형질전환 동・식물(GMO)
생물공정	발효공정, 동물세포배양, 식물세포배양, 생물반응기, 생물전환기술, 분리정제공정, 제제화기술
생물학적 검정	안전성 및 효능 평가기술, 바이오센서, 바이오칩, 진단기술, 생체기능 이용물질 전환기술, 측정기기 생산기술

화, 지구의 사막화, 산성비, 수질오염, 대기오염, 토양오염으로 농업생산성이 떨어지고, 식량부족 사태는 매우 심각할 것으로 예상하고 있다. 이에 따른 식량문제 해결을 위하여 유전자변형 식품 등에 기대하고 있다.

③ 석유화학물질을 대체하는 대안으로 생명공학기술이 제시되고 있다. 점차 석유자원의 고갈로 이용하기 편한 형태로 바꾸는 석탄의 재이용기술이 발전할 것이다.

그리고 태양에너지의 이용기술과 더불어 장래 생물자원(biomass)을 이용하는 기술의 개발로 석유화학공업을 대체할 것이다. 유전자 재조합 미생물을 이용한 폐기물 처리와 메탄, 알코올의 생산은 환경과 에너지 문제를 해결할 수 있는 방법이다. 석유성분과 유사한 작물 재배로 대체원료를 확보하는 일도 생물산업에서의 중요한 분야가 될 것이다.

④ 폐기물 또는 폐수의 소규모 처리에는 물리적・화학적 방법을 이용할 수 있다. 그러나 대규모의 환경오염을 제거하거나 회복하는 데 경제적인 측면에서 생물학적 처리에 기대하고 있다.

2. 효소산업

2.1 효소의 특성

효소는 정교한 촉매로서 살아 있는 세포에 반드시 존재한다. 촉매의 효율, 기질 특이성 및 조절에 대한 감수성이 크기 때문에 비생물(非生物) 기원의 촉매와는 전혀 다르다. 또한 효소는 보통 빠른 속도로 기질을 선택적으로 전환시키거나, 필요할 때까지는 활성이 없는 전구체 상태로 존재하기도 한다.

생화학적 반응에서는 많은 반응이 동시에 질서정연하게 진행되는 것은 효소가 엄밀한 특이성을 갖기 때문이다. 생물이 급속한 환경변화에 대응할 수 있는 것도 효소의 교묘한 제어기능에 의한다. 효소는 생물이 생산하는 생체촉매로서 다음과 같은 기질 특이성, 반응조건, 반응속도에 대한 3가지 특징을 들 수 있다.

① 효소는 각각의 특정한 기질에만 작용하며, 다른 기질에 작용하지 않는다. 이를 기질 특이성(substrate specificity)이라고 말한다. 열쇠와 자물쇠(key and lock)의 관계로 설명된다.

② 효소는 물 용매계에서 생리적인 pH와 온도의 온화한 조건에서 작용한다. 각 효소는 각각의 최적 pH, 최적 온도가 존재하며, 그 범위를 벗어나면 반응속도는 급속히 떨어진다.

③ 다음 식과 같이 효소(E)는 기질(S)과 일단 복합체(E・S)를 형성한 후, 신속히 분리되어 생산물(P)과 효소(E)로 된다.

$$S + E \rightarrow E \cdot S \rightarrow E + P$$

효소는 수많은 생화학 반응에 촉매로 작용하는 비교적 분자량이 큰 단백질로서 2,000종 이상이 알려져 있으며, 산업적으로 이용되는 것은 이의 약 10% 정도이다. 많은 종류의 효소는 여러 개의 subunit peptide로 구성되어 있으며, 4차 구조를 이룬다. 효소활성을 증대시키는 역할을 하는 아미노산의 종류로는 aspartic acid, cysteine, glutamic acid, histidine, lysine, methionine, serine, threonine 등이며, 금속으로는 Zn^{2+}, Mg^{2+}, Mn^{2+}, Fe^{2+}, Fe^{3+}, Cu^{2+}, K^{+}, Na^{+} 등이다.

2.2 효소산업의 발전

1) 1960년대까지

효소의 생산과 응용기술은 생명공학 분야의 기술 발전과 더불어 매우 관심을 끄는 기술분야이다. 효소의 공업적 생산과 응용은 1894년 일본의 Takamine가 koji 배양법에 의해 *Aspergillus oryzae*로 amylase인 의약용 소화효소제 takadiastase를 생산하면서 미생물을 이용한 효소생산의 성공으로 대량 생산이 가능하게 되었다.

초기의 효소제품은 주로 섬유공업에 사용되는 α-amylase로 *Bacillus subtilis*를 밀기울 고체배양 또는 액체배양으로 생산하였다. 이후 1915년에 효소를 세척제에 첨가하여 사용하기 시작하였다. 1969년에는 모든 세척제 중에 80% 이상이 값싼 protease를 첨가하기 시작하였다. 이에 따라 현재 사용하고 있는 세척제에는 lipase, amylase, pectinase, oxidoreductase 등이 부가적으로 첨가하기에 이르렀다.

2) 1970년대 이후

녹말에서 포도당 제조에 α-amylase와 amyloglucosidase의 이용은 효소공업의 산업적인 새로운 전환기를 마련하였다. 아미노산, 과당의 생산에 특이할 만한 것으로 알려진 고정화 효소를 사용한 연속반응이 1970년대에 실용화되어 생물반응기(bioreactor), 바이오센서(biosensor) 등의 개념이 생기게 되었다.

1970년 이후 과당(fructose) 제조에 glucose isomerase의 이용은 식품산업에 커다란 계기가 되면서 보편화되었다. 그리고 1965년 이후 치즈의 제조에 미생물성 renin 사용도 획기적인 일이라 할 수 있다.

이 때의 효소생산과 응용기술을 보면, 어떤 반응에 효소를 이용하기 위하여 그 목적에 알맞은 성질을 가진 효소의 생산 기원을 탐색하고, 미생물의 개량과 육종, 배양조건 등의 효소 생산기술의 연구와 효소의 기질이 되는 원료의 성질을 검토하여 효소 작용의 특성을 활용하는 응용연구가 이루어졌다. 효소의 산업적 발전을 요약하면 표 6-2에서 보는 바와 같다.

① 제1세대에서는 심부배양법(submerged fermentation)에 의해 효소를 대량 생산하는 기술이 정립됨에 따라 효소공업이 생물공업에서 중요한 분야로 자리 잡았다.

② 제2세대로의 발전을 효소 고정화 기술의 성공에 따른 효소 고정화 반응

표 6-2. 효소산업 기술의 발전

구 분	제 1세대	제 2세대	제 3세대	제 4세대
연 대	~1960	1960~1985	1985~2000	2000~
효소기능 변화 기술	천연효소	고정화 효소 (1969)	비수계 효소반응 (1988)	인공효소
효소 생산기술	심부배양(1949)	유가식 배양	재조합균 발효	효소 모방 합성법
효소 반응기술	회분식	연속식	연속식 비수계	순화식 재생반응
효소 이용기술	천연기질/자연 반응 이용	천연, 반유기 합성	천연, 유기합성 기질	천연, 비천연 기질
	분리효소 이용	균체 효소이용	비자연 반응기	
자 원	동·식물, 곰팡이	곰팡이, 세균	다양화	다양화
산업적 응용 분야	식품	식품, 정밀화학	식물, 화학, 의약	산업 전 분야

기를 이용하여 고과당(high fructose syrup) 생산과 유가배양(fed batch fermentation)법으로의 발전이라 할 수 있다.

③ 제 3세대로 효소기술이 발전된 계기는 1977년 비수계(非水系) 효소반응 합성이 성공되면서이다. 이 때부터 효소 생산방식은 주로 유전자 재조합 균주를 사용한 대량 생산방식이 도입되었다. 제 3세대의 효소 이용기술은 지구환경 보존과 관련된 청정산업화 기술(clean technology)로서 효소를 사용하려는 움직임이 증가하여 산업 전체에 고효율, 저에너지, 저공해 기술인 효소 이용기술을 사용하는 추세이다.

④ 제 4세대 효소 이용기술은 생체 모방기술(biomimics)의 한 분야인 효소 모방기술(enzyme mimics)이다. 현재까지의 천연효소가 가지고 있는 고분자성, 안전성, 반응성, 재사용 등의 한계를 극복한 인공효소인 xeno-zyme, abzyme, chemozyme 등의 생산이 가능해지면서 효소 모방 합성법에 의해서 생산될 것으로 예상된다. 이와 같은 기술이 확립되면 효소의 이용도 전체 산업분야로 확대되어 사용될 것이다.

3) 효소산업의 발전요인

효소산업에 있어서 실용적인 면을 고려한다면 효소의 이용목적에 따라 크게 다음과 같은 3분야로 나눌 수 있다.

① Amylase, protease, catalase, isomerase, penicillin acylase와 같은 효소의 산업적인 이용

② Glucose oxidase, galactose oxidase, alcohol dehydrogenase, hexokinase, cholesterol oxidase와 같은 분석용 효소

③ Asparaginase, protease, lipase, streptokinase와 같은 의약용

이와 같은 효소의 이용 목적에 따라 양과 질적인 면이 달라진다. 이에 따라 생산방법 및 정제 정도가 결정된다. 효소산업의 발달은 다음과 같은 요인에 의해 이루어졌으며, 앞으로 수요가 더욱 증가될 것이다.

① 유전자조작 등 미생물 유전학의 발달에 따라 균주 육종이 이루어져 효소 생산수율을 크게 향상시킬 수 있다.

② 효소의 유도생산을 통하여 효소생산을 위한 최적 발효조건을 설정하며, 값싼 원료로 대체함은 물론 배지조성의 최적화를 유도하여 효소 생산성을 높인다.

③ 새로운 세포파괴 방법의 개발로 균체로부터 직접 효소 추출을 가능하게 하며, 효소의 회수율을 높인다.

④ Chromatography(ion-exchange, molecular sieve, affinity 등) 방법, counter-current distribution 등의 정제기술을 개발한다.

⑤ 고정화 기술(immobilization)의 개발로 제품 생산비를 절감한다.

⑥ 연속배양 기술에 의한 효소 생산비를 절감한다.

4) 효소산업의 현황

효소의 종류는 지금까지 2천 종 이상이 알려져 있다. 그러나 실제 산업적으로 이용되고 있는 효소는 20～30가지이다. 매출액 면에서 본다면 세제공업과 전분당 공업이 전체의 60% 이상을 차지하고 있다. 세제공업에서는 알칼리성 protease가 거의 95% 이상을 차지하고 있으며, 나머지는 amylase와 cellulase이다. 제품의 성상은 protease와 isomerase가 고상(固狀)이고, 나머지는 대부분 액상(液狀)이다.

효소의 가장 큰 소비국은 미국으로, 세계 소비량의 약 40%를 차지하고 있다. 유럽연합이 30～40%, 나머지가 일본, 한국 등이다. 세제공업에 있어서는 공해문제와 무린화(無燐化) 추세, 저온세탁 문제 등으로 효소의 사용량이 꾸준히 증가하고 있다.

국내 효소산업은 알코올 발효공업에서 녹말원료를 분해할 목적으로 사용하는 효소와 제약업계의 소화효소제 생산에서부터 시작되었다. 초기에는 몇몇 군소업체에서 배양물을 건조시켜 '분국(粉麴)' 또는 '곡자'로 판매되었다. 1973년에 *Rhizopus* 균주로부터 glucoamylase의 생산이 공업적 규모로 이루어짐에 따라 효소생산 균주의 개량방법, 배양방법, 제제화 방법 등의 연구가 본격적으로 시작되었다. 현재는 유전공학과 단백질구조 연구 등의 생화학적 기초연구의 성과로 효소단백질의 질적인 변화를 유도함으로써 특정 목적에 알맞은 효소의 생산과 그 응용기술이 전개되고 있다.

2.3 효소 생산과 이용

1) 세계 현황

효소는 1964년 IBU(International Union of Biochemistry)에 의해 추천된 효소 분류 당시 약 600여 종이 된다. 이 중에서 산업적으로 응용되고 있는 주요 효소는 150여 종이고, 산업용 효소는 60여 종이 된다. 1995년을 기준으로 산업용 효소 시장은 약 12억 달러이었다. 세제용 효소가 약 39%, 섬유용 효소가 14%, 전분당 관련 효소가 12%, 의약용 효소가 27%, 연구용 효소가 4%, 진단용 효소가 4%의 비율로 시장을 구성하고 있다.

산업용 효소 중에서 가장 큰 비중을 차지하고 있는 세제용 효소 중 alkaline protease가 주종이다. 1971년 이후 alkaline protease가 세제에 사용되기 시작함으로써 효소첨가 세제의 생산량이 계속 증가하였다. 또한 alkaline cellulase, lipase 등이 첨가되어 이들 효소의 사용량도 증가하였다. 유제품 제조용 효소들도 유전자 재조합 기술을 이용한 효소생산이 전통적 효소생산 시장에서의 침투는 매우 빠른 속도로 이루어지고 있다.

세계 효소시장의 점유율은 Novo Nordisk사(덴마크) 50%, Genencor International사가 Gist Brocades사와 Solvay Enzyme사를 인수하면서 Novo Nordisk사의 빠른 성장세로 뒤따르고 있다.

2) 국내 현황

국내의 효소시장은 의약용 효소 시장이 50%의 비중을 차지하여 가장 큰 시장을 형성하고 있다. 세제용 효소가 16%, 섬유가공 효소가 15%, 전분당과 식품용 효소가 10%, 피혁공업과 환경용 효소가 9%의 비중을 차지한다.

국내 주류산업 중에 탁주, 주정, 고량주용 효소를 제외하고는 거의 자유롭게 수입되고 있다. 수입은 주로 덴마크 Novo Nordisk사, 일본 Daiwa사와 Amano사, 미국 Genencor International사 등으로부터 이루어지고 있다.

국내의 효소 생산은 1970년도를 기점으로 하여, 그 이전에는 주류공업용 효소들은 주로 밀기울, 쌀 등 고체배양에 의한 당화용 *Aspergillus usamii, A. shirousamii* 등의 배양물이 그대로 또는 건조된 amylase와 protease가 생산되었다. 피혁가공에서는 *Bacillus* protease가 밀기울 고체배양 건조물의 사용되었고, 녹말 액화용으로도 *Bacillus* α-amylase의 밀기울 고체배양 건조물이 사용되었다.

1973년도에 주정용 당화효소의 생산을 목적으로 하여 배양, 정제시설을 갖춘 산업적 규모의 효소 생산 공장이 설립되기 시작하였다. 이와 함께 산업적으로 효소 생산과 이용기술에 대한 연구가 이루어졌다.

국내에서 생산되는 효소들로는 *Rhizopus*에서 glucoamylase, *Aspergillus oryzae*에서 α-amylase, *A. oryzae*에서 protease, *A. niger*에서 pectinase, *Trichoderma*속에서 cellulase 등이 밀기울 고체배양에서 추출, 정제공정을 거쳐 생산되고 있다. *Bacillus*에서 α-amylase, *Bacillus*에서 protease는 액체배양에 의해 정제공정을 거친 정제제품으로 생산되기 시작하였다.

의약용 소염 효소제인 serratiopeptidase와 섬유가공용 cellulase도 생산되고 있다. 국내 효소 생산회사들이 수입효소를 대체하기 위하여 많은 연구와 개발이 이루어지고 있다.

3) 국내의 기술

기존 효소제품일 경우에는 효소제품의 가격과 품질이 유리해야 할 것이다. 신규 효소제품일 경우에는 효소이용 측면에서 더욱 이점이 있어야 한다. 따라서 이런 여건들을 고려하여 각 단계별 국내 효소공업의 기술측면을 알아보자.

(1) 생산균주의 검색, 선별 및 개량

효소 생산회사에서는 산업적 생산에 필요로 하는 미생물들을 여러 방면에서 검색, 선발하는 공정이 이루어지고 있으나, 외국과 같이 꾸준히 이루어지고 있지는 않다. 또한 균주개량 공정에서도 변이법, 유전자 조작법 등이 균주개발에 많은 연구를 하고 있으나, 산업적 생산균주로 적용시킨 경우는 매우 적다.

(2) 배양기술

미생물 배양을 위한 국내시설은 외국의 시설을 도입, 또는 국내시설의 개선 등으로 고체배양이나 액체배양 시설을 외국과 거의 같은 시설형태를 갖추었다. 그러나 배양시설의 개선 및 활용 면에서 더욱 기술이 축적되어야 한다. 미생물의 배양조건들은 생산되는 효소의 종류에 따라 계속 검토가 이루어져야 한다. 배양에 필요한 특수한 원료 구입문제 등이 있을 수 있다. 그러나 배양기술은 점점 축적되고 있으므로 앞으로 거의 외국과 비슷할 것으로 보인다.

(3) 정제기술

효소제품 정제에는 배양물의 전처리, 여과, 농축, 불순물 제거를 위한 유기용매 분별(fraction), 크로마토그래피(column chromatography), 결정화, 분자크기별 막 통과, 제균 시설들이 외국과 거의 비슷하게 갖추었다. 효소정제에 관한 산업적 응용연구도 기업 측면에서 활발히 진행되고 있다. 그러나 아직도 기계 및 시설의 활용, 새로운 기술정보 등이 부족한 것으로 보인다.

(4) 제제화 기술

효소제품의 형태는 액상, 분말, 고정화, 결정화, 과립 제품 등으로 되어 있다. 이들 제품들은 사용용도에 따라 효소제제화가 이루어지고 있다. 이 기술은 각 제품의 특성을 고려하여 그 형태에 맞게 적용된다. 이와 같은 효소제품은 기본적으로 효소 활성제, 효소 안정제, 효소이용 측면에서의 경제성 등을 고려하여야 한다. 외국 효소제품과 경쟁하기 위하여 필요한 시설, 원료, 효소의 물리화학적 성질 등에 대한 다각적인 연구와 개발이 필요하다.

2.4 효소의 산업적 이용

국내에서 사용되는 용도별 효소의 종류는 표 6-3에서 보는 바와 같다. 식품가공공정에서 필요한 화학변화를 효소반응으로 대체할 경우 비교적 가격이 비싸고 반응 후 가열처리하여 불활성화시켜야 한다는 단점이 있으나, 다음과 같은 효소반응의 장점들로 사용량이 증가 추세에 있다.

① 효소 자체에 독성이 없고 냄새가 없으므로 다른 식품첨가물을 사용하는 것에 비하여 식품의 가치를 떨어뜨리지 않는다.

② 효소의 기질 특이성을 이용하면 복잡한 조성의 원료를 사용하더라도 원하는 반응만을 시킬 수 있다.

③ 반응온도, 반응 pH 등의 효소반응 조건이 온화하여 식품품질의 변화를 최소화할 수 있다.

표 6-3. 각종 효소의 산업적 이용분야

산업별	응용 예	효 소	기 원
제빵, 제분	반죽의 점도강하, 발효촉진,	Amylase	곰팡이
	빵의 용적 증가, 반죽의 물성 향상, 혼합시간 단축	Protease	곰팡이, 세균
맥 주	Mashing, 여과 향상	Amylase, glucanase	〃
곡 류	유아식 등의 당화	Amylase	〃
기호식품	시럽제조, 커피원두 발효	Amylase, pectinase	곰팡이
제 과		Amylase, invertase	곰팡이, 세균
전분당	고맥아당, 저 DE시럽의 제조	Amylase	세균
	포도당 제조	Amyloglucosidase	곰팡이
	이성화당 제조	Glucose isomerase	세균
낙 농	단백질 분해물, 분유의 안정화 우유의 커드화	Protease	곰팡이, 세균
	연유, 호웨이, 아이스크림, 냉동식품	Lactase	효모
향 료	산소제거	Glucose oxidase	곰팡이
	청징화(전분제거)	Amylase	곰팡이
과실주스	수율 향상, 청징화, 응집방지	Pectinase	곰팡이
육 류	연화, FPC 제조	Protease	곰팡이
제 약	소화촉진	Amylase, protease	곰팡이, 세균
	임상진단용	여러 종류	곰팡이, 세균
채소가공	퓨레, 수프제조	Amylase	곰팡이
과일주	청징화	Pectinase	곰팡이
건조계란	포도당 제거	Glucose oxidase	곰팡이
사 료	돼지사료	Amylase, protease	곰팡이
세척제	세척제(detergent)	Protease	세균
피 혁	탈 모	Protease	곰팡이, 세균

④ 저농도의 효소로 신속한 반응이 완료된다.

⑤ 가열 등으로 효소를 불활성화시켜 반응을 쉽게 중지시킬 수 있다.

식품공업 분야에서 단일 종목으로 사용량이 가장 많은 효소는 전분당공업에서의 포도당 이성화효소(glucose isomerase)이며, 그 다음으로는 α-amylase, glucoamylase로서 이들이 전체 사용량의 80%를 차지한다. 국내에서 사용하는 식품효소의 ⅔ 이상이 녹말을 원료로 하는 전분당공업에 사용하고 있다. amylase, glucoamylase 등은 국내에서 생산된 효소를 이용하고 있으나, 내열성 amylase와 이성화효소 등은 수입에 의존하고 있어서 연구개발이 필요한 실정이다.

1) 당질 관련 효소

(1) 전분당 공업

① 당화효소

전분당 공업에 사용되는 효소는 전체 소비량 중 20～28% 정도를 차지하고 있다. 이 분야에서 사용되는 가장 대표적인 효소는 α-amylase, glucoamylase, glucose isomerase를 들 수 있다.

녹말을 포도당으로 전환시키는 과정은 호화(gelatinization), 액화(liquefaction), 당화(saccharification) 공정으로 이루어져 있다. 이 공정에서 나온 여러 반응물들은 많은 식품에 사용되고 있다. 녹말 가공기술은 지난 30년 동안 많은 발전을 해왔다. 재래식 공정에서는 산(acid)을 사용하여 액화를 시켰으나, 이 액화공정을 내열성 액화효소로 대체시킴으로써 질적으로나 수율 면에서 상당한 개선효과를 얻게 되었다.

당화용으로 이용되는 효소에는 β-amylase(α-1,4-glucanmalto hydrolases)와 glucoamylase(α-1,4-glucan-glucohydrolases), 그리고 pullulanase, isoamylase 등과 같은 1,6-glycoside-splitting enzymes 등이 있다. β-amylase의 생산균주로는 *Bacillus polymyxa, B. cereus, B. megaterium, Streptomyces* sp., *Pseudomonas* sp., *Rhizopus japonicus* 등이 알려졌다.

Glucoamylase는 녹말의 비환원성 말단기에 작용하여 포도당 단위로 분해한다. 맥아당은 서서히 분해하나, 1,6-결합은 분해하지 못한다. 따라서 이 효소의 작용으로 최종산물로서 포도당, 맥아당, 한계 덱스트린(limit dextrin)이 생성된다. 생산균주로는 *Aspergillus niger, A. oryzae, A. awamori, Rhizopus niveus, R. delemar, R. formosaensis, R. japonicus* 등이 있다. 이 효소의 생산은 *A. niger*와 *R. niveus* 변이주를 사용하여 액침배양 또는 유가배양(fed-batch culture)에 의해 이루어진다.

1,6-Glycoside 절단효소는 amylopectin의 측쇄(side chain)를 분해할 수 있는 효소로서, 전분의 가수분해율을 높일 수 있어 산업적으로 중요하다. 이 효소는 ① pullulanase와 isoamylase와 같이 amylopectin에 직접 작용하는 효소, ② 기질이 효소적인 변형이 된 후에 간접적으로 작용하는 효소로 나눌 수 있다. 생산균주로는 *Pulluaria pullulans, Aerobacter aerogenes, Bacillus polymyxa, Pseudomonas saccharophilla, P. amyloderamosa* 등이 있다.

② 포도당 이성화효소

포도당 이성화효소(glucose isomerase, D-glucose ketoisomerase)는 포도당을 과당으로 이성화시키는 효소이다. 이 반응은 가역반응으로 반응조건에 따라 차이가 난다. 설탕의 대체원료로서 기호음료 등 가공식품에 사용량이 급증함에 따라 미국에서는 감미원의 30% 정도가 이성화당으로 소비되고 있다. 국내에서도 점차 소비량이 늘어나고 있다. 옥수수녹말, 타피오카녹말 등을 원료로 가수분해하여 포도당을 얻게 되며, 이를 기질로 하여 이성화반응을 시킨다. 효소를 고정화시켜 반응공정에 이용하기도 한다.

생산균주로는 *Bacillus coagulans, Streptomyces phaeochromogenes, S. olivaceus, S. olivochromogenes* 등이 많이 이용된다. 이외로 *Actinoplanes missouriensis, Arthrobacter* sp., *Brevibacterium imperiale, Microbispora coerula, Microccocus coagilis, Micromonospora coerula, Nocardia asteroides, N. dassonvillei* 등이 있다.

이후 프락토올리고당(fructooligosaccharide), 이소말토올리고당, 갈락토올리고당 등 올리고당의 제조가 일반화되었다. 솔비톨(sorbitol), 말티톨(maltitol), 자일리톨(xylitol), 에리스톨 등의 당알코올과 사이클로덱스트린(cyclodextrin) 등의 생산이 이루어진다.

(2) 양조공업

효소를 이용하여 제품을 제조하면 가열취가 없고, 곡류 특유의 풍미가 있다. 그러나 무증자 발효는 발효초기에 무증자 효소의 작용에 의해 생녹말의 당화활성과 생성량, 효소의 발효속도 조절에 의한 세균의 오염을 방지하는 일 등이 해결해야 할 문제이다. 산업적으로 응용하기 위하여 무증자용 효소를 분비하는 *Aspergillus* sp., *Chalara praradoxa* 등에 대한 연구 외에도 무증자용 식초발효공정에 대한 연구가 진행되고 있다. 그러나 아직까지 무증자에 의한 산업적 발효는 원료 분쇄조건, 효소 조성, 효모 활성도, 발효장치 등에 대한 연구가 더 진행되어야 할 것이다.

(3) 섬유공업

천연섬유는 직물공정 중에 상당한 힘을 받게 된다. 이 때에 섬유 손상을 최소화하기 위하여 일반적으로 녹말성분으로 이루어진 풀을 사용한다. 그러나 일단 직물공정이 완료되면 염색이나 다른 화학제를 처리하기 위하여 녹말을 제거할 필요가 있다. 이 때에 amylase에 의한 효소적 처리가 이루어진다. 이

과정은 효소의 개발로 예전에 70～75℃에서 2～4시간 걸리던 것에서 100～110℃에서 20～120초 동안 총 작업시간을 5분 이하로 단축하여 상당한 원가 절감을 가져왔다.

(4) 제지공업

제지공업에서는 섬유소를 coating하기 위하여 종이에 녹말을 첨가함으로써 종이의 강도, 탄력성 등과 같은 물성을 개선시킨다. 처리하기 전에 생녹말의 점도를 감소시키기 위하여 열처리 혹은 sodium hypochlorite와 같은 산 또는 효소처리를 함으로써 부분적으로 가수분해(액화)시킨다. 제지공업에 사용되는 녹말 중에 30% 이상이 효소를 처리한다.

(5) 제빵공업

밀가루에는 일반적으로 amylase가 들어 있다. 기후에 따라 정도의 차이가 있으므로 알맞게 조절하여 사용해 왔다. 맥아 대신에 곰팡이성 α-amylase와 내열성 세균성 amylase를 사용하고 있다. 제빵공정에서 호화를 잘 시키고 발효될 수 있는 당 성분을 많이 생성시키기 위하여 많은 양의 amylase를 첨가하는 추세에 있다. 제빵공업에서의 효소 사용량은 더욱 증가될 것으로 기대된다.

(6) 기 타

내열성 amylase는 세제에도 사용된다. 과일주스 중의 녹말을 제거하기 위하여 amylase와 amyloglucosidase는 제과와 인스턴트곡물 제조에 사용된다. Cellulase는 oil 추출에 사용되며, 동물세포 첨가제로서도 사용된다.

2) 단백질 관련 효소

(1) 세제공업

가장 규모가 큰 공업으로서 세제공업에 사용하는 효소의 종류도 매우 많다. 이 중에서 protease는 산업용 효소시장 중에서 가장 큰 시장을 이루었다. 가정용 세제에 protease를 배합한 효소세제는 1971년 효소가 첨가된 세제가 그 효능이 인정되었고, 사용에 있어서 안정성도 문제가 없음이 확인되었다.

이후 많은 종류의 효소세제가 생산되고, 분말세제의 중요한 영역을 차지하게 되었다. 그러나 무분별한 사용으로 환경오염의 위협이 되고 있다. 이를 분해할 수 있는 효소에 대한 연구와 계면활성제 등 일반적인 세제 성분과의 관계 등에 대한 연구도 필요하다.

(2) 소염효소제

소염효소제는 염증성 부종에 대한 억제효과를 나타내는 효소제로서 화학합성 소염제보다 그 시장은 크지 않다. 그러나 안정성이 높아 여러 염증환자에 널리 사용되고 있다. 또한 소염효소제 외에도 의약용 효소로 많이 이용되고 있는 소화효소제, 혈액순환 효소제, 항종양 효소제, 임상분석용 효소제에 대한 생산 및 연구가 활발히 진행되고 있다.

(3) 피혁공업

과거에는 석회나 sulfide를 사용하던 탈모공정을 효소로 처리함으로써 가공시간을 단축하고 독성의 발생을 방지할 수 있게 되었다. Elastin, keratin과 같은 섬유소 내 단백질의 부분적인 파괴로 가죽이 부드러워지게 하는 bating 공정에서 elastase와 karatinase 활성을 지닌 효소 제품도 특별한 경우에 사용된다.

(4) 양조공업

양조용 맥아즙을 사용할 때, *Bacillus subtilis* 기원 protease를 보리에서 단백질을 용출시키는 데 사용된다. 이러한 단백질을 분해하는 기작(mechanism)은 β-amylase도 활성화시키며, 맥주제조 공정 중에 최종단계에서 papain이 저온저장 중에 침전물이 발생되지 않도록 하기 위하여 사용된다.

(5) 제빵공업

Gluten 단백질을 부분적으로 가수분해시킴으로써 반죽의 정도를 감소시키며, 빵의 조직감을 개선시킨다. 곡물은 protease 활성이 낮으므로 *Aspergillus oryzae* 등 곰팡이에서 제조한 protease를 첨가시킨다. 특히 고온에서 cooking을 해야 하는 비스킷이나 피자 반죽에는 일반적으로 내열성 세균성 protease가 사용된다. 간장, 메주 등에서는 효소제제(koji) 수단으로 *Aspergillus*균에 의한 발효가 이루어진다.

(6) 기 타

Gelatin을 생산할 때, 사진현상액에서 은을 회수할 때, 또는 다이어트 식품용으로 부분적으로 가수분해된 gelatin을 생산할 때 효소가 사용된다. 미생물

casein을 효소처리 하여 배지로 쓰이는 peptone 제조에도 사용된다.

3) 섬유질 관련 효소

섬유가공용 cellulase는 섬유소를 분해시켜 발효성 당으로 전화시켜 준다. 이에 따라 점도의 감소와 식물기원 제품에 추출 수율을 증가시킬 목적으로 효소를 이용한다. 특히 청바지 가공에 있어서 균일한 탈색 및 유연성을 증가시켜 주는 용도로 많이 사용되고 있다.

4) 지질 관련 효소

Lipase 시장은 전체 효소시장의 약 3%를 차지하고 있다. 산업적 응용영역이 확대되면서 사용량이 급속히 증가되고 있다. 산업적으로 lipase를 가장 많이 사용하는 것은 풍미 개선을 위한 것이다. Lipase를 사용하여 부분적으로 가수분해시킨 butter oil에는 크림 향이 증가된다. Lipase로 변형된 cream은 유제품의 풍미를 증가시키기 위하여 캔디, 수프, 빵 등에 사용된다. 또한 cheese 숙성을 가속화시키고 풍미 개선에도 사용된다.

5) DNA 관련 효소

분자생물학 및 유전공학이 발달함에 따라 DNA 조작에 필요한 효소들이 많이 개발되어 상품화되어 있다. 특히, 유전공학 실험에 필수적인 제한효소로서 현재 1,200 종류 이상이 발견되었다. 여기에서는 DNA 절단에 이용되는 내열성 DNA polymerase 등에 대하여 알아보자.

(1) 제한효소

제한효소(restriction enzyme)는 DNA 분자 내의 특정한 염기서열을 인식하고, 인식한 서열 또는 근처의 특정한 부위에서 double-stranded DNA 절단하는 균주 특이성이 있는 endonuclease이다. 이 효소는 자기 세포 내로 침입해 오는 virus 또는 외래 DNA를 절단하여 제거하는 세균의 방어기구로 존재한다. 따라서 자신의 DNA는 인식절단 부위를 methylase로 수식하여 보호한다.

(2) 내열성 DNA polymerase

내열성 DNA polymerase는 PCR(polymerase chain reaction) 기술에 의한 유전자의 증폭, DNA 염기서열 분석 등에 뛰어난 효소이다. 이 효소는 분자생물학 실험을 비롯한 유전병 진단, 암 유전자의 조기진단, 바이러스 유전자의 조기진단 등으로 그 수요가 증가하고 있다. 현재 Tap DNA polymerase, Tca DNA polymerase, Pfu DNA polymerase 등이 상품화되어 있다.

국내 효소생산 측면에서 기존의 효소제품과 경쟁할 수 있도록 품질과 가격이 유리한 효소제품을 생산해야 하기 때문에 새로운 효소제품 개발에도 주력해야 할 것이다. 이러한 관점에서 기업, 학계 모두 효소생산 급원(source)의 검색, 선별작업이 체계적으로 운영되어야 하며, 효소 생산균주의 개량 작업도 끊임없이 이어져야 할 것이다.

6) 의료용 효소

의료용 효소에는 혈전분해 효소제, 소화효소제, 소염효소제, 항종양 효소제 등으로 구분된다. 혈전 용해제에는 TPA(tissue plasminogen activator)를 비롯하여 urokinase, eminase, streptokinase 등이 개발되어 있다. 'Activase' 또는 'Actilyase'라는 상품명으로 시판되는 TPA는 미국에서 50% 이상의 시장을 점유하는 혈전용해제로서, 부작용이 거의 없어 심근경색, 뇌경색, 말소혈관전증 등에 이용된다.

Urokinase는 사람의 오줌(尿)에서 추출한 것과 태아의 신장세포의 조직배양에서 얻어진 것(abbokinase)이 있다. 오줌에서 추출한 urokinase는 일본 녹십자에서 개발하였으며, 국내에서도 생산되는 혈전 용해제이다. Streptokinase는 미생물에서 얻어지기 때문에 약간의 부작용이 있다. 그러나 가격이 저렴하여 상당한 경쟁력을 가지고 있다. 이를 이용한 eminase는 anisoyl plasminogen streptokinase activator complex(APSAC)로서 새로 개발된 혈전 용해제이다.

소염효소제에는 일본과 국내 시장을 주도하는 serratiopeptidase와 lysozyme, varidase 등이 개발되어 있다. 생체 내의 활성산소를 무독화시키는 superoxide dismutase(SOD)에 대한 개발이 진행되고 있다. 소화효소제로는 미생물 기원의 takadiastase와 돼지 췌장에서 추출한 판크레아틴(pancreatin)이 있다.

판크레아틴에는 amylase, protease, lipase가 들어 있어서 소화제의 주류를 이루고 있다. 미생물효소의 이용은 국내시장이 협소할 뿐만 아니라 수요업체가 수입을 선호함에 따라 생산업체가 영세한 실정이다. 효소생산 및 이용업체 사이의 분업화는 물론 선진국에서 진행되고 있는 유전공학, 단백질공학 및 반응공정 개발에 의한 특수효소 이용기술이라고 하는 3세대 기술개발이 필요하다.

임상진단용 효소로서 요당(尿糖)의 측정에 glucose oxidase를 이용하면서 실용화되었다. 이후 cholesterol oxidase를 이용한 혈중 콜레스테롤을 측정, glycerol dehydrogenase에 의한 중성지방의 측정 등으로 많은 발전이 이루어졌다. 효소의 기질 특이성으로 고분자 및 저분자 물질이 같이 존재하는 생체액을 물리화학적인 예비처리 없이 단시간에 측정이 가능하기 때문에 더욱 발전될 것으로 예상된다.

임상진단용 효소는 순도가 높아서 다른 효소가 같이 들어 있을 경우 나타나는 부반응이 없어야 한다. 체액 중 특정 물질만 정량이 가능해야 하고, 효소의 안정성이 높아서 오랜 기간의 저장 후에도 같은 측정 결과를 나타내어야 한다. 그리고 적은 양의 기질로 신속하게 측정할 수 있어야 한다. 이와 같은 특성을 가지는 효소로서 urease, uricase, lipase, lactase dehydrogenase, amylase, creatine phosphokinase, choline esterase 등이 사용되지만, 주로 산화효소(oxidase) 계통의 효소이다.

3. 유전자 변형 농산물

유전자 변형 농산물(genetically modified organism, GMO)이란 '일반적으로 생산량의 증대 또는 유통이나 가공의 편의를 위하여 유전공학기술을 이용, 기존의 번식방법으로는 나타날 수 없는 형질이나 유전자를 지니도록 개발된 농산물'로 정의된다.

즉, 제초제에 대한 내성, 병해충에 대한 저항력 등을 가지게 하거나 영양가치와 보존성 등의 특성을 갖추게 하기 위하여 해당 작물의 유전자가 아닌 다른 동식물이나 미생물 같은 외래 유전자를 주입하는 방법으로 유전자를 변형시켜 만든 농산물이다.

GMO의 상업화는 1994년 미국 칼젠(Calgene)사가 잘 물러지지 않는 토마토(상품명, Flavor Savr)를 개발한 이후 빠르게 진행되었다. 일반인들이 관심을 가지기 시작한 것은 1995년 몬산토(Monsanto)사의 제초제에 내성이 있는 콩인 'Round-up Ready Soybean'과 노바티스(Norvartis)사의 병충해에 내성을 가진 'Bt maize'라는 상표의 옥수수가 미국 식품의약품청(FDA) 및 EU의 안전성 검사를 통과하여 판매가 허용되고, EU에 수출하면서부터이다.

이후에 제초제 내성, 병해충 저항성 등 여러 가지 GMO가 앞다투어 개발되었다. 특히 몬산토, 노바티스, 칼젠, 아그레보(Agrevo) 등이 GMO 신제품 개발에 가장 적극적이다. 몬산토사는 M&A를 통해 칼젠사를 매입하는 등 GMO 시장에서의 영향력을 확대하였다.

1994~1998년까지 FDA의 검증을 마치고 시판이 허용된 GMO는 옥수수, 토마토, 감자, 대두 등을 중심으로 39종에 이른다. 몇 년 이내에 시판될 것으로 예상되는 제품도 30여 종에 이른다. 또한 코카콜라, 맥도널드, 네슬러, 다농 등 세계 굴지의 식품회사들은 이미 GMO를 식품제조 및 판매에 사용하고 있다.

GMO 재배면적은 1995년에 120만 ha에서 1997년에 1,280 ha로 3년 사이에 10배로 증가하였다. 이렇게 빠르게 증가하는 이유는 개발회사는 일반 종자보다 비싸게 팔 수 있을 뿐 아니라, 농약과 연계한 패키지(package) 상품을 개발하여 이익을 볼 수 있다. 그리고 농민은 종자 비용이 비싸긴 하지만 농약과 비료의 비용이 크게 줄고, 병충해가 감소하여 실질적인 이익을 볼 수 있기 때문이다.

EU에서 제기된 GMO의 안전성 문제나 표시제도(labelling)의 도입 여부에 대한 미국의 반발이 있었다. 미국은 이미 GMO의 안전성이 입증되었기 때문에 GMO를 별도로 구분하거나 수입을 금지하는 모든 행위는 무역규제의 하나라는 입장을 고수하고 있다. 그러나 EU에서는 안전성에 대한 소비자의 의구심으로 GMO가 거의 소비가 되지 않고 있으며, 국내에서도 표시제도의 도입으로 소비에 많은 제한을 가져오고 있다.

GMO의 생태계 파괴와 국제간의 거래를 규제하기 위하여 '생물안전성 의정서(Biosafety Protocol)'가 제정되었다. 이는 GMO의 국제간 거래에 법적 구속력을 가지는 최초의 국제협약이 되었다. 앞으로 GMO의 재배면적과 시장규모 모두 빠르게 성장하며, 개발방향은 제초제와 살충제의 내성을 보유함으로써 생산성 위주와 영양을 강화하는 방향으로 진행되고 있다.

또한 국제적인 흐름은 도입거부에서 유전자 변형 농수산물 표시제(labelling)를 거쳐, 마지막으로 일반 농산물과 같이 취급하는 방향으로 진행될 것으로 예측하고 있다. 그리고 국제 종자시장은 특허 및 M&A에 따른 독과점화가 심화될 것으로 전망된다. 이에 비하여 유지 농산물과 같은 자연식품인 대체식품의 수요가 증가할 것으로 보인다.

3.1 용 어

1) GMO와 관련된 용어

GE : Genetic Engineering

GEO : Genetically Engineered Organisms

GM : Genetically Modified/Genetically manipulated

GMF : Genetically Modified Food

GMOs : Genetically Modified Organisms/Genetically Manipulated organisms

LMOs : Living Modified Organisms

유전물질이 생명공학 기술에 의해 자연상태에서 인위적으로 변형된 생물체를 포괄적으로 말한다. GMO보다 넓은 개념으로 1992년 UNEP의 Rio회의 생물다양성 협약에서 사용한 용어이다.

유전자 변형 생물체

유전자 변형 농산물(농림부)/유전자조작 농산물

유전자 재조합 식품(식약청)/유전자조작 식품

2) GMO의 확인방법

유전자 변형 식품을 확인하는 방법은 다음 3가지로 나눌 수 있다.

① 사회적 검증방법으로 판매자의 거래명세서 및 구분유통관리증명서의 확인, 구입처 추적조사 등을 통해 GMO 혼입 여부를 파악하는 시스템

② 항원·항체반응을 이용하여 DNA에서 발현되는 단백질(protein)을 검출하는 효소면역학적 방법(ELISA, Enzymatic Linked Immunosorbent Assay)

③ 인위적으로 삽입한 DNA를 유전자 증폭장치를 사용하여 증폭시키는 PCR(Polymerase Chain Reaction) 방법

GMO 단백질이 들어 있는 농산물 및 원료 등 비가공식품의 검정에만 이용이 가능한 특이항원(ELISA Kit) 이용법과는 달리 PCR방법을 사용한 검출방법은 아주 미량의 시료에서도 유전자 변형 생물체를 검출할 수 있는 장점이 있다. 따라서 PCR방법을 이용하면 콩 씨눈 하나 정도의 적은 시료를 사용하여도 혼합되어 있는 유전자 변형 생물체의 검출이 가능하다.

3.2 유전자 재조합 식품의 안전성

유전자 재조합 식품의 안전성에 대한 논란이 오랫동안 지속되었다. GMO가 비교적 안전하다고 여기는 식품학자의 견해와 더불어 그의 위험성을 주장하는 농학자의 견해를 비교할 필요가 있다.

1) GMO의 장점

인류에게 유익하고 경제성이 있는 돌연변이는 자연에서 일어나는 수만 가지 돌연변이 중에서 1~2개일 정도로 그 확률이 낮다. 그러나 1950년대 이후 생물체의 유전자 서열이 밝혀지면서 우리가 원하는 변이체를 만들어 낼 수 있게 되었다. 유전자 재조합 기술은 종전의 자연적 선별에 의한 동식물 품종개량 방식보다 훨씬 효율적으로 우량품종을 만들어 낼 수 있는 방법이다.

지난 50여 년 동안 분자육종기술은 급속히 발전하여 대부분의 농산물들의 품종을 획기적으로 개량되었다. 냉해나 가뭄에 잘 견디는 품종이 개발되어 이전에는 재배할 수 없던 지역에서 풍성한 수확을 할 수 있게 되었다. 병충해에 저항성이 강하고, 질소 고정능력이 우수한 작물이 개발되어 농약이나 비료를 덜 써도 많은 수확을 할 수 있게 되었다.

미국에서는 제초제에 잘 견디는 콩이 만들어져 대규모 기계영농이 이루어지고 있다. 맛도 좋고 저장성도 우수한 토마토가 생산되어 토마토 주스, 케첩을 만드는 공장에서는 원가를 크게 절감할 수 있게 되었다.

돌연변이로 생기는 새로운 변이체는 인류에게 이로운 것도 있고, 이롭지 않은 것도 있다. 종전의 육종기술이 자연산 중에서 사람에게 유익한 것을 선별하였던 것처럼 유전자 재조합 농산물도 실험실에서 여러 가지 변이체를 만들어 그 중에서 우리에게 유용한 것을 골라 신품종으로 사용한다. 신품종으로 선택된 것은 재배시험과 성분분석 시험을 통하여 그 조성이 천연적인 것과 다르지 않을 때 식품으로 사용된다.

이 외에도 유전자 재조합 작물이 생육하는 주위환경에 미치는 영향도 면밀히 검토하고 있다. 우리나라를 비롯하여 선진국들은 유전자 재조합 기술에 대한 안전수칙을 마련하고 있다. 유전자 재조합 식품의 안전관리 기준을 법으로 정하여 관리하고 있다. 그러나 자연과학 실험의 신뢰성은 반드시 완벽한 것은 아니다. 실험조건이나 방법에 따라 실험결과는 여러 가지로 나타날 수 있다.

세계보건기구(WHO)와 유엔 식량농업기구(FAO)는 지난 30년 동안 전 세계의 전문가들을 동원하여 유전자 재조합 기술과 이로부터 만든 식품의 안전성에 대하여 면밀히 검토하였다. 이들 식품을 식용으로 사용하는 데에 전혀 문제가 없다는 결론을 얻었다. 이러한 연구결과에 근거하여 미국에서는 제초제에 잘 견디는 콩과 다수확 옥수수를 개발하였다. 현재 전체 경지면적의 40%를 이들 신품종으로 대체하고 있으며, 앞으로 대부분 이들 품종으로 대체될 전망이다.

우리나라에도 이미 수입되어 먹고 있다. 유럽국가(EU)들이 유전자 재조합 농산물에 대하여 거부감을 나타내는 것은 실제로 안전성 문제보다는 자국의 농업을 보호하기 위한 무역장벽의 구실로 안전성 문제를 이용하고 있다는 견해도 있다. 유전자 재조합 콩의 경우 제초제를 생산하는 몬산토사가 개발한 신품종이다. 자사의 제초제에 저항성이 강하도록 만들었으므로 앞으로 세계적으로 콩 농사는 몬산토사의 종자와 제초제에 의존하게 된다.

식량의 자급을 절대적 국가전략으로 고수하고 있는 EU가 이러한 상황으로 가는 것을 그대로 둘 수 없는 것이다. 유럽인들이 유전자 재조합 식품의 안전성에 대하여 문제 삼을 수 없으므로 소비자의 알 권리를 충족시키기 위한 표시제도라는 방법을 선택한 것이다. 유전자조작 기술에 대한 불안감이 유전자 재조합 식품에 대한 거부감을 증폭시키고 있다.

우리는 식품원료의 대부분을 수입에 의존하고 있다. 주로 미국의 농산물에 의존하고 있는 우리의 현실에서 앞으로 유전자 재조합을 하지 않은 원료를 구하기가 점점 더 어려워진다. 이미 미국의 곡물상인들이 유전자 재조합을 하지 않은 콩을 사려면 2~3배의 값을 내야 한다고 한다.

방사선 조사식품이 깨끗하고 안전한 식품저장 기술인데도 소비자들의 잘못된 선입견 때문에 표시제도를 20년 전부터 의무화하였다. 그러나 실제로 시행하지 못하고 아직도 편법으로 사용하고 있는 전례가 있다. 그 동안 국제원자력기구(IAEA), 세계보건기구(WHO), 유엔 식량농업기구(FAO) 등 국제기구와 전 세계 관련 과학자들의 끈질긴 노력으로 서서히 미국과 유럽의 소비자들이 방사선 조사식품을 선호하기 시작하고 있다.

21세기는 과학기술 발전에 힘입어 인류의 복지가 크게 증진될 것으로 기대하고 있다. 그러나 실제로 사람들은 새로운 과학기술을 수용하고 받아들이는 데 소극적이며 두려워한다. 의식주 중에 음식문화의 변화가 가장 느리고 보수적이다. 그런 만큼 식품 신기술을 수용하고, 새로운 음식을 받아들이는 데 오랜 시간이 걸린다.

2) GMO의 위험성

유전자 변형 농산물은 다음과 같은 이유에서 그 이용에 대한 논란이 되고 있다.

(1) 인체 또는 가축에 대한 식품 안전성이 검증되지 않았다

인류 건강에 대한 위험성으로 알레르기, 독성, 면역체계의 약화 등에 우려가 있다. GMO 농산물도 장기간 섭취하였을 경우에는 면역체계를 약화시키며, 알레르기 반응을 불러일으킨다는 실험결과도 있다. 그리고 외래 유전자가 인체나 가축의 소화기관에 서식하는 미생물에 전이된다. 이 결과로 새로운 알레르기나 신종 박테리아가 생성되어 항생제 치료효과를 저해할 수도 있다.

(2) GMO 농산물의 장기간 재배할 때에 생태계를 교란할 우려가 있다

다른 종(種) 사이의 교배에 의하여 유전자가 전파될 수 있다. 특정한 제초제, 살충제의 사용에 따라 환경오염을 가중시키고, 생태계를 교란시킬 새로운 변종인 슈퍼잡초, 슈퍼해충 등이 출현할 우려가 있다. 생존력이 강한 변종이 고유 토종을 제압할 수 있다. 그 사례로서 미국이 남미산 옥수수를 유전적으로 개량해 남미로 수출했을 때, 개량 옥수수가 남미의 옥수수 밭을 휩쓸어버린 예가 있다.

GMO 품종과 야생의 근연종이 교배를 통해 새로운 종이 만들어질 경우, 제초제 저항성이 잡초에게 옮아가 슈퍼잡초를 생성할 수 있다. 또한 미국에서도 GMO 농작물이 주변의 잡초와 자연교배하여 '슈퍼잡초'를 탄생시키거나, 살충제에 내성을 가진 '슈퍼해충'의 출현에 대한 보고서가 있다. 특정한 제초제를 사용함으로써 제초제의 독성이 토양에 잔존하여 기존의 토양미생물을 제거하여 토양생태계를 파괴할 수 있다.

(3) 생물 다양성을 파괴할 수 있다

각 지역에 알맞은 농작물이 아니라 GMO 농산물인 몇 품목만 재배하게 되어 생물 다양성이 파괴된다. 특정 농약에 내성을 갖도록 종자가 개발되면 농약 남용에 의한 식물종의 감소로 곤충, 새, 포유류 등 동물에 영향을 준다. 만약 GMO 농작물을 전 세계적으로 재배하게 된다면 생물 다양성이 붕괴될 것이다. 결과적으로 더 많은 비료와 농약에 의존하는 영농방법만이 지배할 것이라는 우려가 있다.

(4) 유전자조작 기술의 독점 및 다국적 기업의 세계 식량시장을 지배할 가능성이 있다

GMO와 관련된 다국적 기업이 agribusiness를 통하여 종자 → 농약 → 곡물 → 식품 → 레스토랑 체인점 회사는 서로 과점체제(寡占體制)를 형성한다. 먹이사슬(food chain)과 먹이연쇄(food web)에 따른 피라미드 구조를 이루고 있다. 그 예로서 몬산토회사의 GMO 콩 종자 → 몬산토회사의 제초제 → 카길회사의 곡물유통 수출체계 → 네슬러회사의 콩 샐러드 → 맥도널드 체인점 등을 들 수 있다.

(5) GMO의 독점으로 인한 경제적 이익이 증대된다

GMO는 다국적 대기업에 의해 개발되었다. 어떤 회사가 개발한 GMO에는 자기 회사의 특정 농약만 사용하도록 하는 '시스템 사업'이라는 방식으로 사업을 확장하기 때문이다. 즉, Round-up 제초제만 사용해야 하는 Round-up Ready 콩을 들 수 있다.

(6) GMO 종자에 대한 특허문제이다

종자비용의 상승을 가져올 것이며, 전통적인 종자에 대한 농민의 권리(Farmers' Right)를 침해한다는 반론이 개도국을 중심으로 제기되고 있다.

제 7 장

식품의 저장

농산물은 생산시기에 일시적으로 지나치게 많은 양을 집중 출하함으로써 가격하락을 초래하기 때문에 출하조절이 요구된다. 특히 농산물 개방화에 따라 과일과 채소의 저장개념은 대부분 '장기 저장보다는 신선도를 유지하는 범위에서의 단기간 저장을 중심으로 이행'하고 있어서 품질유지를 위한 저장방법이 중요하게 여겨지고 있다. 여기에서는 농산물을 중심으로 한 식품저장에 미치는 환경요인 등을 정리함으로써 기본적인 저장개념을 이해하도록 하였다.

1. 식품의 변패와 방지법

일반적으로 부패(putrefaction)는 '식품에 들어 있는 함질소 화합물이 분해되어 악취와 불쾌한 맛을 내는 물질이나 유독물질이 생성되는 현상'이라고 할 수 있다. 대부분 부패가 혐기성 미생물에 의해 일어나지만, 통성혐기성 또는 호기성미생물이 관여하는 수도 있다.

이에 대하여 변패(spoilage 또는 deterioration)는 좁은 의미에서 '부패 이외의 각종 원인에 의해 식품의 품질이 떨어지는 현상'을 말한다. 여기에는 미생물에 의해 일어나는 탄수화물 또는 단백질의 분해 등에 의한 식품의 변질, 녹말식품의 노화, 지방질 식품의 산패, 자가소화(auto-digestion), 갈변현상 등이 해당된다.

1) 식품의 변패요인

식품가공 원료는 설탕・밀가루 등 변패가 잘 이루어지지 않은 안정식품(安定食品), 감자・사과 등 알맞은 저장조건에서는 비교적 장기간 보존이 가능한 중간적 식품, 육류・어류・과일・채소 등 변패가 쉬운 불안정식품(不安定食品)으로 구분하기도 한다. 식품의 변패요인은 다양하며, 이를 구분하면 다음과 같이 나눌 수 있다.

① 물리적 변화에 의한 변패: 건조나 동결 등의 가공조작에서 볼 수 있는 수분, 온도 등에 의한 식품의 변질로서 식품조직의 구조변화, 콜로이드계의 변화 등에서 오는 변패

표 7-1. 식품의 변패 방지법

물리적 방법		
가열처리	저온살균	우유, 주스, 술, 장류, 어묵, 식초
저온이용	고온살균	통조림, 우유
건조, 탈수	냉장, 냉동	일반 식품원료, 가공품
	자연건조	곡물, 채소, 생선, 해조류
	인공건조	과일과 채소, 우유, 조개류
	농 축	우유, 주스, 시럽
자외선, 방사선	동결건조	한천, 동결두부, 육류
진 공		일반 식품원료, 가공품
여 과		액체식품
포 장		일반 식품원료, 가공품
세 척		일반 식품원료, 용기, 설비
화학적 방법		
보존료, 살균제		사용허가 식품
첨 가		육류, 생선, 과일과 채소의 염장
염 장	유산, 아세트산, 구연산	채소류의 피클, 탄산음료
산 첨가		과일의 당절임
설탕 첨가	질소가스 충진	건조식품
가스처리	SO_2 처리	과 일
	훈 연	생선, 육가공품
	훈 증	곡류 등
미생물에 의한 방법		
세균, 효모의 이용		발효유, 김치 등 발효식품
곰팡이의 이용		치즈, 장류
각종 방법의 병용		
염건(염장과 건조)		생 선
훈연처리(염장과 가열법)		식육 및 조개류의 훈제품
농축처리(설탕 첨가와 가열)		잼, 젤리
연제품(가열, 방부제, 포장)		어육소시지, 어묵

② 화학반응에 의한 변패 : 유지의 산화, 착색물질의 생성 등
③ 효소반응에 의한 변패 : 자가소화, 갈변현상 등
④ 생물에 의한 변패 : 해충, 쥐 등에 의한 피해
⑤ 미생물에 의한 변패 : 미생물 증식에 따른 숙성, 부패, 변패, 독소생성 등

식품의 변패는 주로 수분함량이 많을 때 발생하기 쉽고, 변패 형태도 다양하며, 대부분 미생물에 의해 이루어진다. 과일과 채소의 경우는 물리적인 손상, 냉동, 탈수 등 물리적 요인이나 조직 중의 효소, 미생물의 작용 등 복합적인 요소가 많다. 미생물에 의한 변패는 겉보기, 맛, 냄새 등으로 간단히 식별할 수 있으나, 식중독을 일으키는 병원미생물에 의한 오염은 식별이 곤란한 경우가 많다.

2) 변패의 방지법

식품의 변패는 성분과 환경조건에 크게 차이가 있다. 그러나 각각의 식품에 전형적인 변패형식이 있기 때문에 이를 식별하거나 변패방지를 위한 방지대책이 필요하다. 표 7-1은 식품가공에서 다루는 대표적인 식품의 변패 방지법의 예이다.

2. 농산물 저장에 미치는 환경요인

농산물은 수확 후에도 계속적인 호흡작용, 증산작용, 생장작용 등이 일어나므로(제 3장 참조), 변패요인 이외에도 계속하여 품질이 떨어진다. 물리적 요인으로 중요한 것은 온도와 수분함량으로서, 미생물의 생육에 의한 변패뿐만 아니라 농산물의 호흡작용에 크게 관여한다.

2.1 온도의 영향

호흡작용(respiration)은 주로 저장물질로 축적되어 있던 녹말이나 포도당이 해당작용(解糖作用)에 의해 피루브산(pyruvic acid)을 경유하여 호기적으로 TCA회로에 들어가 완전 산화되어 탄산가스와 물이 되는 과정을 말한다. 이 과정에서 호흡열이 발생되며, 온도의 상승에 따라 발열량이 증가하는 것을 알 수 있다.

곡류를 저장할 때에는 온도가 호흡작용에 큰 영향을 주지 않으나, 과일과 채소는 0～30℃ 사이에서는 온도상승에 따라 호흡량이 증가하고 저장수명(shelf

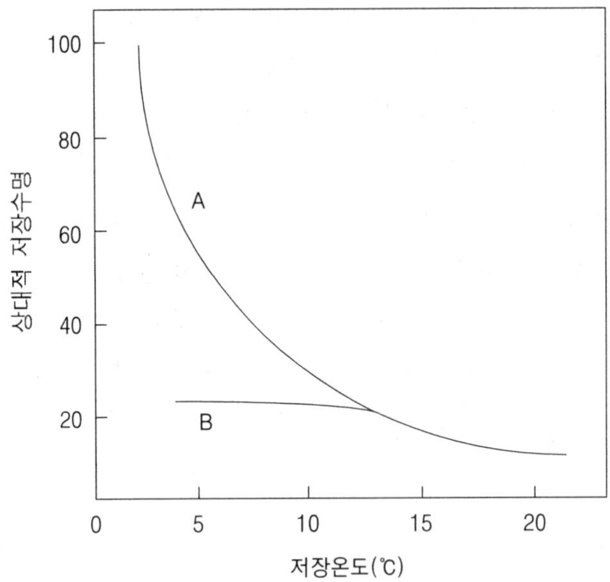

그림 7-1. 농산물의 저장수명과 온도와의 관계

A : 냉해에 강한 식품, B : 냉해에 약한 식품

life)에 영향을 미치게 된다. 저온을 유지하는 일이 저장수명을 연장시켜 주는 좋은 방법이다.

저온저장의 경우는 온도조절이 매우 중요하다. 병원미생물은 10～37℃에서는 온도가 낮아질수록 생육속도가 늦어지고, 3.3℃에서는 거의 생육하지 못한다. 저온미생물의 경우에도 0～15℃에서 생육은 가능하지만 생육속도가 매우 완만하다. 냉장온도 범위에서 과일과 채소는 호흡작용이 억제되며, 4℃ 이하에서는 후숙작용도 이루어지지 않는다.

저장수명을 최대로 유지하며 영양가 손실을 최소로 하기 위하여 냉장온도의 조절이 필요하다. 그러나 냉해에 민감한 과일과 채소의 경우는 그림 7-1에서 보는 바와 같이 오히려 품질을 나쁘게 하는 경우도 있어 각각의 과일과 채소의 종류에 따라 알맞은 저장온도 조건을 설정해 줄 필요가 있다.

2.2 수분과 습도의 영향

온도와 더불어 수분은 농산물의 저장에 큰 영향을 준다. 식품 중에 들어 있는 수분함량은 매우 다양하여 과일과 채소는 90% 정도, 어류와 육류는 70～75%, 곡류와 두류는 14% 정도이다. 가공식품은 제품에 따라 각각 다르나, 수분함량은 식품저장에 있어서 매우 중요하다. 수분함량이 높을수록 수분활성도(A_w)가 커지고 미생물의 생육뿐만 아니라 자체 내의 효소작용에 의한 식품의 품질 저하와 호흡작용이 활발해진다.

곡류의 저장에 있어서는 일정한 수준으로 건조하여 저장한다. 예를 들면 보리는 수분함량이 11%일 경우에 비하여, 17%를 함유하고 있을 때는 호흡률이 170배로 증가한다. 그러나 과일과 채소는 수분함량이 낮아지면 위축되고, 빛깔이 나빠져 상품가치가 없어지므로 신선도를 유지하기 위해 다른 저장방법을 병용해야 한다.

저온에서 저장할 때에는 저장고 내의 습도조절이 중요하다. 최적습도보다 높을 경우는 미생물 생육이 촉진되고 생리적 장해가 일어날 수 있다. 습도가 낮았을 때는 과일과 채소가 찌들어 상품가치가 떨어지며, 중량 감소로 인한 경제적인 손실을 가져온다.

저장고의 상대습도는 공기와 냉장코일 사이의 온도 차이에서 일어나기 때문에 냉동코일의 표면적을 넓게 하고, 공기 유통을 충분히 해주는 것이 좋다. 저장고 내의 온도와 공기조성을 균일하게 조절하기 위하여 공기를 순환시켜 줄 필요가 있다. 그리고 냄새나 휘발성 물질을 제거하고, 공기를 정화시키기 위하여 활성탄을 통과시키거나 배기(排氣)시켜 주는 것이 좋다.

3. 농산물의 저장

3.1 곡류의 저장

곡류저장에는 저장기간의 경과함에 따라 고미화(古米化)가 발생한다. 즉, 생명력(발아력)이 점차 약화되는 생리적 변화가 발생한다. 곡류에 들어 있는 지질 등의 변화로 취반(炊飯)하는 경우 밥이 단단해지거나 고미취가 발생하는 등 효소작용에 의한 화학성분의 변화가 일어나며, 현미 입자조직의 경화가 일어난다. 이에 따라 미각(味覺)의 변화가 발생한다.

또한 곡류의 저장 중에 병충해에 의한 변질미가 발생한다. *Aspergillus glaucus* 등에 의한 황변미 또는 흑변미의 발생, 바구미 등 해충에 의한 피해가 심해진다. 따라서 곡류를 저장할 때는 알맞은 환경조건을 만들어 주어야 한다. 효소작용의 억제와 성분변화를 줄이기 위하여 온도 10~15℃, 습도 70~80%

로 해주는 것이 좋다.

곡류의 저장형태는 곡물의 형태, 포장 여부, 저장장소에 따라 구분할 수 있다. 즉, 곡물의 형태에 따라 수확 후 건조한 상태인 조곡(粗穀), 왕겨를 제거한 현곡(玄穀), 정미한 상태인 정곡으로 구분하며, 이를 포장에 의해 저장하거나 또는 산적(散積)하는 방법이 있다. 그리고 저장장소에 따라 창고저장, 사일로(silo) 저장, 옥외저장(野積)으로 구분한다. 이 중에서 '어떤 형태의 저장이 가장 바람직한가'는 간단히 말하기 어렵다. 곡류저장에 관여하는 요소로는 다음과 같은 점을 들 수 있다.

① 수확 후의 처리상태
② 곡류의 수분함량
③ 저장온도와 저장습도
④ 저장해충
⑤ 저장창고의 조건
⑥ 깔판과 바닥깔개
⑦ 저장해충의 방제

곡류의 호흡량은 수분이 13% 이하에서는 매우 적으나 15% 이상이 되면 급속히 증가하고, 저장해충의 번식도 빨라진다. 곡류의 저장에 있어서는 저장 중에 곡류의 온도, 수분, 품질상태는 물론 해충이나 미생물의 발생상태, 창고 내의 여건 등을 충분히 고려하여 저장해야 한다. 곡류의 대량 처리로 실용화되고 있는 저장방법으로는 훈증제, 접촉살충제, 저온저장, 밀봉저장 등이다.

1) 훈증제의 처리

창고 등의 개폐 공간 내에 보관되는 곡류나 두류(豆類)에 해충이 발생하였을 때, 가스 상태로 작용하는 훈증제를 확산시킴으로써 곡류와 두류 입자들 사이에 침투하여 서식하고 있는 해충을 죽일 수 있다.

1854년 CS_2가 살충력이 있다는 사실이 발견되어 훈증제로 이용된 이후 많은 훈증제가 개발되었다. 살충효과, 경제성, 안정성 등에서 8～9종이 이용되고 있다. 그러나 메틸브로미드(methyl bromide)와 pH_3을 제외하고는 점차 사용량이 감소하였다.

포스톡신(phostoxin)의 사용량은 3～5 g/m^{3}이며, 72～120시간 정도 처리한다. 포스톡신을 처리한 후에는 카바이드(carbide) 냄새가 나며, 인화성은 약하나 인축(人畜)에 대한 독성은 강하다. 메틸브로미드는 15～25 g/m^3 정도를 16

~48시간 처리해 주며 무색·무취의 액체로 인화성은 없으나 사람과 가축에 대한 독성은 강하다. 점차 methyl bromide의 독성으로 사용에 대한 규제가 제기되면서 이를 대체할 수 있는 물질로서 carbonyl sulfide, phosphine, ethyl formate 등에 대한 연구가 이루어지고 있다.

2) 접촉살충제의 처리

접촉살충제는 잔류의 위험성과 처리효율이 나쁜 단점을 가지고 있다. 벼를 재배하는 과정에 살충제의 살포는 자연환경적인 요인에 의해 분해되거나 희석되기 쉽지만, 수확 후 저장에서는 환경변화가 적어 잔류의 위험성이 크다. 보통 유제(乳劑)의 형태로 노즐(nozzle)에 의한 분무방식을 쓰고 있으나, 균일하게 살포하기 어려운 단점이 있다.

3) 밀봉저장

곤충, 미생물의 생육이나 곡물의 대사활동(metabolism)으로 산소를 소비하게 되며, 산소농도가 2% 이하에서는 혐기상태가 유지되어 저장성을 높일 수 있다. 그러나 수분 함량이 15% 이상에서는 곡물의 혐기발효가 일어날 우려가 있으므로 주의해야 한다.

4) 저온저장

저장고 내의 온도를 낮추면 곤충이나 미생물의 생육을 저해할 수 있어서 저장목적을 이룰 수 있다. 이 외의 방법들은 개발 중이거나 또는 연구단계에 있다. 예를 들어 질소가스의 주입으로 산소 농도를 2% 이하로 하고, 탄산가스 농도를 35% 이상으로 하여 곡물을 저장하는 CA저장법은 실용화되고 있다.

3.2 과일과 채소의 저장

과일과 채소는 일년에 한 번 밖에 수확하지 않는 것들이 많아 가능한 장기간 저장함으로써 판매기간을 연장하는 것이 바람직하다. 또한 수확시기에 일시적인 출하로 가격이 하락되므로 출하를 조절함으로써 가격안정을 유지할 필요가 있다.

그러나 품목에 따라서 시설원예의 확대로 많은 종류의 채소가 연중 생산되고 있고, 농산물 개방화로 '장기저장의 의미보다는 수확에서 소비까지의 유통단계적인 성격'으로 많이 변화하고 있다. 즉, 생산에서 소비단계까지 신선도를 유지하며 유통할 수 있는 일시적인 저장 형태를 중요하게 여겨지고 있다.

한편으로는 과일과 비교적 저장성이 있는 채소는 신선도를 유지하면서 장기간 저장할 수 있는 저장기술의 개발과 더불어 가공처리에 의한 자원의 유효이용을 목표로 한다.

과일과 채소의 저장성은 종류, 품종 등에 따라 매우 다양하다. 재배조건, 수확시기, 수확 후의 처리조건 등에 따라 저장조건이 달라진다. 그리고 과일과 채소의 종류에 따라 수확 후에 일어나는 **호흡현상**(climacteric phenomenon)이 다르다. 그림 7-2에서 보는 바와 같이 바나나 · 토마토 · 사과 · 서양배 · 복숭아 · 아보카도 · 망고 등은 호흡량이 일시적으로 상승하여 완숙하는 형태인 climacteric rise를 갖는 A형에 해당하며, 감귤 · 포도 · 무화과 · 양앵두 · 파인애플 등은 성숙함에 따라 호흡량이 점차 감소하는 B형에 해당한다.

일반적으로 과일과 채소의 수확시기를 결정하는 것은 매우 어려운 일이다. 그러나 보통 저장 중에 호흡상승이 있는 과일이나 채소는 수확 후 바로 판매하는 것보다는 약간 미숙한 상태에서 수확하여 저온에서 저장하는 것이 좋다. 저장하기 전에 전처리(prestorage conditioning)를 하는 것은 저온저장에서의 예냉이나 수확할 때에 입은 상처 부위가 미생물에 의해 부패될 우려가 있으므

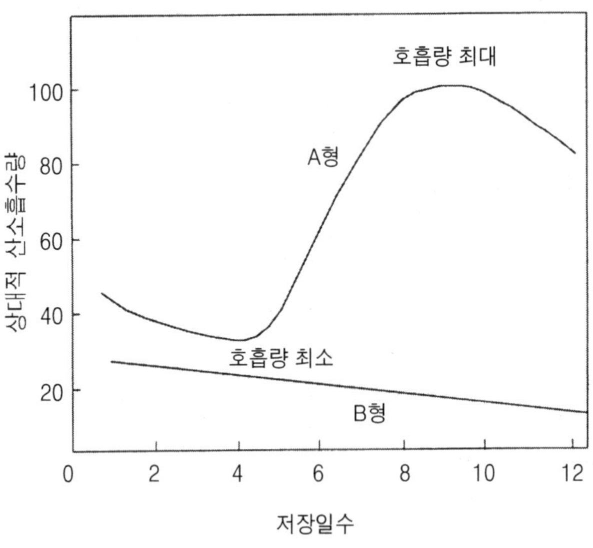

그림 7-2. 수확 후 과일의 호흡형

로 이를 방지하기 위한 것으로 근채류의 치유조직 생성(curing) 등이 이에 해당된다.

예를 들어 고구마에 이루어지는 치유조직 생성은 35～36℃, 습도 90～95%에서 5～6일간 보존하면 상처부위 조직에 유합조직(癒合組織, callus)이 형성된다. 저장전 처리로 저장 중에 흑반병이나 연부병 등에 대해 저항성이 강해지고, 증산작용이 적어지며, 냉해에 저항성이 생긴다. 감자의 경우는 13～16℃에서 2～3주일 처리한다. 양파는 절단할 때에 즙액이 흘러나오지 않을 정도로 처리하면 미생물의 번식과 호흡작용이 억제된다.

과일과 채소는 수확할 때 수분함량이 많고, 상처를 입기 쉽다. 또한 호흡작용과 증산작용이 왕성하여 수확 후 그대로 저장고에 넣으면 과습으로 인하여 피해를 받기 쉬우므로 표면을 약간 건조시키는 전처리가 중요하다. 그러나 선도가 떨어질 우려가 있는 과일과 채소도 있으므로 그 종류와 저장조건 등에 따라 결정해야 한다.

예를 들어 사과는 수확 후에 바로 저장하는 것이 좋다. 그러나 감귤의 경우는 1～2월에 출고하는 것은 약 3%의 감량이 되도록 하는 것이 좋고, 3월에 출고하는 것은 4% 정도 감량이 되도록 저장전 처리를 하는 것이 좋다. 온주밀감의 경우는 온도 10℃, 습도 77%의 비교적 고온과 낮은 습도에서 저장전 처리를 한다.

4. 상온저장

냉동기 등을 사용하여 온도를 조절하지 않는 저장을 상온저장이라고 한다. 상온저장에 있어서는 겨울철 외기(外氣)에 의해 과일과 채소가 동결되지 않도록 보온에 주의하여야 한다. 추운 지역에서는 알맞은 온도와 습도가 유지될 수 있는 지하에 저장하는 것이 바람직하다.

1) 감귤의 저장

온주밀감의 상온저장의 예를 들면 2월 말까지 장기간 저장을 목적으로 경사면에 냉기가 저장고 내에 들어갈 수 있는 장소에 목조로 짓는 것이 좋다. 콘크리트는 흡수성이 강하여 좋지 않기 때문에 이중 토벽으로 하고, 기둥 사이에는 단열재인 25 mm 두께의 폴리

스티렌(polystyrene) 판을 붙이는 것이 바람직하다.

저장상자는 55 × 35 × 20 cm 정도의 나무상자로서 온주밀감을 저장고 내에 높이 3.5～4 m로 쌓아 과습하지 않도록 한다. 1월까지는 월 1회 정도, 2월에 들어서는 주 1회 정도는 점검하여 부패과를 제거한다. 저장고 내의 온도는 5℃ 정도를 유지하도록 하며, 이보다 낮을 경우는 보온하고, 높을 경우는 외기와 차단되도록 주의하여야 한다.

습도는 90% 이상일 때는 부패과가 증가하며, 습도가 낮을 때는 말라버릴 우려가 있으므로 저장고 내의 습도가 80～85%가 되도록 주기적으로 환기를 시켜 조절한다. 저장기간이 경과함에 따라 감귤성분 중에서 산 함량이 감소하여 당산비(糖酸比)가 높아지기 때문에 수확시기에 산 함량이 높아 기호도가 떨어지는 밀감도 저장의 부수적인 효과를 얻을 수 있다.

2) 양파의 저장

가을철에 파종하여 5～6월에 수확하는 양파를 10～11월까지 출하하기 위하여 상온저장을 한다. 저장용 양파는 보통 출하용보다 약간 빨리 수확한 후 하루 정도 건조시킨 다음 저장한다. 양파는 생리적인 휴면작용을 가지고 있어서 더운 기간에 상온에서 저장하더라도 증산작용에 의한 선도 저하가 잘 일어나지 않는다. 즉, 양파의 저장은 수확 후 휴면기간을 이용하는 것으로 다른 채소보다 간단하다. 12월 이후까지 저장하려면 품종에 따라 다르나, 휴면기간이 끝나는 8월 말까지 저온저장을 해야 한다.

3) 고구마의 움저장

고구마의 저장에 알맞은 온도는 13～16℃로서, 겨울에 차게 하면 냉해를 입어 부패가 잘 일어나므로 지하 움저장을 한다. 전처리를 실시한 고구마를 땅을 파고 지하에 저장하면 호흡열에 의해 13℃ 정도로 유지되고, 알맞은 습도가 이루어지므로 저장효과를 볼 수 있다.

4) 배추의 저장

가을에 수확하는 배추를 수확하지 않고 재배포장에 그대로 두면 서리가 몇 차례 내리더라도 바깥 잎이 감싸고 있어서 동결을 방지할 수 있다. 겨울철 기온에 따라 차이가 있으나, 1월 중하순까지는 저장이 가능하다.

제주도에서 생산하는 감자와 당근의 경우에도 겨울철에 땅이 오래 얼지 않은 상태에서는 수확을 하지 않고 월동한다. 봄에 수확하여 신선한 감자를 출하함으로써 수입하는 감자나 다른 지역의 저장감자에 비하여 경쟁력을 가지고 있다.

5. 저온저장

저온저장(cold storage)은 15℃ 이하에서 동결점(freezing point) 사이의 온도인 5∼-5℃의 온도범위에서 저장하는 방법으로서 건조, 염장, 고온살균 등에 비해 식품이 가지고 있는 본래의 맛을 잃지 않는 점에서 유리한 저장방법이다. 그러나 저장 중에 저온미생물의 증식과 효소반응이 서서히 일어나 식품이 변질될 우려가 있다.

5.1 저온저장의 효과

저온에서 과일과 채소를 저장하면 다음과 같은 효과를 얻을 수 있다.

① 미생물의 생육을 억제할 수 있다

저온에서 과일과 채소를 저장하였을 경우 저온성 미생물은 증식이 매우 느리게 이루어진다. 그러나 대부분의 미생물은 생육이 이루어지지 않아 식품의 변질을 방지할 수 있다. 저온에서도 미생물이 생존해 있고, 대부분의 효소활성이 그대로 남아 있으므로 저온처리를 계속 유지하지 않으면 식품의 변질이 다시 일어나게 된다. 따라서 식품의 품질을 그대로 유지하기 위하여 생산에서 소비까지 유통단계에 있어서도 저온을 유지시킬 수 있는 저온유통체제(cold chain system)를 실시하는 것이 바람직하다.

② 생리적인 대사작용을 억제할 수 있다

저온에서는 효소활성이 매우 낮아지므로 수확 후에 일어나는 호흡작용, 증산작용, 발근(發根) 또는 발아, 휴면작용 등의 생리적인 대사(metabolism)작용을 억제할 수 있다. 과일과 채소 등 식물성 식품은 수확 후에도 생명현상이 계속 유지되므로 식품의 품질을 떨어뜨리는 원인이 되는 조직 내의 여러 가지 효소반응을 억제하며, 미생물에 의한 변질에 저항하는 힘을 가지고 있다. 따라서 식물성 식품의 저장에 있어서는 살아 있는 상태를 계속 유지시키는 일이 매우 중요하고, 세포가 동결되지 않는 범위의 저온에서 호흡작용과 증산작용을 억제시켜 성분의 변화를 줄이는 것이 바람직하다.

③ 갈변반응, 지방의 산화반응, 영양가의 손실 등을 일으키는 각종 화학반응을 저온에서 억제할 수 있다

④ 수분증발을 억제할 수 있어서 수분손실을 줄일 수 있다

이와 같이 저온저장은 과일과 채소의 호흡작용과 증산작용의 억제, 부패의 억제, 발아 또는 발근(發根)의 억제작용을 하지만, 장기간 저장의 경우에는 품질 저하를 가져오는 수도 있다.

저장 중에 지질의 산화, 색소 성분의 산화, 단백질의 변성, 비타민의 파괴 등의 화학변화는 품질을 떨어뜨리는 요인이 된다. 냉동장치 중 냉매의 유출에서 오는 암모니아가스, 오존, 아황산가스, 탄산가스 등의 오염도 제품의 품질을 나쁘게 한다. 또한 과일의 상처, 과일과 채소의 수분손실에서 오는 겉보기의 품질 저하 등도 저장 중에 오는 품질을 떨어뜨리는 현상이다. 그리고 과일과 채소 중에서 열대 또는 아열대작물은 저온상태에서 냉해로 인한 변질이나 부패가 쉽기 때문에 빙결점보다 높은 온도를 유지하지 않으면 안 된다.

5.2 저온장해

1) 저온장해와 원인

예를 들어 바나나는 동결점이 -1.0℃이지만, 12～13.5℃ 이하에서는 껍질이 흑갈색으로 변하면서 변질이 일어난다. 또한 토마토의 연부현상이나 레몬의 과육 중심부의 갈변을 피하기 위하여 10℃ 이하에서 저장해서는 안 된다. 이와 같이 15℃ 이하의 저온영역에서 생리적인 장해로 일어나는 변질을 냉해(cold injury) 또는 저온장해라고 한다.

저온장해는 농산물이 저온에서 식물세포 중 미토콘드리아(mitochondria) 막의 유연성을 떨어뜨려 인지질의 이탈이 쉬워지기 때문으로 알려져 있다. TCA 회로의 어떤 효소들은 특정온도에서 효소활성이 급속히 떨어지기 쉬운 특성을 가지고 있다. 이에 따라 대사의 균형을 잃게 되어 대사중간 생성물인 유기산, 알코올, 아세트알데히드 등이 축적되는 이상대사현상(異常代謝現象)이 발생한다. 껍질의 변색, 육질의 고무화, 껍질에 반점의 생성(pitting), 불쾌취의 생성 등은 저온장해에서 오는 것으로 보인다.

저온장해의 증상은 과일과 채소의 종류에 따라 차이가 있다. 호흡작용, 막의 투과성, 성분의 변화 등이 일어난다. 저온장해를 받기 쉬운 과일과 채소를 저

온에서 오래 저장한 후 출고할 때는 호흡량이 급속히 증가하는 것을 알 수 있다. 또한 저온장해를 입은 조직에서는 K(potasium)와 다른 이온의 누출이 증가하여 막의 투과성의 변화가 심하다. 그리고 저온장해의 발생은 비타민 C(ascorbic acid)의 감소를 일으킨다.

아스코르브산의 감소는 페놀류의 산화와 축적 등이 뒤따르게 되어 갈변의 원인이 된다. 저온장해가 발생하는 요인으로는 온도, 습도, 숙도 등이라고 할 수 있다. 저온장해는 어떤 한계온도 이하에서 발생하는 생리장해이므로 일반적으로 저온일수록 장해의 발생이 쉽고 증상도 뚜렷하다. 또한 농산물을 수확할 때의 온도가 높을수록, 그리고 저장온도와의 차이가 클수록 저온장해가 쉽게 일어나는 경향이 있다.

2) 저온장해의 방지

저온장해는 습도가 낮을 때 발생하기 쉬우며, 95～100%의 습도에서는 잘 일어나지 않는다. 과일과 채소를 저온에서 저장할 때 플라스틱필름으로 포장을 하면 증산작용이 억제되어 선도가 유지될 뿐만 아니라 저온장해의 발생이 억제되는 것도 이러한 이유에서라고 할 수 있다. 일반적으로 미숙과일수록 저온장해를 받기 쉽고, 성숙해질수록 잘 일어나지 않는다. 저온장해를 받기 쉬운 과일과 채소의 저장에는 안전한 온도를 유지할 필요가 있다.

5.3 저온저장

1) 저장전 처리

저온저장을 하기 전에 전처리로서 이루어지는 사항과 이에 따른 영향을 살펴보면 다음과 같다.

① 저온저장 중에 식품에 부착해 있는 미생물 또는 곤충의 생육을 억제하기 위하여 염소가스(chlorine), 초산염(acetates), methyl bromide, diphenyl, 오존, 아황산가스 등을 저장과일에 처리하기도 한다.

② 제품의 출입 이외에는 저장실을 어둡게 해주어야 한다. 빛이 차단되었을 때는 토마토와 양파는 발아가 지연되며 탈색을 방지할 수 있다. 자외선은 세균이나 곰팡이의 생육을 억제하지만, 산화작용에 의해 변향(off flavor) 또는 퇴색을 초래하므로 사용에 주의해야 한다.

③ 저장용 레몬, 파파야, 복숭아, 자두 등을 46～54℃의 물에 1～4분간 처

리하면 미생물의 수를 감소시킬 수 있으며, 이에 따라 냉장에서 부패를 지연시킬 수 있다.

④ 일정 기간을 주기로 저장고 내의 공기를 배출시키고 새로운 공기로 순환시키거나, 또는 활성탄을 사용하여 냄새 성분을 흡착시켜 제거한다.

2) 예비냉각

저장 초기에 고온으로 인한 제품의 부패 속도를 줄이고, 수송이나 저장시설에 필요한 냉동능력을 감소시키기 위하여 실시한다. 예비냉각(예냉)을 시키는 데는 다음과 같은 방법이 있다. 대부분의 과일과 채소 저장에 있어서는 저장고 중에 예비냉각을 시킬 수 있는 방을 따로 설치하여 냉각공기를 송풍하는 방법이 주로 이용된다. 각 예냉방식에 따른 특징을 비교하면 표 7-2에서 보는 바와 같다.

(1) 냉각공기를 송풍하는 방법

강제통풍식 또는 차압통풍식과 같이 찬 공기를 이용하여 냉각하는 방법으로서 간단하고 경제적이며, 위생적인 방법이다. 비교적 냉각장치에 부식성이 적어 널리 이용된다. 단점으로는 표면건조로 인한 지나친 탈수 위험이 있으며, 냉각공기 온도가 0℃ 이하일 때는 동결될 우려가 있다.

차압통풍식에서는 골판지 상자에서 냉기가 들어가는 측의 통기공과 빠져 나오는 측의 통기공 사이에 압력 차이가 걸리도록 적재하는 것이 중요하다. 송풍기 능력은 보통 골판지 상자 1상자당 200～300 L/min, 풍압은 300 mmH_2O 이상이 바람직하다. 감귤·포도·완두콩·살구·자두 등에 이용되며, 예냉을 위한 냉기온도는 보통 초기 빙결점보다 2～3℃ 높게 설정한다.

(2) 냉수냉각

일명 hydro-cooling이라고도 하며, 조작이 간단하여 급속냉각 방법 중에는 경비가 가장 적게 들어 경제적이다. 저장하고자 하는 원료를 0℃ 부근의 찬물에 침지하거나 또는 뿌려 준다. 아스파라가스, 당근, 복숭아, 딸기 등의 냉각에 이용된다.

(3) 얼음 또는 얼음-물의 혼합물에 의한 냉각

간단하고 냉각효과가 크나 얼음을 분쇄하는 데 노동력이 많이 든다. 양배추·복숭아·구근류 등에 이용하며, 어류(魚類) 등에도 이용된다.

표 7-2. 각 예냉방식에 따른 특징 비교

냉각방식	장 점	단 점
강제통풍 냉각 12～24시간	· 실내 냉각에 비해 냉각속도가 크고 온도 편차가 작음 · 예냉 후 저온저장고로 활용이 가능 · 용기의 특별한 적재방법이 필요 없음 · Tunnel식 등 연속 예냉이 가능	· 냉동기 용량에 비해 냉기 유량비가 클 경우 낮은 냉각속도 및 냉각편차가 발생 · 냉각속도가 비교적 늦어 예냉 중 품질저하 발생 · 외측 청과물에 결로 생성으로 저온저장에서 곰팡이 발생
차압통풍 냉각 2～5시간	· 청과물 표면에 결로가 발생하지 않음 · 냉각속도가 빠르고 온도 편차가 적음 · 기존 저온저장고를 약간의 경비로 개조가 가능 · 최적 통풍속도에서 강제통풍식에 비해 에너지 절약 가능	· 풍속이 클 경우 건조 발생 · 청과물 충전 및 용기 배열에 시간과 인력 소요 · 예냉시설 소요 공간으로 입고 효율이 낮음 · 용기 크기 및 적재방법에 따라 냉각편차 발생이 가능
진공냉각 20～40분	· 빠른 냉각속도(20～40분)로 높은 선도유지 효과 및 당일 출하체제 가능 · 진공챔버내 적재방법 등에 의해 균일한 냉각이 가능함 · 냉각에 의한 수분제거로 비에 젖었거나 수세한 청과물의 탈수로 이용 가능	· 냉각 가능한 청과물이 거의 엽채류로 한정되며, 비표면적이 작은 과일, 근채류 등은 냉각속도가 늦어 알맞지 않음 · 설비비가 비교적 높고, 예냉 후 저온저장고가 필요하여 전체 시설의 대형화를 초래
냉수냉각 30분 이하	· 냉각부하가 큰 괴상 청과물을 비교적 빨리 냉각시킬 수 있음 · 예냉 중 중량 감소가 없고 오히려 위조 회복 · 예냉과 함께 세척효과 · 연약한 엽채류를 제외한 모든 농산물에 적용 가능 · 자동화가 가능하여 가공시스템 일부로 활용 가능 · 냉각능력에 비해 설비비와 운전경비가 낮음	· 골판지 상자 등 포장재 사용이 안됨 · 부착수에 의해 부패균 증식이 쉽고 부패율이 높음 · 물 흐름이 강하면 청과물이 물리적인 손상을 받을 경우가 있음 · 냉각 후 탈수시설과 저온보관시설이 필요 · 상추 등 조직이 약한 엽채류에는 적용 곤란

(4) 진공냉각

중량에 비해 표면적이 큰 채소나 내부의 수분이 쉽게 용출되는 제품의 예냉에 효과적이다. 4～4.6 mmHg의 감압에서 실시하며, 급속 냉각시켜 제품의 품질 손상이 적고, 노동력이 절감되지만 시설비가 많이 든다.

3) 저온저장 조건

과일과 채소를 저온에서 저장하는 경우 저장기간을 최대로 유지하기 위하여 저장 중에 온도, 상대습도를 조절하는 것이 바람직하다. 냉장제품의 숙도(熟度), 수확일자, 품종 등을 고려해야 한다. 일반적으로 알려져 있는 과일의 저온저장 조건을 종합하면 표 7-3에서 보는 바와 같다.

실제로 저장하고자 하는 원료의 특성과 상태 등에 따라 각각 알맞은 최적조건을 실험을 통하여 설정하여 이를 응용하는 것이 좋다. 보통 냉해에 관계없는 과일과 채소는 동결점보다 약간 높은 0℃ 부근에서 상대습도 90%를 유지하여 냉장한다. 냉해에 약한 과일과 채소는 10℃, 상대습도 85～90%에서 냉장한다. 또한 저온창고를 공동으로 이용하는 경우 어류, 양파와 같이 냄새가 있는 제품은 버터와 같이 냄새를 흡수하는 제품과 같은 저장고 내에 두면 안 된다.

표 7-3. 과일의 저장조건과 특성

품 목	저장온도 (℃)	상대습도 (%)	저장 가능기간	최고동결온도 (℃)	수분함량 (%)	비열
살 구	-0.6～0	90	1～2주일	-1.1	85.4	0.88
무화과	7～13	85～90	4주일	-0.3	65.4	0.72
오렌지	0～1	85～90	8～12주일	-0.8	87.2	0.90
자 몽	10	85～90	4～8주일	-1.1	88.8	0.91
레 몬	10～14	85～90	1～14주일	-1.4	89.3	0.92
감	1	85～90	3～4주일	-2.2	78.2	0.84
벚 찌	-0.6～0	90	10～14주일	-1.8	83.0	0.87
파인애플	10～13	85～90	3～4주일	-1.0	-	-
바나나	13	85～90	-	-0.7	74.8	0.80
포 도	-0.5～0	85～90	3～8주일	-1.3	81.9	0.86
복숭아	-0.6～0	90	2～4주일	-0.9	86.9	0.90
사 과	-1.1～0	90	-	-1.5	84.1	0.87

6. CA 저장

수확된 과일과 채소는 호흡작용으로 저장기일이 지날수록 탄산가스의 배출량이 많아져 질식상태에 이르게 된다. 산소를 공급하여 대사작용(代謝作用)을 왕성하게 하면 선도(鮮度)가 빨리 떨어진다. 밀폐된 저장고 내에 과일과 채소를 저장하면 공기 중의 산소가 호흡에 이용되고, 탄산가스를 배출함으로써 저장고 내의 공기조성은 시간의 경과에 따라 변화하게 된다.

또한 과일과 채소는 각각 저장에 알맞은 조건을 가지고 있기 때문에 이 조건에 알맞은 공기의 조성, 온도, 습도 등을 조절하여 저장효과를 높일 수 있다. 이러한 원리를 이용한 저장방법을 CA 저장(controlled atmosphere storage)이라고 한다.

1) CA 저장고

저장고는 저온저장과 비슷하나, 단열성이 높은 건축자재를 사용하여 밀폐되도록 하여야 한다. 그리고 저온을 유지하기 위한 냉동설비, 상대습도를 조절할 수 있는 장치와 공기순환을 시킬 수 있는 장치가 있어야 한다. 또한 과일의 호흡으로 발생하는 탄산가스를 흡착시켜 일정한 농도를 유지시키기 위하여 탄산가스 제거장치(scrubber)를 사용한다.

CA 저장에서 문제가 되는 것은 저장고 내외의 기압의 균형이다. 저장고 내부는 공기의 밀도가 높기 때문에 외부의 기압과 기온의 변화에 의하여 저장고 내외에 압력차이가 발생하기 쉽다. 이 경우에는 벽과 천장에 압축과 팽창압력이 미치기 때문에 압력 완충대(breather bag)를 설치하여 저장고 벽에 생기는 균열을 방지하고 항온을 유지시켜야 한다.

2) CA 저장고의 공기조성을 조절하는 방법

CA 저장에서 저장고 내의 공기조성을 조절하는 방법에는 크게 다음과 같은 2가지로 나눌 수 있다.

① 외부로부터 공기를 차단하여 식물조직의 호흡작용에 의해 산소를 소모시켜 저장효과를 얻는 자연적인 방법

② 인공적으로 공기의 조성을 조절하는 방법

자연적인 방법은 간단하고 경제적인데 비하여 필요로 하는 산소농도의 수준에 이르는데 많은 시간이 소요된다. 또한 밀폐된 저장고가 필요하며, 내용물을

일시에 출하해야 하는 단점을 가지고 있다. 이에 비하여 인공적인 방법은 저장실로 질소가스(액체질소) 또는 메탄이나 프로판을 연소시켜 산소가 적은 공기를 보내어 필요한 산소농도를 유지하는 데 빠른 장점이 있다. 또한 저장고에 내용물을 전부 채우지 않아도 되며, 저장기간 중에 일부를 출하하거나 보충해도 된다. 그리고 약간의 공기유통이 이루어지더라도 알맞은 산소농도의 유지가 가능하다. 그러나 계속적으로 공기의 조성을 조절해야 하므로 많은 비용이 드는 결점이 있다.

일반적으로 저장고 내의 공기조성을 조절하는 데는 인공적인 방법을 이용한다. 이는 공기발생장치 내에서 외기(外氣)를 연소시켜 산소를 감소시키고, 질소 96%, 산소 2～3%, 탄산가스 1～2%의 혼합가스 농도가 되도록 하여 주입하는 방법이다. 예를 들어 Tectrol식(total environmental control atmosphere)은 그림 7-3에서 보는 바와 같으며, 이 방법은 설비비, 연료비, 운전비가 많이 들고 냉동부하가 커지는 결점이 있다.

이 외로 냉장실 내의 공기를 간단한 가스발생 장치를 통하여 순환시키는 Arcagen식(atlantic research controlled atmosphere generating system)이 있다. Tectrol식은 탄산가스 함량을 조정한 인공공기를 공급하지만, Arcagen식은 인공공기를 scrubber에 통하여 과잉분을 제거하여 다시 CA 저장고에 넣는 것이 다르다. 탄산가스 흡착제로는 소석회, 탄산칼륨, 가성소다용액, 또는 활성탄을 사용하기도 한다. 예를 들어 소석회를 사용하는 경우는 사과 100톤을 5개월 저장하는 경우 2～3톤이 소요된다.

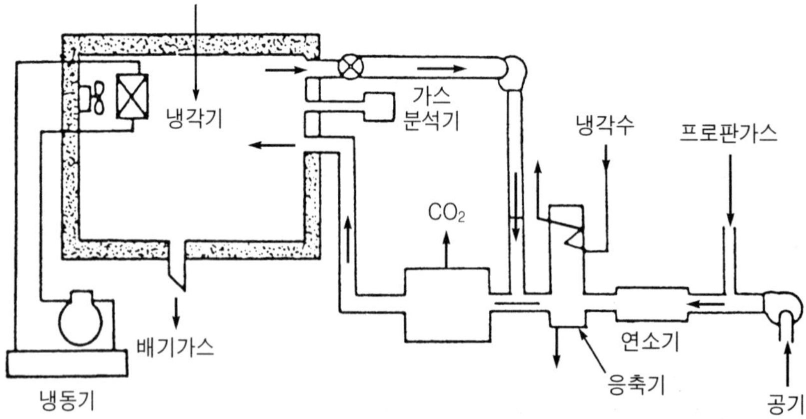

그림 7-3. Generator법(Tectrol식)의 과일과 채소의 CA 저장

이 외로 분자체(molecular sieve)를 사용하여 공기중의 산소와 질소를 분리하여 고농도의 질소를 보내 주는 방법도 사용하고 있다. 저장고 내의 공기조성을 조절하는 기간은 가급적 짧아야 하며, 사과는 10일, 배는 5일을 초과하지 않도록 하여야 한다.

3) CA 저장 조건

과일과 채소의 신선도를 오래 유지하기 위하여 보통 공기조성 중에 산소 함량을 1～5%로 줄이고, 탄산가스 함량을 2～10%로 증가시켜 호흡작용을 억제하게 된다. 그리고 CO_2, O_2 등의 기체조절, 냉장온도 외에도 85～95%의 습도를 유지하는 일이 필수적이다. 저장조건은 과일과 채소의 종류에 따라 다르다.

4) CA 저장의 효과와 영향

CA 저장법은 냉장법과 병용하면 과일과 채소의 생리현상을 억제할 수 있어서 같은 저온에서 저장하는 것보다도 2배의 효과가 있다. 그리고 저장고 내의 산소농도를 감소시켜 식품 중에 들어 있는 비타민과 색소의 산화를 방지할 수 있다. 그러나 일정한 농도 이하로 산소농도가 감소되면 조직세포는 분자간 호흡에 의하여 알코올 생성 등으로 품질이 떨어진다. 사과・배 등 핵과류는 CA 저장 효과가 크지만, 감귤은 저온저장과 비교하여 저장효과가 크지 않은 것으로 알려져 있다. 호흡량이 적은 곡류는 효과가 매우 적다.

과일의 호흡열에 의한 온도 상승을 막기 위해 냉각기에 의한 저장실의 온도조절을 해야 한다. CA 저장은 저온에서 저장함으로써 냉장과 병행하기 때문에 냉해를 받기 쉬운 과일과 채소의 저장에는 저장온도에 유의하여야 한다.

7. 동결저장

식품을 장기간 안전하게 보존하기 위하여 품온(品溫)을 빙결점 이하로 낮추어 동결상태로 저장하는 동결저장이 있다. 식품의 종류에 따라 다르나, 대부분 -18℃ 이하에서 저장하면 식품의 품질을 1년 이상 유지시킬 수 있다.

동결저장에 있어서는 식품 중에 들어 있는 대부분의 물이 얼음으로 된다. 비동결 부분에서는 수용성 성분이 농축되므로 수분활성이 매우 작아져 미생물의 생육이 잘 안될 뿐만 아니라 효소반응 속도가 크게 떨어지는 효과가 있다. 딸기를 비롯하여 살구, 복숭아, 옥수수, 완두콩, 토마토 등은 동결시켜 저장한다.

통조림에 비하여 신선한 과일과 채소와 비슷하여 소비자의 선호도가 늘고 있다.

7.1 동결전 처리

채소의 동결전 처리에는 원료의 세척, 선별, 껍질벗기기(剝皮), 절단 등의 공정이 있다. 채소를 동결 저장할 경우는 효소의 불활성화를 위한 데치기(blanching)를 주의 깊게 할 필요가 있다. 이는 통조림 제조와는 달리 살균공정이 없이 바로 동결시키기 때문이다. 내열성인 catalase, peroxidase와 같은 효소의 불활성화를 고려하여 일반적으로 90～100℃에서 끓은 물(熱湯) 또는 증기에 의해 0.5～3분간 열처리가 이루어진다. 예를 들어 시금치는 끓은 물에, 그리고 sweet peas, sweet corn 등 작고 크기가 균일한 제품은 증기분사법에 의하여 열처리하는 것이 좋다.

7.2 동결방법

1) 송풍동결법

송풍동결법(air blast freezing)은 '강제공기순환식 동결법'이라고도 하며, 회분식과 연속식이 있다. 선반(tray) 또는 컨베이어(conveyer) 위에 식품을 올려놓고 절연된 냉동실 내에서 -30～-40℃의 공기를 3～5 m/sec로 송풍시켜 동결하는 방법이다(그림 7-4).

일반적으로 식품의 두께가 3～4 cm이면 3～4분, 10 cm 두께이면 10～15분이면 동결된다. 이 방법은 경제적이며, 크기와 모양에 관계없이 모든 식품에 적용할 수 있어서 과일과 채소, 육류, 어류 등의 냉장에 이용된다. 그러나 포장을 하지 않은 식품은 지나친 탈수가 일어날 수 있다.

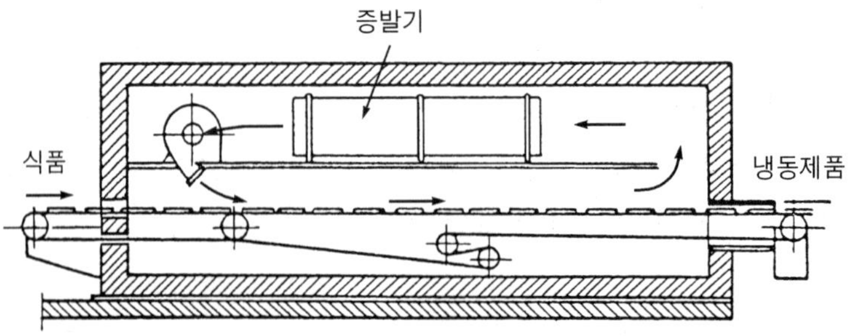

그림 7-4. 연속식 냉각시설

2) 유동층 동결법

비교적 작고 모양이 균일한 두류(豆類), 딸기, 옥수수 등의 식품을 동결할 때는 유동층 동결(fluidized-bed freezing) 방법을 이용한다. 즉, 원료를 연속적으로 벨트 위에 올려놓고 냉동장치를 통과하는 동안에 동결이 이루어지도록 한다(그림 7-5). 이 방법은 강제순환형 연속식 냉각시설의 방법을 변형한 형태로서 열 전달속도를 높이고, 제품의 탈수를 적게 할 수 있는 이점이 있다.

3) 접촉식 동결법

접촉식 동결법(contact freezing)은 그림 7-6에서와 같이 냉각된 알루미늄

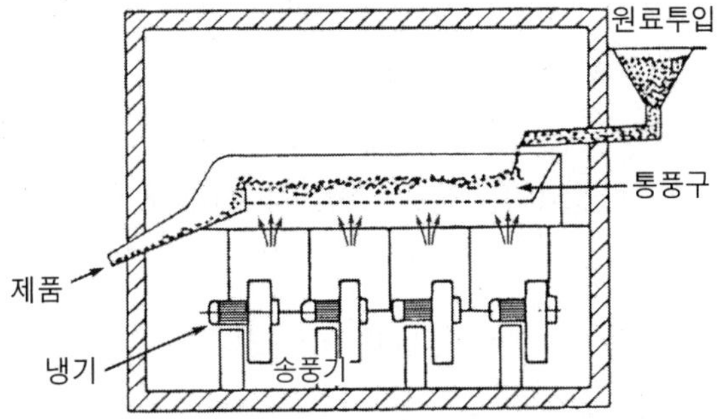

그림 7-5. 유동층 동결법

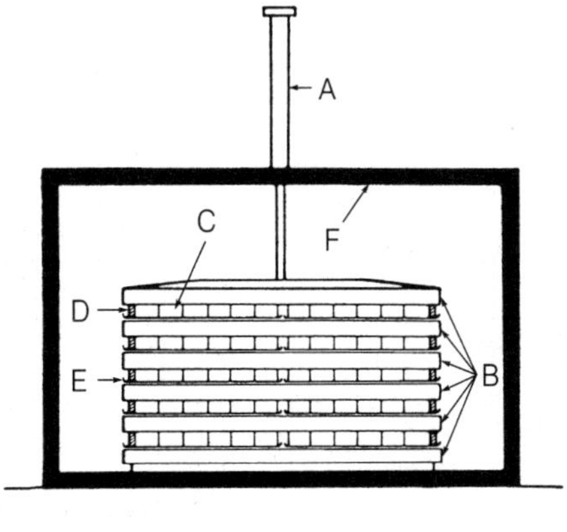

그림 7-6. 접촉동결장치

A : 냉각판 유도봉, B : 냉동판, C : 식품, D : 공간 유지봉
E : 냉동트레이(tray), F : 절연체

합금과 같은 금속판 사이에 식품을 넣고 상하로 밀착시켜 동결하는 방법이다. 금속판의 온도는 −30∼−40℃이며, 접촉할 때의 압력을 0.1∼0.2 kg/cm^2 정도로 하면 3∼4 cm 두께의 식품을 1.5시간 정도에 동결시킬 수 있다.

이 방법은 보통 벽돌 모양의 육류와 같은 식품을 동결시키는 데 이용하지만, 과일과 채소를 포장하여 이용할 수 있다. 제품이 균일하고 동결장치가 차지하는 면적이 적은 이점이 있다. 이 냉동법은 전도에 의한 열 이동으로 냉각되기 때문에 냉각판과 식품을 완전히 접촉시켜야 한다.

4) 심온동결(cryogenic freezing)

액체질소, 액체 탄산가스 등을 이용한 급속 동결방법이다. 액체질소를 제외하고는 이용이 잘 안 되며, 액체질소의 가격이 비싸 운전비가 많이 든다. 그림 7-7에서 보는 바와 같이 액체질소는 −195.8℃에서 기화하며, 이 때에 47.6 kcal/kg의 증발잠열을 주위에서 흡수한다.

심온동결법은 다음과 같은 장점이 있어서 개별급속 동결식품(individually quick frozen food, IQF food)을 얻을 수 있기 때문에 여러 가지 제품에 이용이 가능하다.

① 탈수로 인한 손실을 1% 이하로 할 수 있다.
② 동결 중에 산소를 제거할 수 있다.
③ 동결로 인한 손상을 최소로 할 수 있다.

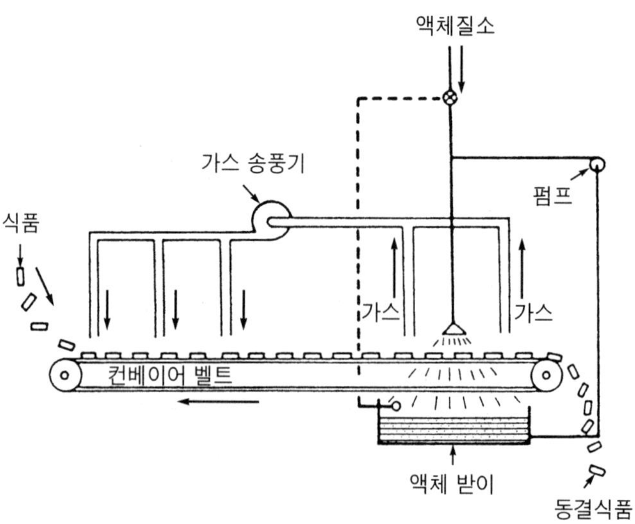

그림 7-7. 액체질소를 사용한 급속 동결장치

④ 외형이 좋아진다.

⑤ 시설이 간단하고 연속조작이 가능하며, 좁은 장소에서도 동결속도를 높일 수 있다.

식품에 따른 냉동방법의 선택은 제품의 종류, 공정 규모, 시설투자, 냉동비용, 식품의 품질 등 여러 가지 요인에 의해 결정된다. 대규모의 공정에서의 제품 무게에 따른 냉동비용은 송풍동결법, 접촉식 동결법, 심온동결법, freon 동결법은 거의 비슷하다. 액체질소에 의한 동결법은 공정에서 사용된 액체질소를 회수할 수 없어 가장 비싸며, 액체 탄산가스에 의한 동결법은 중간 정도에 해당한다.

식품의 품질을 유지하기 위하여 급속동결법(rapid freezing)을 이용하면 얼음결정이 미세하여 조직의 파괴와 단백질의 변성이 적고, 품질유지가 가능하다. 동결할 때에 물이 얼음으로 상(相)의 변화가 일어나는 -1～-5℃의 온도구간인 한계온도대인 최대 빙결정 생성대를 빨리 통과시킴으로써 물리적·화학적인 품질의 변화를 줄일 수 있다.

급속동결은 한계온도대를 35분 이내에 통과시켜 얼음결정이 70㎛ 이하로 하는 것을 말한다. 동결할 때에 결정속도가 빠르면 얼음결정이 작아지고, 늦으면 커진다. 따라서 과일과 채소와 같이 조직이 섬세할수록 급속동결을 시키면 동결로 인한 손상을 줄일 수 있다.

7.3 냉 장

동결한 식품을 -18℃ 부근에서 저장함으로써 냉장 중에 미생물에 의한 품질 저하는 거의 없으나, 물리적 또는 화학적인 변화로 품질이 떨어지는 경우가 있다.

1) 물리적인 변화

냉장(frozen storage) 중에 일어나는 물리적인 변화로는 얼음의 재결정과 승화를 들 수 있다. 또한 동결할 때에 얼음의 팽창률이 약 9%로서 세포 자체나 세포의 배열에 물리적인 손상을 줄 수 있다. 냉장 중에 미세한 얼음결정이 모여서 큰 얼음결정을 형성하는 현상을 **재결정**(recrystallization)이라고 하며, 냉장 중에 흔히 발생한다. 따라서 급속동결에 대한 효과는 완만동결에 비하여 품질 보존이 초기에 나타났다가 저장기간이 경과함에 따라 재결정으로 인하여 점차 없어진다.

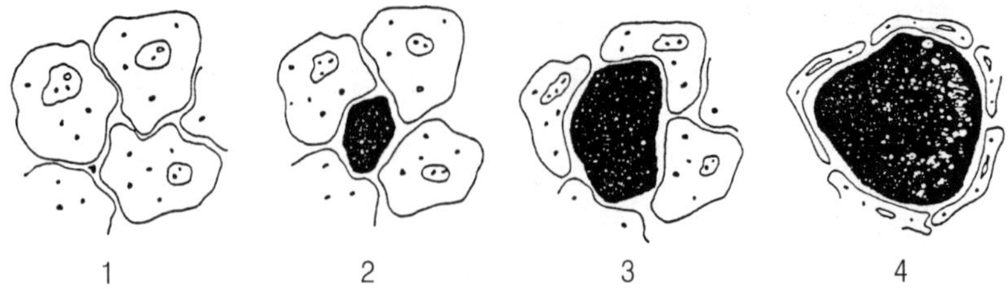

(a) 완만동결

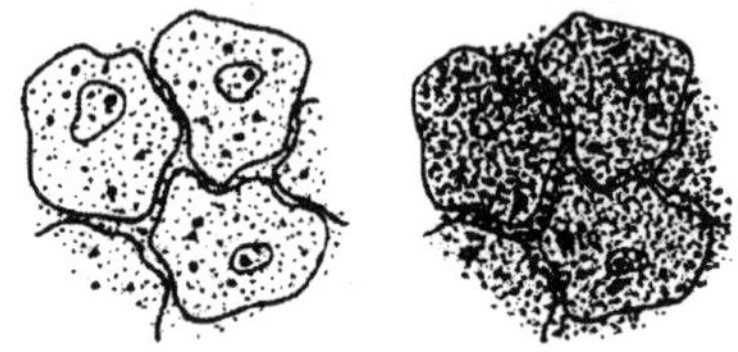

(b) 급속동결

그림 7-8. 근육조직의 동결 중에 볼 수 있는 세포외 빙결정 생성과 세포의 탈수 진행상황

재결정의 방지를 위하여 저온을 일정하게 유지하거나 저장기간을 단축하여 재결정을 효과적으로 조절하여야 한다. 그림 7-8에서 보는 바와 같이 식품을 완만동결시킬 때, 또는 급속동결한 식품을 장기간 냉장하면 미세한 얼음결정(검은 부분)이 1에서 4까지 진행되면서 냉장 중에 점차 커진다. 이에 따라 세포조직의 수축과 탈수가 일어나 식품에 물리적인 손상을 입는 것을 알 수 있다.

또한 냉장 중에 일어나는 승화(sublimation)는 불완전한 포장식품에서 나타나며, 심한 경우에는 **냉동화상**(freezer burn)을 일으킨다. 냉동화상은 식품 표면이 다공성(多孔性)으로 되어 공기와 접촉면이 커져 지방의 산화, 단백질의 변성, 풍미의 저하를 일으킨다. 제품의 수분손실을 방지하기 위하여 상대습도를 높이거나, 수증기압에 대한 투과성이 없는 포장재료를 사용하면 방지할 수 있다.

2) 화학적인 변화

냉장 중에는 다음과 같은 화학적인 변화가 일어나 식품의 품질 저하는 물론 급속동결과 완만동결 사이의 품질 차이를 감소시키게 된다.

① 엽록소 등 색소의 감소
② 비타민의 파괴
③ 지방의 산화
④ 비동결 부분의 용액 중에 들어 있는 유기물 또는 무기염류의 농도 증가로 일어나는 염석(salting out)
⑤ pH 변화로 콜로이드계의 손상에서 오는 단백질의 불용화 또는 불안정
⑥ 이취(異臭)의 발생

화학적인 변화는 냉장 중에 서서히 일어나며, 온도가 낮아질수록 화학반응은 감소한다. 또한, 동결 초기에는 자가소화(glycolysis) 현상도 일어날 수 있다.

7.4 해 동

비유동성 식품(nonfluid food)은 동결할 때에 비해 해동(thawing)하는 경우에 시간이 길어지며, 온도 차이도 적다. 특히 해동할 때에 화학적 변화, 물리적 변화, 미생물에 의한 식품의 손상이 커진다. 이는 얼음과 물의 성질을 비교할 때 열전도도에 있어서 4배의 차이가 나며, 열확산도(thermal diffusivity)도 9배의 차이가 나기 때문이다.

냉동할 때는 시간이 경과함에 따라 외부로부터 얼음층이 형성되어 열 이동

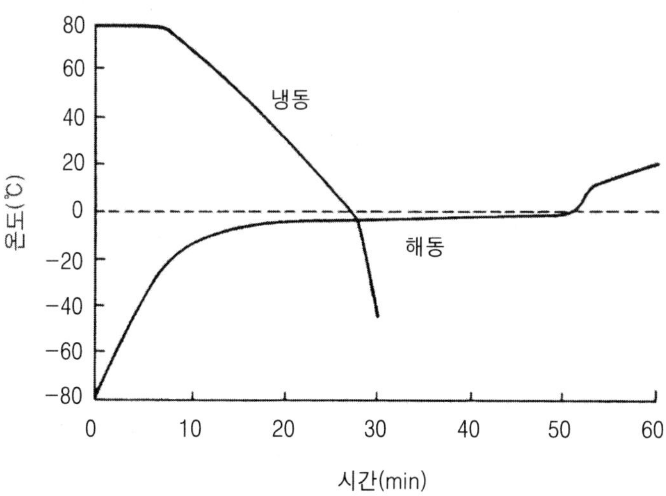

그림 7-9. 냉동식품의 냉동과 해동곡선

속도가 빨라지는데 비하여, 해동할 때는 반대로 외부로부터 얼음층이 녹아 없어지게 되어 외부로부터 내부로 열 전달속도가 낮아지게 된다. 이를 냉동시간과 해동시간에 따른 식품온도의 변화를 비교하면 그림 7-9와 같이 해동시간이 2배 이상 소요됨을 알 수 있다.

공업적인 해동에는 전기해동법(radiofrequency heating), 송풍해동법(air blast thawing), 접촉해동법(contact thawing) 등이 이용된다. 해동할 때에는 유출액즙(drip)이 발생하는 경우가 많다. Drip이 발생하면 무게의 감소, 단백질, 진액(extract), 비타민, 염류 등 가용성 성분의 용출로 식품의 풍미와 조직이 나빠진다.

Drip은 동결로 인한 식품조직의 물리적인 손상과 단백질의 변성으로 인한 교질적인 변화로 보수력의 감소에 의해 발생이 된다. Drip의 발생량은 원료의 종류, 신선도, 동결속도, 냉장온도, 냉장기간, 냉장 중의 온도변화, 해동방법 등에 따라 다르다. 전처리 과정에서 당류, 식염, 축합인산염(polyphosphate) 등의 첨가로 drip 양을 어느 정도 감소시킬 수 있다.

제 8 장

식품의 포장

식품을 상품화하는 데 예외적인 경우를 제외하고는 어떤 형태이든 포장을 한다. 생산과 소비가 별개의 목적으로 이루어지고 있으며, 이 두 단계를 연결해 주는 기본적인 매체가 포장이라고 할 수 있다. **식품의 포장**은 '식품의 유통과정에 있어서 보존성과 위생적인 안전성을 높이고, 편의성과 보호성을 부여하며, 판매를 촉진하기 위하여 알맞은 재료나 용기를 사용하여 식품에 알맞은 처리를 하는 기술이나 또는 그렇게 한 상태를 말한다'.

따라서 식품포장은 식품원료 또는 식품이 생산에서 저장, 가공, 수송, 판매 등의 과정을 거쳐 소비자에 이르기까지 받게 되는 충격 · 진동 · 압축 등의 기계적인 외부의 힘이나, 온도 · 습도 · 빛 · 기체 · 먼지 등의 외부적인 환경요인, 쥐 · 해충 · 미생물 등에 의한 생물적인 피해, 주변 환경으로부터의 오염, 그리고 식품성분의 상호작용에 의한 화학적인 변질 등에서 오는 피해를 방지하는 것을 목적으로 한다.

1. 식품포장

1) 식품포장의 목적과 기능

(1) 물품의 취급수단

예를 들어 액체식품을 병에 포장하는 것과 같이 필요한 양의 식품을 용기에 포장한다.

(2) 가공의 보조수단

살균에 사용하는 금속용기는 식품의 보호기능과 제품의 안정성을 부여한다. 식품에 미생물, 이물질, 유해물의 혼입을 방지할 수 있도록 위생적인 안전성을 높이고, 식품의 품질을 유지할 수 있도록 하는 보존성을 높인다.

(3) 작업성의 향상과 편의성을 부여

작업능률을 높이고, 소비자에 대한 편의성을 부여하기 위한 방법을 말한다. 또한 제품의 운반, 판매, 소비하는 데 간편하도록 하는 편의성(便宜性)을 부여한다.

(4) 상품성의 향상

이는 시장기능이라고 할 수 있으며, 겉보기와 내용물의 분류를 쉽게 하며, 판매를 촉진할 수 있다.

(5) 경비절약의 수단

식품의 유출을 방지하며, 수송을 쉽게 한다. 또한 오염을 방지하고, 생산비(노동력) 절감 등과 같은 직접적인 요인 외에 간접적인 요인 등이 복합적으로 작용한다.

(6) 제품의 보호기능

기계적인 외부의 힘으로부터 보호하는 물리적인 보존, 외부적 환경요인과 생물적인 피해에서 보호하는 품질보존의 기능을 갖는다.

식품포장은 주로 식품을 생물적인 환경에서 보호하는 식품위생적인 보존을 말하며, 식품포장에서는 이 문제를 주로 다루게 된다.

2) 식품포장의 중요성

식품포장(food packaging)의 중요성은 다음과 같은 점에서 고려될 수 있다.

① 식품의 변질을 방지한다.
② 생산지에서 소비지까지 수송을 하거나 저장하는 수단으로서 이루어진다.
③ 분배에 도움을 준다.
④ 생산시기와 소비시기와의 가격 차이를 줄여 가격을 안정시킨다.
⑤ 산패, 빛, 산소, 금속이온, 수분 등에 의한 식품의 변질을 방지함으로써 식품의 위생적인 조건을 유지시킨다.

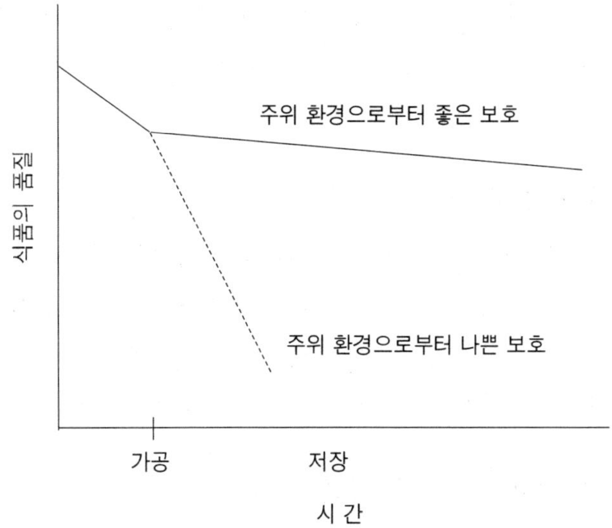

그림 8-1. 포장에 의한 제품의 품질에 미치는 영향

⑥ 미생물에 의한 변패, 또는 효소작용에 의한 산화를 방지함으로써 식품을 보존한다.

⑦ 내용물의 분류를 쉽게 할 수 있게 내용물의 표시를 한다.

식품포장에 의한 가공과 저장 중에 일어나는 제품의 품질에 미치는 영향은 그림 8-1과 같다. 환경요인에 의한 저장 중 식품의 품질변화는 포장의 상태에 따라 크게 차이가 생기는 것을 알 수 있다. 저장 및 유통기간에 제품의 품질유지를 위하여 포장에 세심한 주의가 필요하다.

2. 포장의 분류

식품을 포장하는 경우 포장하는 식품의 상태와 형상, 품질, 용도, 수송조건, 보관조건 등에 따라 각각 다른 포장재료, 포장형태, 포장조건을 하게 된다. 이를 분류하는 방식이 서로 다르나 크게 나누어 기능별, 포장형태별, 포장방식별 등으로 구분된다.

1) 내용물의 종류와 유통방법에 따른 분류

상업적인 포장과 공업적인 포장으로 구분한다. 은단을 포장하는 것은 상업적인 포장의 예로서 판매촉진에 기여할 수 있다. 공업적인 포장의 경우는 수송에 편리하도록 하는 것으로 포장비의 절감을 위하여 개별 포장하지 않고 bulk로 한다.

2) 내용물의 중량에 의한 분류

중포장(重包裝)은 내용물이 집중적인 하중을 가지고 있어서, 외포장과의 사이를 떼어 놓거나 완충제로 채우는 것으로 기계포장 등을 들 수 있다. 중포장(中包裝)은 통조림식품, 병포장 등 완충제를 넣은 포장을 말한다. 경포장(輕包裝)은 대부분의 식품포장에서 볼 수 있으며, 완충제를 쓰지 않아도 된다.

3) 포장재가 사용되는 장소에 따른 분류

포장의 기능별 분류로서 수분, 빛, 충격 방지를 위해 내부에 넣는 경우와 나무상자, 드럼통, 금속상자 등 외부에 사용되는 경우로 구분된다.

4) 포장재의 특성에 따른 분류

Polyethylene, polyester, PVC 등 플라스틱 필름(plastic film)과 같은 유연한 성질을 갖는 포장재료를 사용하여 포장하는 유연포장(flexible package)이 있다. 이와는 반대로 금속, 유리와 같이 견고한 포장재료를 사용하는 통조림, 병조림 등과 같은 강직포장(rigid container)으로 구분된다. 일반적으로 유연포장 재료는 물은 통과하지 않으나, 가스는 통과할 수 있는 특성을 가지고 있다.

5) 품목에 따른 포장의 분류

내용물의 종류에 따라 분류하는 방식으로서 식품포장, 기계포장, 의류포장, 위험물포장 등으로 구분된다.

6) 기능성에 따른 분류

포장의 목적 또는 기능성에 따라 수송을 위한 포장, 저장을 위한 포장, 배분을 쉽게 하기 위한 포장, 집하를 위한 포장, 파손 또는 변질을 방지하기 위한 포장, 판매촉진을 위한 포장 등으로 구분된다.

7) 포장방법에 따른 분류

방수포장, 방습포장, 불활성 기체에 의한 충진포장을 포함한 진공포장, 압축

포장(shrinkage packaging) 등으로 구분된다.

식품포장은 포장수준에 따라 분류하기도 한다. 1차 포장은 담은 제품과 직접 접촉하는 것을 말하며, 차단성을 부여한다. 캔(can), 유리병, 파우치 등이 있다. 2차 포장은 유통용기이며, 골판지 상자와 같이 1차 포장들을 담는 것을 말한다. 3차 포장은 2차 포장을 담도록 하는 것으로, 예를 들어 골판지 상자를 수축필름으로 싼 펠릿을 들 수 있다. 국제무역에서는 3차 포장인 여러 개의 펠릿을 담은 4차 포장인 컨테이너가 자주 사용된다.

3. 포장재의 조건

국내의 식품포장산업은 식품산업의 양적·질적 변화에 따라 많은 변화를 겪어 왔다. 원시적 형태의 포장상태에서 경제개발이 진행되면서 각종 플라스틱 재료가 개발되기 시작하였다.

1970년대에 들어서서 석유화학단지가 건설되면서 LDPE(low density polyethylene), HDPE(high density polyethylene), PP(polypropylene), PS(polystrene), PVC(polyvinyl chloride) 등과 같은 플라스틱 재료가 생산됨에 따라 양적 증가를 가져왔다. 1980년대에는 소비자의 다양한 욕구에 부응하려는 시장경쟁이 치열하여 질적인 향상에 주력하게 되었다. 1990년대는 첨단기술이 식품포장산업에 적극 활용되고 있다.

포장재로서는 종이, 판지, 셀로판, 플라스틱과 그 접합(laminated) 재료, 병, 캔, 나무상자 등의 주재료로부터 테이프, 끈, 접착제, 탈탄소재 등의 부재료까지 다양하게 사용되고 있다. 그러나 식품포장 재료는 주로 플라스틱을 기본으로 하는 각종 재료와 용기이다. 식품포장에 있어서 가장 기본적인 재료는 개별 포장재료와 용기이다. 이들이 갖추어야 할 기본적인 조건은 다음과 같다.

1) 위생성 또는 안전성

포장재는 식품과 직접 접촉하게 되므로 식품 중에 들어 있는 수분, 염류, 유지 등에 의해 부식되거나 용기성분이 용출되면 안 된다. 납·철·비소 등의 중금속염, 페놀·포르말린 등의 화학물질과의 반응이 완전히 일어나지 않아야 한다. 그리고 포장재 원료에 남아 있는 monomer 등의 가소제 또는 안정제 등의 용출이 일어날 수 있는 포장재는 식품포장 재료로서 알맞지 않다.

2) 보호성

내용물의 품질을 보존하는 성질로서 품질 저하를 방지하는 성능을 가지고 있어야 한다. 기체의 차단성, 차광성, 내열성, 내한성, 내충격성, 내압성, 내진공성, 충진과 밀봉특성 등의 물리적인 구비조건 이외에도 내산성(耐酸性), 내염성(耐鹽性), 내유성(耐油性), 내부식성(耐腐蝕性) 등의 화학적인 구비조건을 갖추어야 한다.

3) 안정성 또는 작업성

식품가공과 유통에 있어서는 대량 생산과 수송에 대한 유통체제를 갖추고 있기 때문에 포장재료가 작업 중에 손상을 입거나 파괴되지 않을 정도로 강도, 유연성 등을 갖추어야 한다.

4) 편의성

소비자들이 포장식품을 이용하기 편리하도록 하기 위하여 포장식품을 빨리 가열하거나 냉각할 수 있고, 개봉이 쉽고 소비습관에도 알맞은 편의성(便宜性)을 가져야 한다.

5) 상품성

포장재료는 청결감을 주고, 내용물의 식별이 쉬워야 한다. 또한, 구매 의욕을 줄 수 있도록 형상, 표식 등의 디자인을 할 수 있도록 인쇄적성에 맞아야 한다.

6) 경제성

포장재료의 가격이 싸고 대량생산이 쉬워야 한다.

4. 포장재료에 따른 특성

4.1 유 리

유리는 오래 전부터 포장재로서 사용되어 왔다. 물리적으로는 고점성을 갖는 물질이 과냉각된 상태이고, 화학적으로는 무기산화물의 혼합물로 볼 수 있다. 유리는 70~75%의 Na 또는 Ca silicate와 6~12%의 Ca 또는 Mg의 산화물로 되어 있으며, 이 외로 Al, Ba 등의 금속산화물로 구성되어 있다.

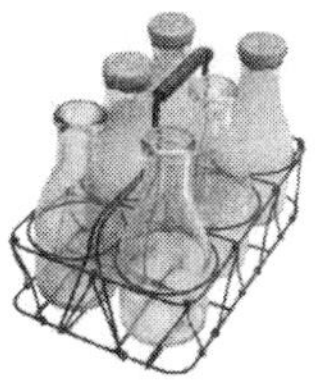

유리는 보통 1,500℃의 회화로에서 녹인 다음 혼합하여 성형한다. 유리원료 및 유리제조법의 개선을 통하여 이러한 결점들을 보완해 나가고 있다. 토닉워터, 주스, 맥주, 콜라 등에 이용되는 경량화 유리병(narrow neck press & blow, NNPB)은 유리병의 강도 보존을 위하여 발포성 PS를 이용한 plastic shield와 연신폴리스틸렌(OPS)이나 PVC 필름을 이용한 safety shield, 그리고 종이를 사용하여 종이라벨에 의한 shield가 있다.

유리에 Fe^{+3}, Cr^{+6}, Ce^{+3}, V^{+5} 등을 함유시켜 무색 유리병의 경우 350 nm 이하의 자외선을 차단시킬 수 있는 유리병이 생산된다. 자외선 차단용 유리병은 유지식품, 착색식품, 단백질식품, 비타민 C를 함유한 음료수 등의 용기로 이용된다.

병조림에 사용하는 유리용기를 밀봉할 경우 마개(cap)는 함석, 알루미늄, 플라스틱으로 되어 있다. 병 입구와 밀착되어 밀봉이 잘 되어야 하기 때문에 병 주둥이와 마개의 형태가 중요하다. 마개 속에는 보통 고무, 합성고무, 여러 가지 합성수지 팩킹(packing)을 부착하거나 피복하여 사용한다. 대표적인 유리병과 마개의 종류는 그림 8-2와 같다.

유리용기는 캔, 플라스틱병, 종이 카톤(carton) 등의 용기로 대체되고 있으나 병조림, 장조림 포장에는 유리병이 이용된다. 액체식품의 경우는 그림 8-3(a)에서와 같이 정용실린더(metering cylinder)를 사용하여 정확한 액량을 주입하는 방법을 이용한다.

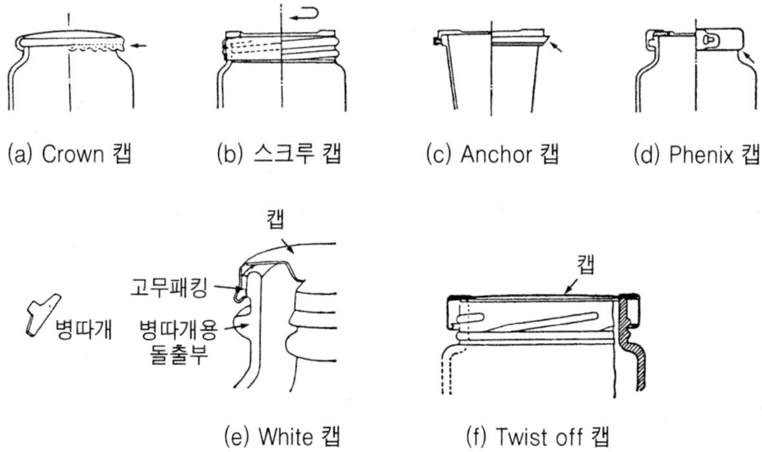

그림 8-2. 여러 가지 병조림용 병과 마개의 모양

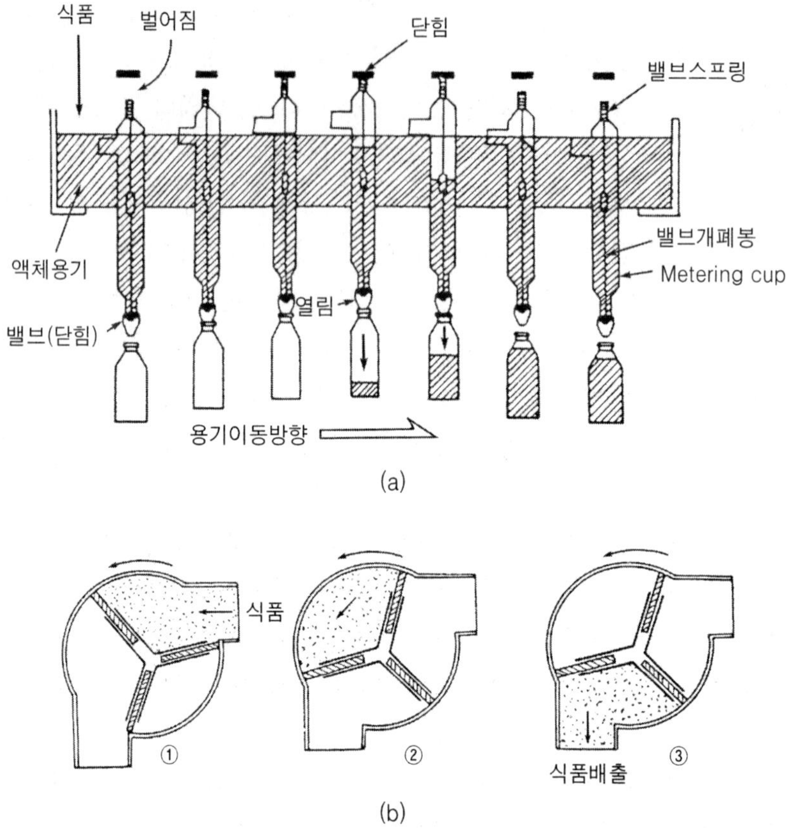

그림 8-3. 액체 및 페이스트상 식품의 충전방법

그림에서 (b)는 고추장, 마요네즈, 케첩 등과 같은 죽(paste)상의 식품을 충전하는 데 사용하는 로타리밴(rotary vane) 펌프식 충전기이다. ① → ② → ③의 순서로 일정량씩 배출되면서 용기에 담겨진다.

정용실린더는 일류구(overflow exit)에 있어서 액 속에 잠기면 일류구까지 액이 차게 되고, 중앙 상단에 있는 스프링 작동에 의해 하단의 시트 벨트(seat belt)가 개폐될 수 있는 밸브 로드(valve rod)가 장치되어 있다. 아래쪽에서 병이 도달하여 밸브에 접한 다음 병이 위로 올라가면 실린더가 액체 위로 부상하면서 스프링을 고정판(1-3)에 부딪쳐 눌러지면(4, 5), 밸브가 열려 실린더 속의 액체가 병 속으로 유입되어 충전이 이루어진다. 그 다음 병이 하강하고 실린더도 밑으로 내려오면서 실린더 속은 다시 액으로 충전되며, 다음 병이 대기하게 된다.

4.2 금 속

1) 통조림통

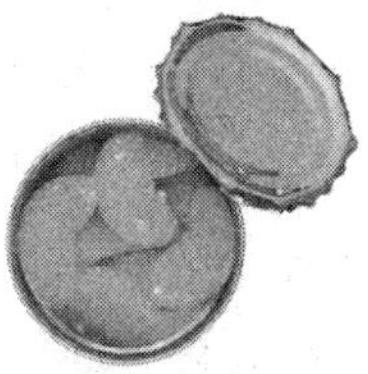

식품용기에 이용되는 금속재료는 철, 알루미늄, 주석, 크롬이며, 열에 의한 살균이 필요한 식품의 포장재로 이용된다. 보통 강판(steel plate)과 주석판(tinplate)이 이용된다.

통조림 제품을 제조할 때 이용되는 통조림통은 두께 0.15~0.3 mm인 저탄소강판의 양면에 주석을 2.8~17.0g/mm(두께 0.4~2.5 ㎛) 정도로 전기도금에 의해 주석을 입혀 사용한다(tin-plate).

그러나 내용물에 의한 부식성이 있는 경우에는 통조림통에 에나멜(enamels), oleoresin, 비닐수지(vinyl resin), 에폭시수지(epoxy resin), 페놀수지(phenolic resin), 왁스(wax) 등의 수지(resin) 또는 무기산화물을 입혀 사용하는 경우도 있다.

주석도금을 하지 않는 강철판(tin free steel, TFS) 등에 내열성의 나일론(nylon)이나 크롬을 도장한 관이 탄산음료용 용기로 개발되어 사용하고 있다. 시이밍(seaming)의 번거로움을 없애기 위하여 밑부분과 옆부분에 시이밍이 필요 없는 통이 많이 사용된다. 이를 2-piece can이라고 하며, 맥주용 알루미늄캔 등에서 볼 수 있다. 2-piece can은 천연과즙 등의 과일음료, 콜라·사이다 등의 탄산음료, 홍차 등의 기호음료, 이온음료, 벌꿀음료 등에 이용한다.

2) 알루미늄캔

알루미늄캔도 식품의 포장에 많이 이용된다. 알루미늄은 양철판에 비해 가볍고, 폐품을 회수하여 다시 이용할 수 있다. 그리고 황화물(sulfide)에 의한 퇴색이 없고, 부식성이 없으며, 인쇄적성이 뛰어나며, 개관이 쉬운 장점이 있다.

그러나 양철관에 비하여 장력이 약하고 가격이 비싸다. 또한 내구성이 없고, 알루미늄만으로는 장력이 매우 약하여 Mg 합금을 사용하는데, 이는 부식성을 일으키게 된다. 알루미늄캔은 고온살균 처리하는 식품용기로는 이용이 곤란하고, 맥주 등의 주류, 탄산음료 계통, 비탄산음료 계통의 과즙함유 청량음료, 토닉음료, 저산성 음료류인 홍차·커피 등의 음료공업에 주로 이용된다.

3) 알루미늄박

금속재료로서 알루미늄박(aluminium foil) 또는 steel foil을 이용하는 경우도 있다. 두께가 0.15 mm 이하의 것을 알루미늄박이라고 하며, 식품의 보호기능을 가지고 있어서 식품포장재로 이용된다. 0.03 mm 이하로 너무 얇은 호일(foil)은 핀홀(pinhole)이 생기기 쉽고, 가스나 수증기의 확산문제가 있다.

알루미늄박은 방습성, 방수성, 기체투과 방지성, 광차단성이 우수하기 때문에 차단을 필요로 하는 식품에 많이 이용한다. 또한 내유성, 내한성, 형상 안정성이 있다. 그러나 산, 알칼리, 염분에 약한 것이 결점이다. 알루미늄박은 가공적성이 양호하고, 가볍고 사용하기 편리하며, 가격이 저렴하여 경제적이다.

4) 알루미늄박 용기

알루미늄박 용기(foil container)는 알루미늄박으로 만든 접시, 컵 모양 등의 성형용기와 주스 캔에 이용하는 알루미늄박에 크라프트지 등을 적충(積充)하여 만든 관 형태의 복합 알루미늄박 용기로 나눌 수 있다. 편의식품의 수요증가로 소비가 많이 늘고 있다.

4.3 종 이

식품포장용으로는 판지상자 형태로 과자 포장에 주로 사용하고 있다. 다른 상품과 마찬가지로 겉포장 또는 수송용 포장에 골판지 상자가 이용된다. 국내에는 펄프용으로 사용 가능한 목재가 거의 없어 대부분 수입에 의존하고 있다. 포장재로서의 종이는 다음과 같은 장점을 가지고 있다.

① 가볍고, 자외선 차단이 크고, 산화방지 효과가 크다.
② 다른 포장재에 비해 값이 싸다.
③ 무균충진 포장이 쉽다.
④ 금속이온이 용출이나 포장재료의 냄새가 베어나지 않는다.
⑤ 개봉이 쉽다.
⑥ 인쇄적성이 좋다.
⑦ 소각이 간단하고, 사용 후 폐기물 처리가 쉬워 환경오염이 적다.

이와 같이 사용에 여러 가지의 편의성 때문에 종이팩은 우유, 과일음료, 소주, 청주 등의 액상식품에 무균포장재로서 많이 이용되는 포장재료이다. 그러나 포장재료서의 강도 및 기계적 특성은 섬유(fibre)의 기계적 처리와 접착물질 등에 기인하지만, 다른 포장재료에 비해 다음과 같은 결점이 있다.

① 강도가 약하다.
② 열전도율이 나쁘다.
③ 기체의 투과성이 약간 있다.
④ 탄산음료에 사용할 수 없다.
⑤ 상품수명(shelf life)이 다른 용기에 비해 비교적 짧다.

과일음료의 경우 냉장할 때에 90~150일, 상온에서 60~120일간 정도이다. 보통은 액체와 가스의 투과성을 조절하기 위하여 왁스, 플라스틱, 고무, 수지, 접착제 등으로 도포(coating)하여 사용한다.

종이는 유연포장 재료로서 포장지, 봉투, 받침판, 가방(bags), 겉포장지의 제조용으로 크라프트종이(kraft paper), 방수종이(greaseproof paper), 그라신지(glassines), waxed paper 등을 이용한다. 그리고 강직포장재로서 골판지(cartons), fiber cans, drums, liquid tight cups, tetrahedral packs, 상자 등의 제조에 이용된다.

1) 크라프트종이

크라프트종이는 sulfate process에 의해 제조한 갈색 종이로 중량이 10~130g/m^{2}이며, 경제적이고 강한 종이이다. 설탕포대, 밀가루포대, 잡화봉지 등에 이용한다. 중량이 54~73 g/m^{2}일 때는 4.5 kg/m^{2}의 하중에도 견딜 수 있다.

2) 황산지

황산지(parchment paper 또는 greaseproof 종이)는 구리스로 도포한 포장재로 냄새를 보호할 수 있다. 39~40 g/m^{2}의 것은 일반적인 식품포장에, 40~45g/m^{2}의 것은 비스킷 포장에, 45~48 g/m^{2}의 것은 버터·마가린 등 지방질 식품 포장에 이용된다.

3) 그라신지

그라신지(glassine 종이)는 합성수지를 도포한 종이로서 양과자·초콜릿·쿠키·커피·빵·버터·우유 등의 식품포장재 또는 사전, 인쇄용지로도 이용된다.

4) 테트라팩

테트라팩(Tetra Pak사 제품)은 우유, 두유, 주스는 물론 소주, 유산균 음료까지 적용 범위가 확대되었다. 무균포장 종이용기는 취급의 편의성, 유통의 효율성, 폐기처리의 용이성 등으로 활용도가 더욱 증가할 것으로 예상된다. 주류·커피 등 기호식품, 수정과 등 전통식품 뿐만 아니라 수프(soup)·케첩·두부 등의 반고형 식품에까지 이용 범위가 넓어질 것으로 보인다.

5) 셀로판

셀로판(cellophanes)은 섬유소에 글리세롤 또는 glycol 등의 저휘발성 용매를 플라스틱에 가하여 고분자물의 사슬(chain) 사이의 인력을 감소시켜 유연성을 갖도록 만든 제품이다. 수증기의 확산을 방지할 수 없어 보호제로서 왁스, 수지, 합성고분자물, 니트로셀룰로오스(nitrocellulose) 등으로 도포한다.

셀로판은 건조식품·과자·스낵식품 등에 이용하는 방습셀로판, 커피·홍차 분말 등의 건조식품, 진공포장식품에 이용하는 polycello(polyethylene laminated cellophane), 날고기의 예비포장에 이용하는 초화선계 편면방습셀로판, 이 외로 자외선 방지 셀로판, 포장용 복합필름, 셀로판테이프용 등이 있다.

6) 기 타

이 외에 과일을 싸는 과일박엽지, 파라핀지, 편광지 등이 있다. 그리고 천연펄프로 가공한 아이스크림, 버터, 마가린, 냉동식품 등에 1회용으로 이용되는 food board container가 있다. 그리고 운반할 때에 제품의 보호를 위한 판지, 또는 골판지 상자가 이용된다.

4.4 플라스틱

유기고분자 물질로서 구조, 화학적 조성, 물리적 성질 등은 종류에 따라 다르다. 플라스틱용기는 다음과 같은 장점이 있다.

① 가볍다.

② 가소성이 있다.

③ 산, 염기, 염류 등에 안정하여 부식하지 않는다.

④ 필름성이 있다.

⑤ 열접착이 가능하여 밀봉이 쉽다.
⑥ 빛깔과 투명성이 있다.
⑦ 인쇄적성에 알맞다.
⑧ 값이 싸다.

그러나 이와 같은 장점에도 불구하고 다음과 같은 결점이 있어서 사용에 제한요소가 된다.

① 강도가 약하다.
② 가열살균을 할 수 없다.
③ 해충에 의해 파손우려가 있다.
④ 기체의 투과성을 완전히 방지할 수 없다.

이와 같은 결점은 종이, 알루미늄 등 다른 재료와 접합(lamination) 또는 복합(composite)에 의해 개선될 수 있다. 플라스틱 포장재료로 이용되는 소재 중에서 중요한 것들을 요약하면 다음과 같다.

1) 폴리에틸렌(polyethylene, PE)

에틸렌(ethylene)이나 아세틸렌(acethylene)으로부터 가열과 압력으로 중합하여 polyethylene 수지를 만들어 가공한다. 화학적으로 안정하고, 수축률이 크고 강도가 세며, 밀봉은 쉽게 될 수 있으나 개봉에는 다소 어려운 점이 있다.

폴리올레핀(polyolefins)에는 폴리에틸렌이 대표적인 물질로서 밀도가 큰것(HDPE, high density polyethylene)은 열안정성과 투과성이 떨어져 우유포장 등의 강직포장 재료로 쓰인다.

밀도가 적은 것(LDPE, low density polyethylene)은 유연성이 크고 값이 싸므로 식품의 겉포장재에 널리 이용된다. 특히 LDPE의 수요가 매우 커서 포장재의 주를 이루고 있다.

2) 폴리프로필렌(polypropylene, PP)

위생적인 안정성이 높고, 수증기 투과율이 낮은 편에 속한다. 개봉할 때 단열저항이 대단히 커서 열리는 성질이 다른 플라스틱 포장재보다도 우수하다. 식초・시럽・요구르트・마가린・주스・두부 등에 이용하는 PP중공성형(中空成形) 용기와 냉동가공식품에 이용하는 접시형, 간장・식용유 등에 이용하는 PP다층연신(多層延伸) 중공성형병 등이 있다.

3) 비닐유도체(vinyl derivatives)

에틸기의 수소 대신에 염소, 벤젠, 메틸, 수산화기 등의 치환체의 성질과 분자량, 사슬 내의 배열상태에 따라 비닐의 성질이 다르다. 결정화도가 높을수록 강도와 고온에서의 저항성, 용매작용에 대한 저항성, 확산에 대한 저항성이 증가한다. 비닐유도체에는 염화비닐(polyvinyl chloride, PVC), 초산폴리비닐(polyvinylidene chloride, PVDC), polystyrene(PS), ethylene vinyl acetate(EVA), ethylene vinyl alcohol(EVAL, EVOH) 등이 있다.

4) 폴리에스테르

폴리에스테르(polyester ; polyethylene terephtalate, PET)의 대표적인 제품으로는 polyethylene terephthalate이다. Ethylene glycol과 terephthalic acid의 축합물로서 Du Pont사 제품인 'Mylar'로 널리 알려져 있다. 매우 안정하며, 기계적 강도 등이 우수하고, 가공성이 좋으나 열접착성이 좋지 않다. PET필름은 냉동식품, 축육가공품, 수산가공품, 건조식품, 레토르트식품 등 널리 이용된다. 성형용기는 전자오븐용 포장에 이용된다.

5) 기타 플라스틱 재료

앞에서의 플라스틱 재료 이외로 polyamide(PA, nylon), polyvinyl alcohol(PVA), polycarbonate(PC), pliofilm(rubber hydrochloride), polyfluorocarbons(tefron, trifluoro chloroethylene, polyvinyl fluoride 등), polyurethane(PU), 불소수지(PTFE), 아크릴수지 등이 포장재료로 사용된다. Cellulosics는 셀로판과 유사한 성질을 가지며, cellulose acetate, ethyl cellulose, cellulose nitrate 제조의 기본재료로 이용된다.

6) 가식필름

가식필름(edible film)으로는 α-전분의 필름인 oblate는 캐러멜, 젤리, 캔디 등의 접착방지, 치즈나 버터 등의 내유피복(耐油被覆), 냉동식품의 보존성 향상을 위한 포장용으로 이용하는 아밀로스 필름, 육류가공품에 이용하는 콜라겐(collagen)을 정제하여 만든 재제장(再製腸) 등이 있다.

7) 라미네이트 필름

플라스틱 필름의 강도와 기체의 차단성을 보강하기 위하여 1가지 이상의 필름 또는 종이, 알루미늄박을 접착시킨 중층(重層) 필름을 사용한다. 이와 같이 여러 겹으로 된 유연포장재를 라미네이트 필름(laminate film)이라고 한다. 대표적인 예로는 PP/PE, cellophane/PE, Al/PE 등이 있다.

라미네이트 필름 중에서 내열성이 높은 것은 135℃로 가열하더라도 견딜 수 있는 성질이 있어서 통조림 포장과 같은 강직포장재를 대신하여 유연포장 살균식품을 제조하고 있다. 이와 같이 유연포장재를 사용한 살균식품을 레토르트 파우치(retort pouch)라고 한다. 레토르트 파우치식품과 같은 유연포장재를 이용한 식품의 경우는 다음과 같은 장점을 가지고 있어서 그 수요가 점차 증가하여 일반화하기에 이르렀다.

① 가열시간의 단축과 품질 손상의 최소화

통조림이나 병조림에 비하여 레토르트 파우치는 평평한 형태로 되어 있어서, 살균온도에 도달하는 시간을 30~50% 단축시킬 수 있어 제품의 품질 손상이 적다.

② 장기 저장의 안정성

레토르트 파우치는 살균처리로 상업적 무균상태를 유지함으로써 냉장 또는 냉동할 필요가 없다. 보존을 위하여 첨가제를 가하지 않고도 통조림과 같은 저장수명을 갖는다.

③ 에너지 경비절감

유연포장재는 열전도도가 크기 때문에 살균공정을 단축할 수 있고, 통조림이나 병조림에 비하여 에너지 비용이 적게 든다. 제조공정에서 유통단계까지의 총 에너지 비용은 냉동식품보다도 55~60% 싼 것으로 알려져 있다.

④ 개봉 용이

레토르트 파우치는 상부 옆부분에 약간 잘라낸 곳을 찢거나 가위로 잘라 안전하고 쉽게 개봉할 수 있다.

⑤ 휴대 간편

통조림이나 병조림에 비하여 가볍기 때문에 유통비가 싸고, 휴대가 간편하다.

⑥ 폐기 용이

레토르트 파우치는 병조림 등에 비하여 저장 공간이 약 85% 절약되며, 사용 후에 폐기가 쉽다.

⑦ 상품성이 우수함

유연포장재는 열용융으로 간단히 밀봉되며, Al-foil의 빛깔과 우수한 인쇄적성으로 좋은 외관을 나타내어 시각 효과를 높일 수 있다. 그러나 레토르트 파우치는 통조림이나 병조림에 비하여 충진속도가 느리고 불량품의 검출이 어려우며, 내용물의 형체가 파괴될 우려가 있어서 외포장이 필요하며, 파우치 크기에 제한을 받는 단점이 있다.

8) 분해성 플라스틱

환경오염을 최소화하기 위하여 광분해성 또는 미생물에 의해 분해가 쉽게 일어날 수 있는 생분해성 포장재에 대한 관심이 커지고 있다. 천연고분자 물질을 생분해성 포장지로 개발할 경우 석유화학 합성수지 포장지에 비해 가격 경쟁에서 뒤떨어지는 단점이 있으나, 폐기된 포장지의 완전 분해와 환경오염을 최소화할 수 있는 장점이 있다.

미생물 작용에 의해 분해가 일어나는 생분해성 플라스틱과 비교할 때 분해성 플라스틱은 '일정 기간 동안 특정 환경조건에서 화학구조가 상당히 변화되어 표준 시험방법으로 측정이 가능한 성질의 손실을 가져오도록 고안된 플라스틱'으로 정의한다. 생분해성 플라스틱 필름의 원료로는 단백질, 다당류, 지질이 있다.

필름 형성을 위하여 사용되는 단백질에는 콜라겐, 젤라틴, 케라틴(keratin), 옥수수단백질(corn zein), 밀단백질(wheat gluten), 대두분리단백질(soy protein isolate), 땅콩단백질(peanut protein), 우유단백질(casein), 호웨이단백질(whey protein) 등이 있다.

다당류로는 cellulose 유도체, alginate, 펙틴, 카라기난(carrageenan), 전분유도체들이 있다. 지질을 원료로 한 코팅물질에는 acetylated glyceride, 지방산과 beeswax, carunaba wax, rice bran wax, cadelilla wax와 같은 다양한 왁스

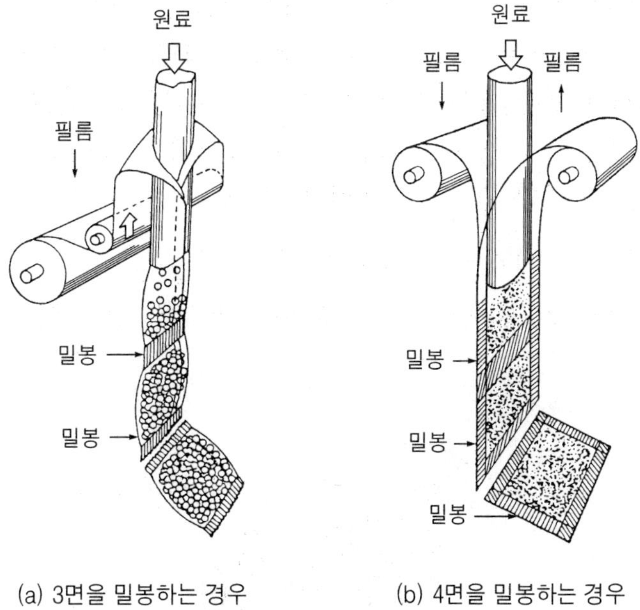

그림 8-4. 유연포장의 기본원리

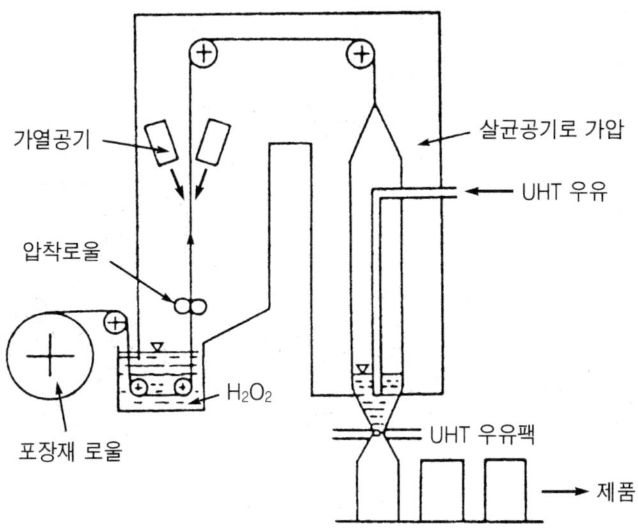

그림 8-5. 살균우유의 포장

시판하고 있는 우유의 포장방법 중의 하나로 포장재료를 H_2O_2 용액으로 살균하고, 열풍으로 H_2O_2를 날려 보낸 다음 미리 UHT살균한 우유를 넣고 3면 봉합하여 pack을 만든다.

들이 있다. 생고분자 원료를 용매에 용해시킨 다음 압출법에 의해 필름의 제조한다. 생고분자 필름과 코팅제는 과일과 채소의 코팅, 지방 함량이 많은 견과류의 코팅, 튀김용 필름, 피자와 아이스크림콘 등 가식성 필름을 이용한 수분 투과 방지용, 캔디의 코팅, 제약류의 코팅 등에 응용이 가능하다. 플라스틱 필름을 밀봉하는 경우 다음과 같은 방법이 이용된다.

① 고주파접착법: vinylidene chloride계 필름의 밀봉

② 가열접착법: 폴리에틸렌, 폴리프로필렌, 방습셀로판 등의 밀봉

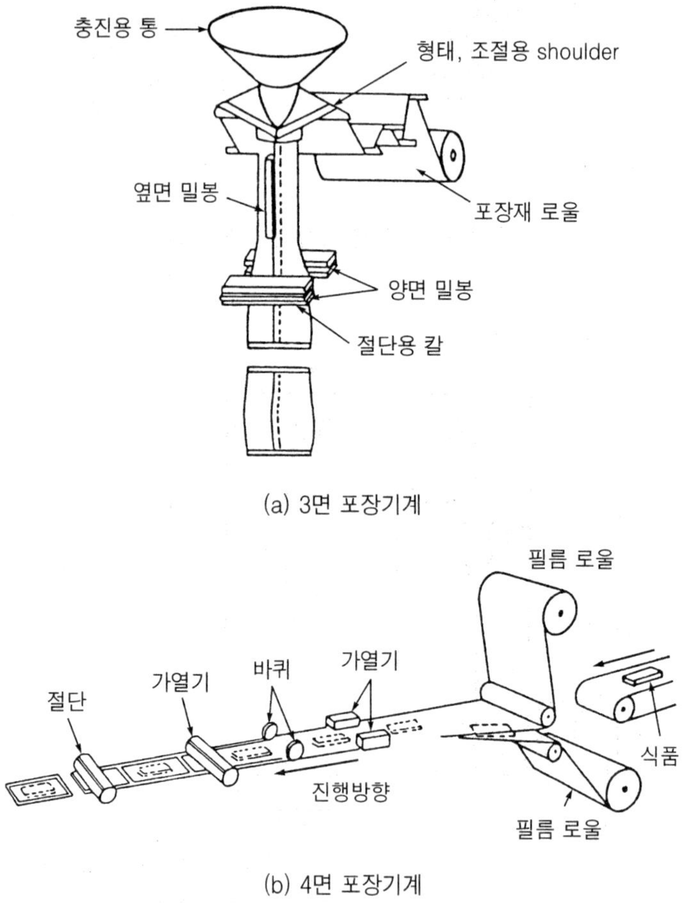

(a) 3면 포장기계

(b) 4면 포장기계

그림 8-6. 유연포장기계의 구조

(a) 필름과 식품이 동시에 공급되면서 세로봉합, 가로 봉합, 절단작업이 순차적으로 수행된다.

(b) 4면 봉합포장의 원리를 이용한 자동포장기이다.

③ 임펄스식 열접착법(impulse seal method) : 기계장치가 싸기 때문에 대부분의 필름 접착에 이용

④ 끈으로 묶는 법

그리고 포장기법은 무균포장, 가스치환포장, 진공포장 등이 많이 이용되고 있으며, 선도유지 포장이 새로이 등장하고 있다. 대표적인 유연포장재를 사용하여 포장하는 유연포장기계의 기본구조는 그림 8-4와 같으며, 살균우유를 포장하는 대표적인 포장기계의 구조는 그림 8-5에서 보는 바와 같다. 그리고 그림 8-6에서는 여러 가지 유연포장기계의 구조를 나타내었다.

4.5 나 무

장거리 수송을 위한 중량물 포장에 많이 쓰이고 있다. 선적을 하거나 식품포장을 저장하는 수단으로서 나무를 포장재로 이용한다. 식품포장에는 생선상자, 청과물상자, 젓갈통 등에 사용되고 있으나, 목재상자는 골판지상자, 플라스틱 상자에 밀려 감소 추세에 있다. 포장재료로서 유리, 금속, 종이, 플라스틱 이외에도 복합재료를 사용한 포장재의 개발이 실용화되어 많은 발전을 보았다.

5. 식품의 안정성에 미치는 환경요인

1) 빛

빛은 화학반응을 유발하는 중요한 요인이다. 빛의 존재에서 화학반응에 의한 식품의 변질은 매우 다양하다. 빛에 의한 식품의 변질로는 유지의 산화로 인한 산패(酸敗), 우유의 저장 중에 발생하는 휘발성 물질의 생성이나 불쾌한 mercaptan의 생성, 연어 또는 새우에서 astaxanthin에 의한 적색 색소의 발현, 육류의 myoglobin에 의한 색깔의 발현, riboflavin과 ascorbic acid의 광에 대한 민감성 등을 들 수 있다. 빛에 의한 산화반응은 빛의 파장, 강도, 노출시간에 따라 차이가 난다.

2) 산 소

산화적인 산패, 비타민, 색소, 어떤 종류의 아미노산이나 단백질은 산소에 민감한 성질을 가지고 있다. 따라서 포장은 2가지의 요인을 조절함으로써 이루어진다. 화학반응이 일어날 수 있는 유효한 총 산소량을 조절하거나, 산소압

을 조절하는 것이다.

불투과성 물질로 진공포장하면 산화반응은 내부에 존재하는 산소량의 소모 이상으로 진행되지 않는다. 만일 반응 정도가 식품의 품질에 영향을 주지 않을 정도라면 화학반응속도는 식품의 저장수명(shelf life)에 영향을 주지 않는다.

그러나 포장된 용기 내의 산소가 품질에 영향을 주는 정도이거나, 포장재를 통하여 산소의 유통이 이루어지는 경우는 산소분압이 중요한 요인이 된다. 산화속도는 반응형태, 반응생성물의 종류, 온도 등에 따라 다르다. 용적에 대한 체적비가 적을 때 지질의 산화는 산소분압에 비례하여 비례적으로 증가하나, 충분히 컸을 때는 직선적으로 증가하지는 않는다.

이와 같이 산소량을 줄여 산화적인 반응을 억제시킴으로써 식품의 색깔, 향기와 풍미(風味)를 보존한다. 미생물의 생육을 억제하기 위하여 질소, CO_2가스, 또는 혼합가스로 포장 내를 치환하는 포장방법을 가스치환포장(gas exchange packaging)이라고 한다. 마른 김, 녹차, 인스턴트커피, 스낵식품, 분유, 양과자, 햄, 수산연제품(어묵) 등의 포장에서 볼 수 있다.

3) 수분과 온도

미생물에 의한 식품의 변질은 수분활성도와 밀접한 관계가 있다. 저장온도가 높을수록 미생물 또는 화학반응에 의한 변질이 빨라진다.

4) 기계적 손상에 대한 민감성

운송 및 유통과정에서 기계적인 손상에 의해 식품이 유출되거나 변형이 일어나기도 한다. 기계적인 충격으로부터 식품을 보호하기 위하여 알맞은 완충제 또는 포장재의 선택이 중요하다.

5) 생물적인 변질에 대한 민감성

포장 전후의 미생물의 살균 또는 오염을 방지해야 하며, 식품첨가물의 사용, 쥐 등으로부터 식품을 보호하기 위하여 알맞은 용기를 사용한다.

제 9 장

새로운 식품

새로운 식품의 개념은 그 구분이 뚜렷한 것은 아니다. 전통적인 식품에 대하여, 비교적 새로운 이미지를 갖는 식품을 나타내기 위하여 편의적으로 붙여졌다. 이들 식품도 식생활의 변천에 따라 전통적인 식품으로 볼 수 있기 때문이다. 여기에서는 몇 가지 새로운 식품에 대한 내용을 정리하였으며, 식품산업에서의 연구개발에 대한 내용을 쉽게 이해할 수 있도록 하였다.

1. 조립식품

1.1 조립식품의 정의

조립식품이란 fabricate foods(FF), engineered food(EF), synthetic food (SF), imitation foods(IF) 등으로 표현된다. 조립이란 의미에는 모방이나 의도적 합성의 뜻이 들어 있다. 위의 3가지 용어는 같은 의미를 가지지만, 다음과 같이 구별된다.

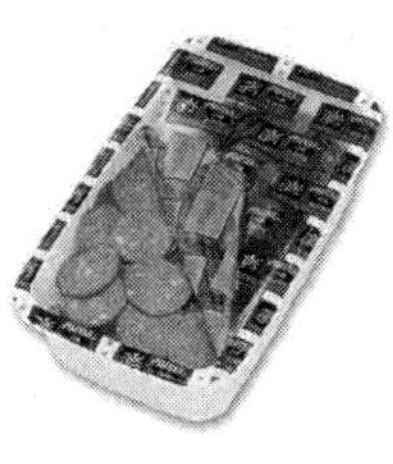

1) 합성식품

합성식품(fabricate foods, FF)은 첨가제를 포함하여 다양한 성분으로부터 만들어진 식품을 말한다. 각종 성분이 구조화(structuring), 형상화(shaping), 혼합화(blending)되어 제조된다. 소비자에게 편의성, 겉보기, 관능적 가치, 재현성(reproducibility), 경제적 가치, 조직의 특이성 등을 부여한다.

대표적인 합성식품으로 마가린이 있다. 모방 아이스크림(imitation ice cream), nondairy cream, whipped topping mix, 조식시리얼(breakfast cereal), 유아식, 분말수프 mix 등을 비롯하여 콩단백질 또는 식물단백질으로 조직화된 소시지, 육고기 등이 있다.

이 외에 중요한 합성식품으로는 쿠키(cookie), 크래커, 육유사제품(meat analogs, texturized protein foods), 낙농 유사제품(dairy analogs, formulated nondairy products), 중간 수분식품(soft moist foods, intermediate moisture foods), imitation caviar와 French-fried molded onion rings 등과 같은 새로운 식품(novelly foods), 저칼로리 식품(low calory foods)이 있다.

그리고 특수목적의 다이어트식품, 콜레스테롤이 적거나, 염류가 적거나, 지방이 적은 식품, 당이 없는 식품 등과 같은 특수용도 식품, convenience foods, snack packs, TV dinners 등과 같은 편의식품, 유아식(baby foods), soft drink, 대체유제품(dairy substitutes), prepared cereals, 샐러드 드레싱(salad dressings), cake and roll mixes, 채소단백제품, prepared desserts, pop tart products, dietectic food 등이 있다.

2) 조립식품

조립식품(synthetic food, SF)은 여러 가지 가공방법에 의해 식품의 물리적 성질을 변화시켜 만든 합성의 성격을 가지는 가공식품으로 무기질・비타민・영양성분 등이 첨가되어 있다. 조립식품의 종류에는 단맛이 있는 청량음료나 과일음료를 혼합하여 만든 합성주스(synthetic fruit juices), 빵, 치즈, 초콜릿, 마가린, 인조육고기 등이 있다.

3) 모방식품

모방식품(imitation foods, IF)에는 겉보기에 어떤 식품과 흡사하여 대체할 수 있으나, 그 식품의 표준규격을 가지지 않는 것이 특징이다(표 9-1). 예를 들면 어떤 소시지가 frankfurter 소시지와 겉보기, 느낌, 맛은 비슷하나, 본래의 frankfurter의 성분조성 및 규격을 가지고 있지는 않다. 그러나 frankfurter 소시지와 대체하기 위해 제조되었다.

4) 위조식품

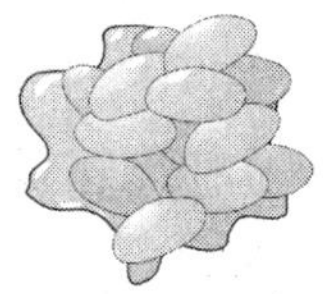

위조식품(simulated foods, SIF)은 모방식품이라고 부르기도 하지만, 엄격한 의미에서는 다르다. 위조식품은 어떤 식품과 완전히 동일하게 만들어진 것으로 모양, 맛, 감각, 등도 거의 본래 식품과 같다.

우유와 같이 만든 두유(soy milk)와 식물추출 단백질을 가공한 새로운 육류 대용품인 인조육(人造肉, meat analog) 등이 여기에 속한다. 이와 같이 합성식품, 조립식품, 모방식품은 공통적으로 식품성분의 물리화학적 방법, 즉 가열(heat), 가압(pressure), 냉동(freezing) 또는 화학적 변형(chemical modification)을 통해 식품의 화학적 조성(chemical composition)과 물리적 성질(physical properties), 물리적 조직(physical structure)을 변화시켜 만든 것이다.

이러한 식품들은 모두 간편성을 위주로 만든 편의식품(convenience food)이다. 따라서 식품의 저장, 취급, 조리, 서빙(serving), 또는 먹을 때 시간이 단축된다. 이와 같은 편의식품들은 가격이 싸고 영양가가 좋으며, 간편성 · 편의성 · 관능성도 좋은 편이다. 따라서 이 식품들은 부엌시설과 조리기구, 용기, 훈련된 종업원, serving 장소 등이 필요 없이 어느 곳에서나 먹을 수 있는 1회용 식품으로 발전시킬 수 있다.

표 9-1. 모방식품의 예

천연식품	모방식품(food analog)
전지우유(fluid whole milk)	유지방 대체유(filled milk)
저지방유(low fat milk)	모조유(imitation milk)
가공유(flavored milk)	–
발효크림(regular spur cream)	모조발효크림(imitation sour cream)
Half and half	크림가루(powdered substitute)
저지방크림(light cream)	대용크림(cream substitute)
고지방크림(heavy cream)	포립대용크림(whipped topping)
버 터	마가린
Ice milk	Mellorine
치 즈	Cheese analog(imitation cheese)
Coffee cream	Coffee whitener(coffee lighteners)
Whipped cream	Non dairy whipped topping, imitation whipped topping
Sour cream	Imitation sour cream

1.2 조립식품의 제조기술

조립식품은 처음에 녹말을 단순히 호화하여 만들었다. 그러나 나중에는 녹말과 단백질, 그리고 미량성분을 압출(extrusion cooking) 방법으로 제조하였다. 압출방법으로 곡류 또는 녹말의 호화로 수분흡착 능력을 증가시키고 소화성과 기능성, 신전성, 가스 보유능력, 용해성, 조직성 등을 좋게 한다.

그리고 다양한 모양, 조직, 크기, 밀도 재흡수 등을 갖는 식품을 제조할 수 있다. 그러나 갈변반응이 일어나기 쉽고, 비타민 등의 손실이 일어나므로 가공할 때에 수분 함량, 온도 등을 잘 조절해야 한다.

조립식품의 제조원리는 구형단백질(globular protein)의 섬유화(fiber formation) 과정으로 나눈다. 우선 무작위 코일(random coil)을 형성하기 위하여 원료단백질(raw protein)을 녹인다. 다음에는 무작위 코일이 전단력(shear stress)의 작용을 받아 펼쳐지고 같은 방향으로 배열되는데, 이 상태는 불안정하다.

따라서 다시 조작이 처음 상태로 돌아가지 않도록 스핀(spinning)하거나, 냉각(cooling)시켜 고정한다. 이 때에 조직은 섬유 모양을 나타내며, 이것을 다시 담금질하여 결정성을 높여 준다. 마지막으로 조직의 안정성을 높이기 위하여 조직을 교차결합(cross-linking)시켜 완전한 구조를 갖도록 한다.

이와 같은 변화는 단백질의 변성 → 변성 조직의 분해와 파괴 → 분해된 작은 조직들의 재결합 등으로 요약할 수 있다. 이 과정에서 소수결합, 수소결합, 유황결합 등이 관여하게 된다.

1) Spinning 기술

1954년 Boyer가 도입한 단백질 섬유제조 기술로 인조햄, 베이컨, 런천 meat 등의 제조에 이용되어 왔다. 이 방법은 순수한 대두분리 단백질을 pH 10～11의 강알칼리 용액에 농도 14～18%로 분산시킨다. 이 액을 dope액이라 하며, 직경 0.2 mm 이하의 작은 구멍이 있는 spinner를 통하여 강한 압력을 pH 3～4.5, 소금 20～30%로 조절한 응고액 속으로 spinning하여 재배열한 단백질 분자들을 고정시켜 섬유상으로 침전시킨다.

단백섬유로 인조육을 만들기 위하여 이들 섬유들에 지방, 결착제, 착색제 및 조미액을 첨가하여 2차 가열하여 성형시킨다. 여기에 지방, 단백질과 같은 가열 응고된 결착제 등을 첨가한다. 이들 혼합물을 성형 압출기(extruder)에 투입하면, 이들 혼합물은 이동되면서 섬유단백질이 전단 방향에 따라 특유의 조직을 갖게 된다. 단백질 농도가 증가할수록 섬유의 견고성, 인장강도, 안정성이 증가한다.

2) Thermal extrusion 기술

이 공정은 50% 이상의 단백질, 3.0% 이하의 섬유, 1% 미만의 지방을 함유한 탈지대두분(脫脂大豆粉)을 먼저 20~40% 수분을 갖도록 물과 혼합하고 반죽의 pH를 조절한다. pH가 낮으면 치밀하고 질긴 조직이 형성된다.

물과 혼합된 반죽을 conditioner에서 60~70℃로 가열하여 물이 탈지대두분 내부로 균일하게 침투되도록 한다. 이 때에 여러 가지 첨가제를 넣는다. 반죽을 압출기(extruder) 내에 투입하여 고온·고압에서 열용융시키고 일정한 형태의 다이(die)를 통하여 대기압으로 강제로 밀어냄으로써 분자간 교차결합의 형성, 분자배열, 성형이 동시에 이루어진다. 이 때에 과포화상태의 물은 급속한 압력강하에 의하여 휘발되면서 망상구조(network structure)를 이룬다.

이와 같이 제조된 것은 불균일한 기포를 많이 가지며, 불용성이고 물을 첨가하여 복원할 경우 육질과 비슷한 점탄성을 가진다. 이것은 열가소성 압축 공정에서 형성되는 단백질 분자간 소수성 결합, 수소결합 및 S-S 공유결합 때문이다. 품질을 더욱 좋게 하기 위하여 dual extrusion 과정, cooled die extrusion 방법 등을 사용하여 동물근육과 유사한 조직을 만들고 있다.

3) Steam texturizing 기술

1970년대에 미국 General Mill Inc.에서 개발하였다. 탈지대두분을 가열하여 압출(extrusion) 공정보다 짧은 시간 내에 원하는 온도를 상승시켜 갈변현상을 최대한 억제시킨 공정이다. 이 공정은 탈지대두분에 압력 27.4 kg/cm^2 이상의 고압수증기가 순간적으로 분사되어 단백질을 열변성 시키고, 이를 압출하여 만든다. 이 제품은 갈변이 일어나지 않고, 재수화(rehydration) 속도가 빠른 편이지만 점착성이 적다.

4) 동결조직화 기술

동결과정에서 비동결 부분 중의 이온농도가 급속히 증가하면, 이와 접촉한 단백질이 염석(salting out) 작용으로 크게 변성된다. 이 단백질들은 얼음결정의 성장, 얼음의 부피증가로 생기는 내부 압력을 받아 단백질 분자간 결합을 촉진하게 되므로 결국 용해도가 떨어진다.

이 단백질을 해동시키면 얼음결정은 녹지만, 조직은 그대로 남아 단백질 망상구조를 형성하게 된다. 망상구조의 형태와 강도는 단백질 분자량과 겔 형성에 작용하는 반응력의 크기로 좌우된다.

5) 단백질 필름 제조기술

소시지 케이싱(casing)에 사용되는 콜라겐 필름과 같은 필름은 특수 목적의 고부가가치가 있는 제품이다. 콜라겐을 가수분해하여 만든 젤라틴(gelatine)은 겔화 능력이 우수하여 코팅재료 혹은 캡슐원료로 사용되고 있다.

보통 젤라틴, 카세인(casein), 알부민(serum albumin, ovalbumin) 등으로 만든 필름들은 수분차단 능력이 나빠 사용에 어려움에 많았다. 이 결점들을 보완하기 위하여 유산이나 탄닌산을 첨가하여 교차 수를 증대시키거나, 젤라틴에 아라비아검(arabic gum)을 넣어 복합체를 만든 후 여기에 칼슘이온을 가하여 교차를 형성하는 방법을 사용한다.

밀글루텐이나 옥수수 단백질인 zein을 이용한 필름제조는 단백질을 알코올 용매에 녹인 후 글리세린과 같은 plasticizer를 가하여 만든다. 식용필름은 산소, 탄산가스 투과율은 플라스틱 필름보다 낮으나 수분투과율은 크다. 그러나 zein 필름은 수분 투과율이 비교적 낮아 토마토의 포장과 저장에 이용되고 있다.

2. 식품산업의 연구개발

식품산업에서의 신제품 개발은 끊임없이 이어져왔다. 우리나라의 사회문화적 배경이 일본과 비슷하여 일정 기간을 두고 유사한 형태로 변화가 일어나고 있다. 매년 많은 새로운 식품이 시장에 출시되고 있으나, 그의 80% 정도는 1년 이내에 소비시장에서 사라짐으로써 연구개발이 쉽지 않음을 보여 준다. 그러나 출시 후에 바로 빛을 보지 못하였던 상품이 몇 년 후에는 인기상품으로 부상하는 사례도 많다. 이에 따라 새로운 상품이 성공적인 시장진입을 위해서는 상품성에 대한 단계별 검토가 있어야 한다.

특히 기호식품의 경우 광고효과가 매우 크고, 시대적인 환경변화에 민감하여 부침(浮沈)이 심한 편이다. 지속적으로 소비시장에 살아남기 위해서는 인기상품을 모방하여 일시적인 매출을 올리는 카피제품 형태보다는 연구개발을 통한 독창적인 상품이 요구된다.

일반적으로 새로운 식품을 개발하는 데는 다음과 같은 5단계로 진행된다. 여기에는 품목의 선정, 그의 타당성 검토, 제품개발, 상품화, 유지와 관리로 구분된다.

(1) 새로운 제품의 선정단계

새로운 제품을 선정하기 위하여 새로운 아이디어의 창출과 평가에서부터 시작한다. 비슷하거나 경쟁이 되는 제품의 조사, 시제품의 개발, 기술적인 적응도 검토, 1차 소비자 조사, 관리와 경영의 타당성 검토가 이루어져야 한다. 아이디어는 현재의 소비자 요구와 경향을 반영해야 한다.

(2) 새로운 상품에 대한 타당성 검토

제품생산을 위한 기술적인 평가, 제품의 포장방법, 생산체계 확립, 투자비 분석, 소비자 조사, 위험요소 분석 업무가 필요하다.

(3) 연구개발

개발단계에서 이루어져야 할 내용은 사업의 기본계획 수립, 원자재 현황분석, 제품의 저장수명(유통기간) 확정, 공학적 시험, pilot 규모의 시험을 통한 공정의 최적화(optimization), 분석, 운영지침서(guideline) 작성이 있다. 제조공정에 대한 문서화, 첨가물과 제품에 대한 규격화가 필요하다.

(4) 상품화

연구개발이 완료되면 상품화를 추진한다. 여기에는 주요 공정과 장치의 운전조건 확립, 대량 생산한 시제품의 유통기간의 확인, 요구되는 품질의 확인, 재고관리와 물류관리를 수행해야 한다.

(5) 제품생산의 유지와 관리

원재료의 대체, 공장의 공정관리, 관련기술의 숙지와 전파, 품질규격의 개선, 소비자 반응에 대한 대응, 제품품질의 지속적인 개선, 수익성에 대한 개선 노력을 해야 한다.

식품교역도 국제화가 가속화되면서 어느 국가나 민족 고유의 식품만을 고집

할 수 없는 상황이 전개되고 있다. 이에 따라 다단계 가공제품의 포장, 저장, 유통체제의 확립, 특수포장, 냉장 또는 CA저장, 공정의 최적화, 안전성의 확보, 유통온도와 유통시간의 추적관리에 대한 최적화가 요구된다.

또한 새로운 식품개발에 있어서 다음과 같은 소비자의 요구 사항을 자세히 알아야 할 필요가 있다.

① 식품의 건강증진 기능

원재료의 선정과 배합에서부터 영양권장량에 맞는 제품의 개발과 더불어 필요한 생리활성물질의 손실을 최소화할 수 있는 제조공정의 확립, 필요한 영양성분의 보충과 강화방안도 마련해야 한다.

② 자연식품 또는 최소 가공식품에 대한 요구

소비자는 화학첨가제를 꺼리고 있으며, 가공공정에 대한 비판이 증가하고 있다. 따라서 유통시설에서 예측한 체류시간에 알맞은 품종을 개발하고 숙도(熟度)가 알맞을 때 채취한다. 생산과 판매, 유통에서 최적 물류시스템을 구축해야 한다.

③ 가공수준이 높은 식품과 편의식품에 대한 요구

이는 최소 가공식품과 모순되는 측면이 있어 보인다. 그러나 식품의 소비형태는 급속한 변화가 이루어지지 않기 때문에, 현재 판매되고 있는 식품의 대부분은 10년 후에도 판매된다는 속성이 있다. 따라서 이에 대한 수요가 꾸준할 것이다. 그러나 제품의 품질에 대한 의식수준이 계속 높아지고 있는 점을 반영하여 가열처리, 냉장, 건조 등 장기간 보존방법의 선정에 최적화를 통하여 영양성분의 손실을 최소화하는 공정과 포장방법을 강구해야 한다.

사회가 복잡해지면서 노동에 참여하는 인구가 증가하고 있다. 이에 따라 조리하기 편하고, 즉시 섭취할 수 있거나(ready to eat food), 짧은 시간에 제공할 수 있는 취급이 간편한 제품(fast food)에 대한 요구가 증가하고 있다. 식품은 여러 구성성분이 혼합되어 있기 때문에 다양한 제품 구성성분의 변화를 통한 물성과 열역학적 특성에 대한 연구가 필요하다. 또한 계속적인 주방기구의 발달에 따르는 제품의 특성에도 관심을 가져야 할 것이다.

참고문헌

고정삼, 식품가공학, 광일문화사(1994)

고정삼, 생물산업의 이해, 광일문화사(1999)

고정삼, 식품공학, 제주대학교 출판부(2001)

고정삼, 술의 세계, 광일문화사(2000)

고정삼, 고영환, 오남순, 생물공학, 광일문화사(1999)

김병기, 김철재, 송내희, 가공식품의 이해, 신광출판사(2000)

김재욱, 양차범, 조성환, 식품화학, 문운당(1992)

식품과학과 산업, 32(4), 2～55(1999)

곽노성, 신해헌, 식품과학과 산업, 33(4), 43～51(2000)

서울대학교 농생명과학정보센터 internet site

IFT, Food Technology, 54(1), 42～45, 54(9), 62～74(2000)

관련 internet sites

찾아보기

ㄱ

가공식품 37, 113
가공특성 73, 106
간장 196
갈변현상 107
갈증해소제 153
감자 97, 98
감자칩 157
강제공기순환식 동결법 290
강직포장 300
강화식품 160
건강 58
건강기능성 물질 50
건강보조식품 160
건강식품 160
건강정보표시 52
건면 124
건염법 169
건조균체 184
건조식품 143
결합수 77
경량화 유리병 303
고구마 97
고량주 206
고미화 275
고형발효법 219
고형토마토 142
곡류 93, 115
곡류 가공식품 115
곡류의 가공 117
곡류저장 275
곰팡이 183
과일버터 142
과즙 134
과즙함유음료 155
광합성 미생물 186
교육프로그램 54
구연산 219
국산차 150
균체성분 184
그레인위스키 203
극한미생물 49
글루타민 231
글루타민산 나트륨 226
급속동결법 293
급식관리 59
기누고시 두부 129
기능성 식품 51, 161
기호식품 145
김치 193, 200

ㄴ

낫도 194
낭세포 182
냉동화상 294
냉해 282
냉훈법 176
노화 82
노화방지 식품 52
녹말 77, 80, 81
녹차 147, 209
농업 13, 16
농업기술 17

ㄷ

단백질 85, 87, 184
단백질 가공식품 126
단백질 변성 90
단백질 변성제 90
단백질 필름 322
단백질 효소 260
단백질구조 87
단순단백질 86
당면 126
당화효소 258
대두 98
더메스틱 소시지 174
데치기 137
도정 116
도정기 116
독립영양균 187
동건품 175
동결건조두부 128
동결저장 289
된장 198
두건 128
두부 127
두유 129
드라이 소시지 172

ㄹ

라면 124, 125
라미네이트 필름 311
라이신 230
럼 204
레토르트 파우치 311
리큐르 205

ㅁ

마가린 132
마른간법 175
마멀레이드 140, 141
마요네즈 133
만성질병 58
만할곡류 117
맥주 213
먹는 샘물 154
면 124
면류 124
모방식품 318
모세포 182
모타델라 172
몰트위스키 203
무기질 91, 186
무발효빵 121
물간법 175
물리적 방법 43
미생물 179
미생물 반응 190
미생물 성분 184
미생물단백질 246
미생물유지 185
미생물환경 186
미음료 155
밀 95
밀가루 가공식품 120
밀봉기 139
밀봉저장 277

ㅂ

바이오센서 45
반합성 페니실린 246
반합성배지 188
발효두부 129
발효미생물 179, 191
발효빵 121
발효산업 193
발효수산식품 201
발효식품 179, 193, 245
발효주 202

밥통조림 118
방선균 182
배아 116
배아미 116
배지 188
배훈법 176
백미 116
버어본위스키 203
벌꿀 79
베이컨 174
변패 271
변패요인 271
병충해 변질미 275
보드카 204
보리 95, 116
보신식품 52
복합단백질 86
복합배지 188
부패 271
분석기술 44, 55
분해성 플라스틱 312
브랜디 204
비타민 92
비효소적 갈변 107
빵 121

ㅅ

사과산 222
사상균 183
사후경직 111
산분해간장 196, 197
산패 85
살균공정 55
살라미 소시지 172
삼투압 190
상온저장 279
샐러드드레싱 134
생명공학 17, 43, 243, 244, 245, 248
생명공학기술 244
생물복원 248
생물산업 243, 248
생물자원 16
생물전자공학 244
생물제어 248
생물학적 치료제 235, 240
생소시지 172
생장작용 104
선별 33
선절면 124
설탕 78
섬유질 효소 262
섭취량 62
세균 181
세르브렛 172
세척기술 33
세포배양기술 48
소건품 174
소시지 171
소염효소제 261
송풍동결법 290
송풍해동법 296
쇼트닝 133
수분 76, 184
수분활성도 77
수산가공식품 174
수산조미식품 177
수산훈제품 176
수프 126
수확 후 관리기술 33
숙취 211, 212
술 202, 206, 210, 213
스낵식품 155
스모크 살라미 172
스카치위스키 203
습윤균체 184

시리얼 158
시리얼 식품 158
식량자원 93
식물계 179
식생활 37, 40, 58
식이섬유 161
식품 13
식품 유통기술 36
식품가공기술 39, 42
식품가공방법 113
식품가공산업 115
식품과학 30
식품과학기술 30
식품발달 16
식품산업 13, 16, 18, 21, 23, 25, 29, 75, 271, 322
식품생물공학 47
식품성분 66, 74
식품소재 51
식품소재산업 115
식품요소 74
식품원료 73, 76
식품위생 54
식품유통산업 115
식품의 발달 13
식품의 요소 72
식품의 특성 71
식품특성 75
식품포장 297
식품품질 72, 73
식품형태 53
식혜 202
심부배양법 221, 251
심온동결 292
쌀 94, 116
쌀가공식품 118
쌀겨 116
쌀겨기름 116

ㅇ

아라크 206
아르마냑 204
아미노산 226, 231
아미노산 발효 48, 224
아밀로오스 80
아밀로펙틴 80
아스파탐 78
알코올대사 207
압맥 117
압착두부 128
압출면 124
액훈법 176
양과자 122, 123
양조간장 196
양조주 195
어묵제품 176
여과보조제 138
연구개발 257, 322
연제품 176
염건품 174
염수법 169
염장법 175
영양 31, 57, 58
영양권장량 63
영양세포 181
영양소 65
영양요구 186
영양원 186
예비건조 34
예비냉각 34
옥수수 97
옥수수칩 157
옥수수플레이크 157
온훈법 176
외식업소 59
요구르트 164, 194
용기면 126

용존산소 189
우유 108, 109
원예가공식품 134
원예식품 101, 102
원핵생물 180
위스키 203, 211
위조식품 319
위해요소 37
유가공식품 164
유가배양 252
유기산 222
유도단백질 86
유동층 동결법 291
유량종자 98
유바 129
유연포장 300
유전공학기술 47
유전자 변형식품 50
유전자변형 농산물 264
유지 84
유지가공식품 130
유지자원 98
유지정제 130
유출액즙 296
유통정보 시스템 38
유통체제 39
육가공식품 168
육류 110
음주문화 216
응고제 127
이온음료 153
인공감미료 79
인류의 발전 19
인스턴트 식품 155
인스턴트두부 129
인스턴트커피 147
인트론 180
임상진단용 효소 264

ㅈ

자건품 175
자낭 182
자낭포자 182
자유수 77
장류 195
재결정 293
잼 140, 142
저온유통체제 23, 37, 281
저온장해 282
저온저장 277, 281
저장개념 271
전기해동법 296
전분당 258
전사적 품질경영 61
전자상거래 38
전자현미경 184
전처리 137
전통 발효식품 47, 195
전통음식 67
전화당 78
접촉식 동결법 291
접촉해동법 296
젓갈 193, 201, 202
정맥기 116
정미기 116
정백 116
제과 122
제빵 121
젤리 141
조류 183
조립식품 317, 318, 320
종속영양균 187
주류식품 202
주석산 222
중간수분식품 77
중화면 124
즉석미 117

증류주 195, 202
지질 84, 185
지질 효소 262
직송택배 시스템 39
진 204
진핵생물 180
집단급식 59

ㅊ

차 147
차의 성분 149
차의 제조 149
착즙 137
착즙기 137
채소발효식품 200
천연 항균물질 49
천연배지 188
청량음료 136
청주 215
초콜릿 152
최고온도 188
최소배지 188
최저온도 188
최적온도 188
축산가공식품 163
축산식품 108
출아흔 182
치즈 165
칠리소스 143

ㅋ

카카오 151
칼바도스 204
캐나디안위스키 203
커피의 가공 146
케이크 121
코냑 204
코코아제품 151
콩치즈 129
쿡트 소시지 172
키르시벗서 204

ㅌ

탄산음료 152
탄수화물 77
탄수화물자원 93
탈기 138
토마토 가공품 142
토마토소스 143
토마토주스 142
토마토케첩 143
토마토페이스트 143
토마토퓨레 143
통조림 139
튀긴곡류 117
튀긴두부 128
특수용도 식품 52, 318

ㅍ

팜열매 99
팜유 99
팜핵유 100
팽화옥수수 157
페닐알라닌 231
편의식품 27, 318
평형상대습도 189
포도당 이성화효소 257, 259
포도주 210, 214
포자 181
포장 38
표면발효법 220
푸린염기 145
프렌치드레싱 134
프리저브 142

피클 200
핀홀 306
필수아미노산 86
필수지방산 84

ㅎ

한과 122, 123
한약재 51
합성배지 188
합성식품 317
항생물질 235, 237, 239
해조류 177
핵산발효 232
햄 168
혈전용해제 263
호화 81
호흡작용 103, 273
호흡현상 278
혼성주 195
혼합간장 196, 197
혼합영양균 187
혼합위스키 203
홍차 147
화학적 방법 43
화학합성 미생물 186
환경 20
효모 182
효소 250, 254, 262
효소공학 46
효소모방기술 252
효소산업 250, 251, 252
효소적 갈변 107
후숙 105
훈연 소시지 172
휴면 105
흑미 94
희석식 소주 206

현대 식품산업의 이해

2022년 4월 20일 재판 인쇄
2022년 4월 25일 재판 발행

저 자 : 고정삼
펴낸이 : 천승배
펴낸곳 : 도서출판 유한문화사

주소 : 경기도 고양시 지도로124번길 8-35
전화 : 2668-2055
팩스 : 2668-2565
http://www.yuhansa.com
E-mail : yuhansa@hanmail.net
등록 : 제 5-31호. 1979. 3. 6.

값 20,000 원

ISBN : 978-89-7722-560-2 93570